SEBASTIAN JUTZI

DER BEWOHNTE MENSCH

DARM, HAUT, PSYCHE
BESSER LEBEN MIT MIKROBEN

HEYNE <

FSC
www.fsc.org
MIX
Papier aus verantwortungsvollen Quellen
FSC® C014496

Verlagsgruppe Random House FSC® N001967
Das für dieses Buch verwendete FSC®-zertifizierte Papier
Super Snowbright liefert Hellefoss AS, Hokksund, Norwegen.

Redaktion: Sigrun Künkele
Umschlaggestaltung: Nele Schütz Design, München
Satz: EDV-Fotosatz Huber/Verlagsservice G. Pfeifer, Germering
Druck und Bindung: GGP Media GmbH, Pößneck
Printed in Germany 2014
ISBN: 978-3-453-60307-3

www.heyne.de

Inhalt

Winzig, aber enorm wichtig

Im Jahr 1673 ereignete sich in der 15 000 Seelen zählenden niederländischen Stadt Delft Erstaunliches. Der Amateurforscher Antoni van Leeuwenhoek betrachtete durch eines seiner Mikroskope Wassertropfen, die von einem nahe der Stadt liegenden See stammten. Er sah zu seiner Verwunderung ein wimmelndes Heer kleinster Lebewesen. Er nannte sie in Ermangelung eines besseren Begriffs Animalcules, lateinisch für Tierchen. Tatsächlich hatte er Bakterien und andere Mikroorganismen beobachtet. Ähnliche Animalcules fand er später im Belag seiner Zähne.

Zwar erregte Leeuwenhoek bereits zu Lebzeiten Aufsehen und wurde sogar von zahlreichen Herrschern besucht, die auch einmal einen Blick in die Welt des Kleinsten werfen wollten. Seine Vorführungen hatten dabei aber eher den Rang einer Zirkusdarbietung als wirklichen wissenschaftlichen Wert. Erst viel später, mit der Entwicklung der Mikrobiologie als Wissenschaft im 19. Jahrhundert, trat die wahre Bedeutung der Mikroorganismen für das Leben und die Erde zutage.

Die Welt der kleinsten Lebewesen bietet faszinierende Perspektiven. Mit ihnen begann vor mehr als dreieinhalb Milliarden Jahren das Leben auf der Erde – und, so viel steht fest, es wird auf unserem Planeten dereinst mit ihnen enden, voraussichtlich in noch einmal etwa dreieinhalb Milliarden Jahren. Bakterien oder andere Mikroorganismen werden dann die letzten Lebewesen sein, die unseren Globus bevölkern, bevor er in der sich ausdehnenden Sonne untergeht.

Die Einzeller, die, wie ihr Name bereits verrät, als einzelne Zellen und nicht als vielzelliger Organismus ihr Leben fristen, sind im Vergleich zu den mehrzelligen Pflanzen und Tieren harte Kerle. Als sogenannte Extremophile leben sie auch heute noch an Orten, an denen kein anderes Lebewesen, geschweige denn der Mensch, existieren könnte. In heißen Quellen von mehr als 120 Grad Celsius fühlen sich manche pudelwohl. Andere leben munter bei dauerhafter Kälte von minus 20 Grad Celsius und mehr. Wieder andere haben sich an eine besonders saure, basische oder trockene Umgebung angepasst. Manche überstehen sogar einen Atomunfall wie in Tschernobyl oder Fukushima, weil sie besonders resistent gegen nukleare Strahlung sind. Andere Spezialisten gedeihen inmitten starker Gifte. Sogar mehr als zweieinhalb Kilometer tief in der Erdkruste findet man Spezialisten, die sich von Gestein ernähren.

Bei dieser enormen Bandbreite an unterschiedlichen Lebensstilen wundert es nicht, dass Mikroorganismen nicht nur den Planeten als Wohnort nutzen, sondern auch dessen Bewohner. Pflanzen und Tiere bieten mannigfaltige Lebensräume für eine Vielzahl an Mikroben – der Mensch macht da keine Ausnahme. So leben Tiere seit mindestens einer Milliarde Jahre eng mit Mikroorganismen zusammen. Das sogenannte Mikrobiom, also die Gesamtheit aller ein Lebewesen bewohnenden Mikroorganismen, ist somit keineswegs eine neue Erfindung der Evolution, sondern steht ganz am Anfang der Entwicklung tierischen Lebens.

Zählt man die Zellen, aus denen ein menschlicher Körper besteht, und anschließend seine Mikroben, so stellt man erstaunt fest: Wir sind mehr Bazille als Mensch – denn 10^{13} Zellen setzen *Homo sapiens* zusammen. Das sind zehn Billionen Zellen. Aus zehnmal mehr Zellen besteht dagegen das Mikrobiom – also 100 Billionen Zellen. Würde man dieses Zahlenverhältnis auf unseren Körper übertragen und dessen gesamte Zellzahl entspräche der Zahl aller Zellen, sowohl der Körperzellen als auch der der Mikroorganismen unseres Körpers, dann entspräche die Zahl der menschlichen Körperzellen in etwa der eines Unterschenkels samt Fuß. Das Mikrobiom müsste man mit dem Rest des Körpers gleichsetzen. Insofern stellt der deutsche Philosoph und Publizist Richard David Precht in einem seiner Buchtitel vollkommen zu Recht die Frage: »Wer bin ich – und wenn ja, wie viele?«

Vom Kopf bis zu den Füßen bietet der Mensch vielfältige Nischen für die Winzlinge, die so bedeutend sind, dass das renommierte Wissenschaftsmagazin *Science* das Mikrobiom und seine Auswirkungen auf den Menschen zu einer der zehn wichtigsten Entdeckungen des vergangenen Jahrzehnts kürte. Gerade erst beginnen Forscher mit der Erkundung der geheimen Welt auf und in uns, ohne die es kein menschliches Leben geben würde. Die Verbindung zwischen dem Menschen und seinen Mikroorganismen ist so eng, dass manche Forscher dem Mikrobiom den Status eines weiteren Organs zubilligen wollen und es gleichberechtigt neben Herz, Leber, Nieren, Haut oder Blut stellen. Das Gewicht dafür hätte es jedenfalls, summiert sich die Gesamtheit aller kaum ein Nanogramm, also ein Milliardstelgramm, wiegenden Einzeller jedes Menschen immerhin auf ein bis zwei Kilogramm.

Unser Körper bietet Platz für zahlreiche Untermieter. Mehr als 10 000 Arten wurden bislang gezählt. Allein der Darm ist mit etwa 8000 verschiedenen Mikroorganismenarten einer der am dichtesten besiedelten Lebensräume der Erde überhaupt. Die Mikroben unserer Darmflora besitzen insgesamt etwa 3,3 Millionen Gene. Der Mensch selbst nennt dagegen nur schätzungsweise 20 000 bis 25 000 Gene sein Eigen.

Angesichts dieser überwältigenden Zahlen verwundert es nicht, dass Mikroorganismen nicht nur seit Jahrmillionen die Evolution prägen, sondern auch den Menschen und seine biologische Entwicklung. Doch im Verhältnis Mensch zu Mikrobe kündigt sich eine Zeitenwende an. Denn vielleicht wird es bald möglich sein, nicht nur die Mikroorganismen in unserer Umwelt, sondern auch diejenigen auf und in unserem Körper gezielt zu beeinflussen.

Seit Jahrtausenden nutzten wir Mikroorganismen gezielt für unsere Zwecke, vor allem bei der Nahrungsmittelproduktion. Bier, Brot und Joghurt sind drei populäre Beispiele. Seit einigen Jahrzehnten helfen Mikroben dem Menschen bei der industriellen Herstellung von Medikamenten. Nun beginnen Forscher, die Gemeinschaft der Mikroorganismen, die den Menschen besiedeln, zu entdecken – unter anderem mit dem sogenannten Human Microbiome Project. Sein Ziel ist die Kartierung aller Lebensräume im menschlichen Organismus und die Identifizierung aller Bewohner. Die dahinterstehende Hoffnung ist, dass wir mit einer besseren Kenntnis unseres Mikrobioms besser leben können. Erste Erfolge wurden bereits erzielt.

Bislang haben Forscher nur einen Bruchteil der Mikroben identifiziert, die auf und in uns existieren. Doch schon aus diesen Untersuchungen ergibt sich eine vage Landkarte der Bereiche, wo es von Leben nur so wimmelt. Andere gestalten sich eher öde. Bakterien bevorzugen vor allem den Darm, die Haut oder die Mundhöhle als Wohnort. Dort fristen etwa drei

Viertel aller Einzeller ihr Dasein, die man bislang im menschlichen Mikrobiom identifiziert hat. Aber auch in den Atemwegen, im Urogenitaltrakt oder sogar im Blut lassen sich die Winzlinge nachweisen (siehe auch Tabelle 2, Seite 22).

Um die Welt der Mikroorganismen zu begreifen und diese nutzen zu können, muss man zunächst verstehen, mit wem man es überhaupt zu tun hat. Die kleinsten Lebewesen lassen sich verschiedenen Kategorien zuordnen. Die gröbste Einteilung sortiert die Mikroben in eine von drei Gruppen, die sogenannten Prokaryoten, die Eukaryoten und die Viren.

Zunächst sind da also die Lebewesen, deren Erbgut nicht in einem vom Rest der Zelle abgetrennten Zellkern liegt, die sogenannten Prokaryoten. Diese Bezeichnung leitet sich von den altgriechischen Wörtern »karyotos« für »nussartig« und »pro« für »zuvor« ab. Mit »nussartig« ist der entfernt an eine Walnuss erinnernde Zellkern gemeint.

Prokaryoten besitzen keinen Zellkern und stehen damit für das Stadium der Evolution, in dem die Natur diesen Teil einer lebenden Zelle noch nicht erfunden hatte. Hierzu zählen beispielsweise Bakterien oder noch urtümlichere Einzeller, die sogenannten Archaeen. Letztere gelten quasi als Urbakterien, die wohl ganz am Anfang des Lebens entstanden. Unter ihnen befinden sich viele der schon erwähnten Extremophile, die beispielsweise in heißen Quellen leben. Einige von ihnen bevölkern auch den Menschen.

In Bakterien und Archaeen steckt enormes Potenzial, vor allem wenn man ihre Vermehrungsfähigkeit betrachtet. Die einzelligen Bakterien pflanzen sich in der Regel fort, indem ihre Zelle zunächst wächst und sich dann in zwei neue Zellen teilt. Bei dem weitverbreiteten Darmbakterium *Escherichia coli* geht man davon aus, dass es sich alle 20 Minuten in dieser

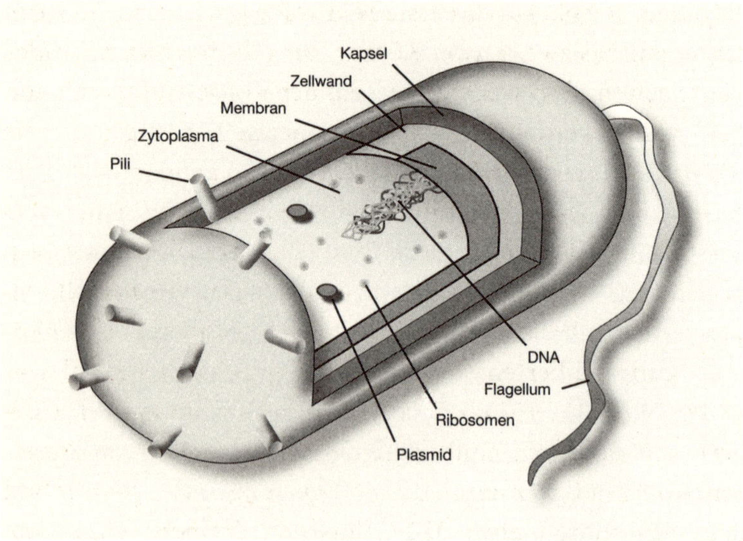

Abbildung 1: Ein Prokaryot. Typisch für diese Lebensform ist, dass ihr Erbgut frei in der Zelle liegt und nicht von einem Zellkern umhüllt ist.

Weise teilt – zumindest wenn es in einer idealen Umgebung lebt. Bei einer Anfangszelle hat man dann also nach 20 Minuten zwei. Teilen sich diese auch jeweils nach 20 Minuten, hat man nach 40 Minuten bereits vier und nach 60 Minuten acht Zellen. Man nennt dieses Wachstum auch exponentielles Wachstum. Auch wenn diese Bezeichnung zunächst nur wissenschaftlich klingt, steckt in ihr eine beinahe beängstigende Sprengkraft.

Dies verdeutlicht am besten eine Legende aus dem Orient. Dieser zufolge gewährte ein König dem Erfinder des Schachspiels einen freien Wunsch. Der Untertan zögerte keine Sekunde und wünschte sich, dass der Herrscher auf alle Felder des Schachbretts Weizenkörner legen sollte, und zwar nach folgender Regel: Auf das erste Feld sollte er ein einziges Korn legen, auf das zweite zwei Körner, auf das dritte vier, auf das vierte acht und so weiter. Die Zahl der Körner sollte sich von Feld zu Feld verdoppeln – also exponentiell ansteigen, so wie wir das auch von der *Escherichia-coli*-Zelle annehmen.

Der König willigte fröhlich und, wie sich wenig später herausstellen sollte, leichtfertig ein. Bekanntlich besitzt ein Schachbrett 64 Felder. Würde man alle Weizenkörner zählen, die auf diese Weise am Schluss der Prozedur zusammenkämen, dann addierten sie sich zu der gigantischen Zahl von 18 446 744 073 709 551 615, also fast 18,5 Trillionen. Kalkuliert man das durchschnittliche Gewicht eines einzelnen Weizenkorns mit 0,5 Gramm, dann wöge der gesamte Weizen auf dem Schachbrett etwa 922 Milliarden Tonnen. Zum Vergleich: Im Erntejahr 2011/12 betrug die weltweite Weizenproduktion 692 Millionen Tonnen. Damit überstiege selbst heute noch die Weizenmenge auf dem Schachbrett die jährliche Ernte um mehr als das Tausendfache.

Der Legende nach bemerkte der König bald, dass er einen fatalen Fehler begangen hatte. Er erwies sich aber auch als Schlitzohr, denn er entging der Misere, indem er den Schacherfinder aufforderte, die Weizenkörner auf jedem einzelnen Feld zu zählen, bevor er ein neues mit Körnern füllte.

Die fast unvorstellbare Zahl an Weizenkörnern, die sich bei der Legende vom König und dem Spieleerfinder anhäuft, vergrößert sich noch, wenn wir wieder zum Bakterium *Escherichia coli* zurückkehren und statt der 64 Felder eines Schachbretts von einem Tag mit 24 Stunden ausgehen. Im Idealfall teilt sich eine *Escherichia-coli*-Zelle dreimal pro Stunde. Bei einer Zelle am Anfang haben wir nach einer Stunde acht Zellen. Wenn sich dieser Vorgang des exponentiellen Wachstums über 24 Stunden ungebremst fortsetzen könnte, dann entspräche das insgesamt 72 Teilungszyklen. Am Ende dieses Wachstums bestünde die *Escherichia-coli*-Population aus 4 722 366 482 869 645 213 696 Zellen, mehr als 4,5 Trilliarden einzelner Bakterien. Geht man davon aus, dass eine einzelne Zelle etwa ein Picogramm wiegt, also ein Billionstelgramm, dann summiert sich das Gewicht der Bakterien am Ende der 24 Stunden auf 472 Tonnen. Zum Vergleich: Afrikanische Elefantenbullen können ein Gewicht von maximal 7,5 Tonnen erreichen. Aus einer einzigen Zelle würden die Bakterien also in nur 24 Stunden eine Biomasse aufbauen, die einem Gewicht von mehr als 60 Elefanten entspräche. Nach weiteren 24 Stunden hätte sich diese Masse auf das Gewicht von etwa drei Erden erhöht. Theoretisch wären die Bakterien also in der Lage, ausgehend von nur einer einzigen Zelle, unseren Planeten innerhalb von knapp zwei Tagen quasi aufzufressen, denn schließlich bräuchten sie ja auch ausreichend Material, um fortwährend neue Zellen zu bilden. Glücklicherweise nur theoretisch. Im echten Leben setzen zum Beispiel Nahrungsknappheit oder Unverdaulichkeit vieler Substanzen dem Wachstum der Bakterien Grenzen.

Die zweite große Gruppe der Mikroorganismen bietet ebenso faszinierende Perspektiven. Sie besteht aus sogenannten Eukaryoten. Auch in dieser Bezeichnung stecken zwei altgriechische Wörter; einmal das bekannte Wort für »nussartig« und dann »eu«, was soviel wie »echt« bedeutet. Sie besitzen einen Zellkern, in dem ein Großteil des Erbguts enthalten ist. Die allermeisten Gene befinden sich in diesem Zellkern. Zu den Eukaryoten zählen zum Beispiel die Pilze, darunter jedoch nicht nur diejenigen, die wir aus dem Wald kennen, sondern auch beispielsweise Hefen. Mikroalgen und sogenannte

Protozoen sind ebenso Eukaryoten wie alle höher entwickelten Lebewesen, also alle Pflanzen und Tiere.

Unter den Eukaryoten findet sich das bislang größte Lebewesen, das bekannt ist. Dies ist nicht der Blauwal, obwohl ausgewachsene Exemplare dieser Meeresgiganten mehr als 30 Meter lang und bis zu 200 Tonnen schwer werden können. Trotz dieser schon beeindruckenden Maße stellt der Blauwal lediglich das größte Tier der Erde dar. Das größte bislang bekannte Lebewesen tummelt sich dagegen nicht im Meer, sondern wächst im Wald im amerikanischen Bundesstaat Oregon. Es ist kein Baum, sondern ein Pilz, der zur Familie der Hallimaschpilze gehört. Diese Organismen bilden für gewöhnlich lange Zellfäden, die sich gespinstartig im Boden ausbreiten. Man nennt dieses Geflecht auch Myzel. Zur Fortpflanzung entwickeln sie Fruchtkörper, die aus dem Boden herauswachsen und das darstellen, was wir normalerweise als Pilz im Wald wahrnehmen. In Oregon fand man einen Dunklen Hallimasch (*Armillaria ostoyae*), dessen Myzel sich über eine Fläche von fast neun Quadratkilometern ausbreitet. Dass die Fäden miteinander verbunden sind, fand man mithilfe von Genanalysen heraus. Auf der ganzen Fläche wachsen demnach genetisch identische Zellverbände. Dieser Hallimasch wiegt geschätzte 600 Tonnen, also dreimal so viel wie ein ausgewachsener Blauwal.

Damit muss der Pilz allerdings die Ehre, das schwerste Lebewesen der Erde zu sein, an eine Amerikanische Zitterpappel (*Populus tremuloides*) im amerikanischen Bundesstaat Utah abtreten. Dort sprießt ein kleines Wäldchen, das aus nur einem einzigen Baum besteht. Seine über das Wurzelgeflecht verbundenen, genetisch identischen Triebe bedecken eine Fläche von knapp 0,5 Quadratkilometern. Das Gewicht der Pflanze beträgt schätzungsweise 6000 Tonnen.

Neben erstaunlichen Superlativen und einer enormen Vielfalt an unterschiedlichen Lebensformen bieten die Eukaryoten noch weitere Besonderheiten. Ein wichtiges Charakteristikum der allermeisten Eukaryoten sind die sogenannten Organellen. Sie fungieren quasi als Organe der einzelnen Zellen. Dazu gehören der Zellkern oder auch der Apparat, mit dessen Hilfe die Zelle Eiweiße produziert.

Zwei Typen der Organellen sind etwas ganz Besonderes: Mitochondrien und Chloroplasten. Mitochondrien sind kleine Zellpartikel, die die notwendige Energie für das Leben bereitstellen. Hier findet die Zellatmung mittels Sauerstoff statt. Wenn wir also regelmäßig Luft holen, dann tun wir das eigentlich, um die Mitochondrien unserer Zellen ausreichend mit Sauerstoff zu versorgen. Die kleinen Kraftwerke gehören untrennbar zu uns und sind die vielleicht engste Verbindung, die wir mit Mikroorganismen haben. Sie waren nämlich einmal eigenständig lebende Einzeller, die vor etwa ein bis zwei Milliarden Jahren entdeckten, dass es sich als Untermieter einer Zelle auch ganz behaglich leben lässt. Daher schlossen sie einen Pakt zum beiderseitigen Vorteil – eine sogenannte Symbiose.

Die Zelle, in der sie ihr Quartier aufschlugen, belieferte sie mit allem Lebensnotwendigen und bot Schutz vor möglichen Feinden. Die Mitochondrienvorfahren spezialisierten sich im Laufe der Zeit immer mehr und wurden quasi zu Kraftwerksingenieuren. Allerdings verloren sie die meisten ihrer früheren Eigenschaften und – bis auf einen kleinen Rest – ihr ehemaliges Erbgut, sodass sie nicht mehr in der Lage waren, selbstständig zu überleben. Seitdem gehören die Mitochondrien untrennbar zu den allermeisten Zellen der Eukaryoten. Diese Zellorganellen sind nur zwischen 0,5 und zehn Mikro-

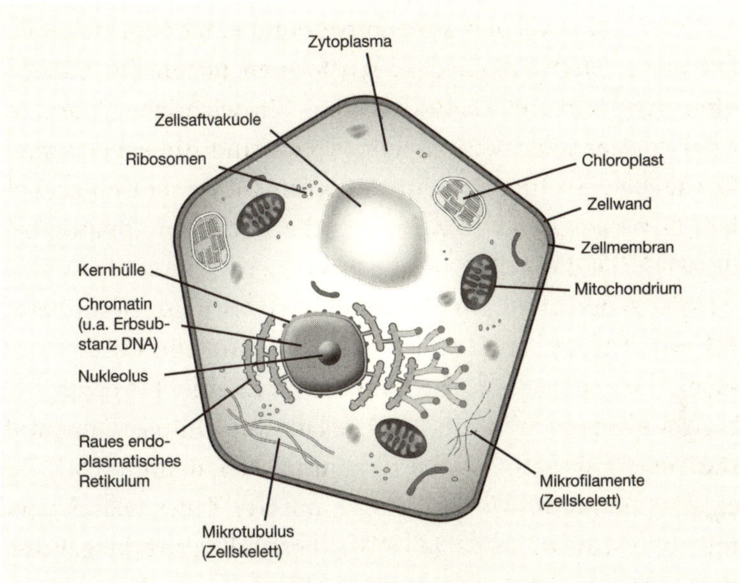

Abbildung 2: Ein Eukaryot. Typisch für diese Lebensform ist der Zellkern, in dem der Großteil des Erbguts enthalten ist.

meter lang, ein menschliches Kopfhaar ist damit hundertfach dicker! Im Menschen variiert ihre Zahl pro Zelle je nach Gewebe. Die meisten Mitochondrien finden sich in den Herzmuskelzellen, da diese besonders leistungsfähig sein müssen. In ihnen machen Mitochondrien mehr als ein Drittel des Zellvolumens aus.

Diese als Endosymbionten-Hypothese bezeichnete Theorie, nach der sich ehemalige Einzeller in anderen Zellen ansiedelten und schließlich zum festen Bestandteil dieser Zellen wurden, gilt unter den meisten Biologen als bewiesen.

Finden sich Mitochondrien in nahezu allen Eukaryoten, zeichnen sich viele Pflanzen noch durch eine weitere Form der Organellen aus. Sie beherbergen Chloroplasten, ebenfalls ehemals unabhängig lebende Einzeller. Auch sie fanden den Weg in größere Zellen und verloren die meisten ihrer Eigenschaften und den Großteil ihres Erbguts. Sie tragen den grünen Farbstoff Chlorophyll, mit dessen Hilfe sie das Sonnenlicht einfangen und einfache Verbindungen wie Kohlendioxid zu komplexen wie Zucker umwandeln. Auch ohne sie könnte der Mensch nicht überleben, denn letztendlich beruht unsere gesamte Nahrungsmittelproduktion auf diesem Fotosynthese genannten Vorgang der grünen Pflanzen. Menschliches Leben ist also noch viel fundamentaler auf Mikroorganismen angewiesen als lediglich auf das eigene Mikrobiom.

Die dritte Gruppe der Kleinstlebewesen stellen die Viren, obwohl Biologen immer noch darüber streiten, ob man Viren überhaupt als Lebewesen bezeichnen kann, da sie beispielsweise keinen eigenen Stoffwechsel besitzen. Viren befallen in der Regel Zellen, ob nun ein Bakterium oder die einer Pflanze oder eines Tieres. Anschließend programmieren sie die infizierte Zelle so um, dass sie unzählige neue Virenkopien herstellt.

Auch diese große Gruppe der Mikroorganismen besitzt eine ganz besondere Bedeutung für den Menschen. Bekannt sind sie vor allem als Krankheitserreger, von der Erkältung über AIDS bis hin zu Ebola. Es gibt wohl kein Lebewesen, das nicht von irgendeinem Virus befallen werden könnte.

Der Aufbau eines Virus ist im Vergleich zu der Zelle eines Menschen oder auch Bakteriums vergleichsweise einfach. Im Wesentlichen besteht es aus einer Hülle und seinem Erbgut. In diesem Erbgut schlummern die Informationen, die der Erreger braucht, um eine befallene Zelle umzuprogrammieren, sowie der Bauplan für neue Viren.

In der Regel übernimmt ein Virus das Kommando über eine Zelle, indem es sein Erbgut in die Zelle einschleust. Danach gibt es viele verschiedene Möglichkeiten, wie das Virus die Zelle kapert. Eine ist, das virale Erbgut in das der Wirtszelle einzubauen. Dabei können jedoch Fehler passieren. Manchmal schafft es das Virus zwar, sein Erbgut in das der Zelle zu integrieren, aber nicht mehr, sich daraus zu lösen oder neue Viren zu produzieren. Es wird damit zum Gefangenen in seinem eigentlich als Opfer vorgesehenen Wirt.

Passiert diese Panne auch noch in einem Spermium oder einer Eizelle, also jenen Zellen, mit denen wir uns fortpflanzen, dann wird dieser Gefangene sogar auf die Nachkommen vererbt. Dann ist ein sogenanntes humanes endogenes Retrovirus entstanden, ein HERV. Das geschieht häufiger, als man annehmen mag, zumal sich Evolution in viel längeren Zeiträumen abspielt, als es sich der Mensch vorstellen kann. Allein im Laufe der biologischen Entwicklung des Menschen hat sich in unserem Erbgut eine erhebliche Menge dieser viralen Erbmasse angehäuft. So bestehen mehr als acht Prozent unseres Erbguts aus solchen ehemaligen Viren. Manche Biologen gehen sogar davon aus, dass diese Form der genetischen Pannen eine entscheidende Triebfeder der Evolution darstellt.

Der Mensch ist also tiefgreifend und auf vielfältige Weise durch Mikroorganismen geprägt – nicht zuletzt durch sein Mikrobiom. Es hilft bei der Verdauung, trainiert das Immunsystem und schützt vor Krankheiten. Manche Keime auf und in uns können uns aber auch krank machen. Andere wiederum lassen uns zu gefährlichen Beißern werden. Das Mikrobiom beeinflusst unsere Psyche und entscheidet darüber, ob wir einen anderen Menschen riechen können und welchen

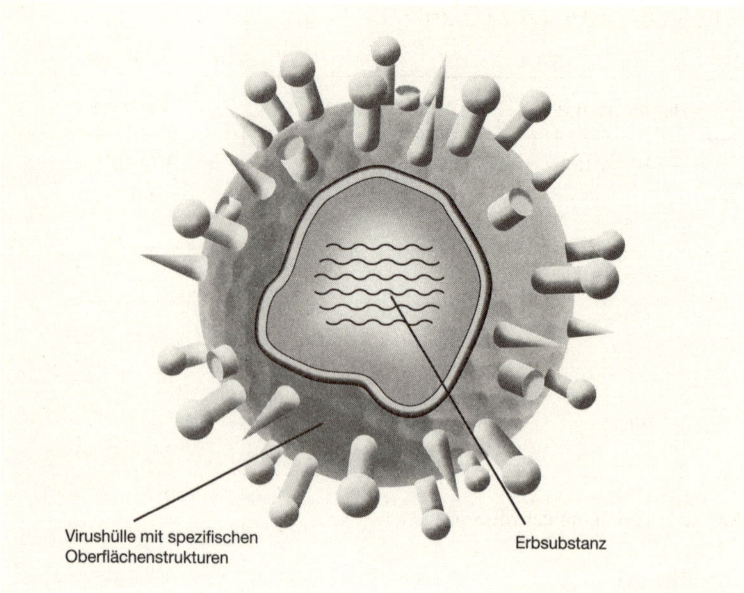

Abbildung 3: Ein Virus. Die Zellparasiten können viele verschiedene Formen annehmen, hier ein kugelförmiges Grippevirus. Im Wesentlichen besteht es aus einer Hülle und seinem Erbgut.

Partner wir wählen. Von der ersten Minute bis über unseren Tod hinaus prägen uns die Winzlinge. Insofern hatte der berühmte französische Mikrobiologe Louis Pasteur recht, als er sagte: »Messieurs, c'est les microbes qui auront le dernier mot.« (»Meine Herren, es sind die Mikroben, die das letzte Wort behalten.«)

Die Welt der Mikroben

Bezeichnung	Charakteristikum	Vertreter
Prokaryoten	kein Zellkern, aber Zellwand, Plasmide (siehe Seite 12)	Archaeen, Bakterien
Eukaryoten	Organellen, zum Beispiel Zellkern, Mitochondrien, Chloroplasten	Algen, Pilze, Protozoen; (hierzu zählen auch Pflanzen und Tiere)
Viren	kein eigener Stoffwechsel	HIV, Ebola, Tollwut, Grippe

Tabelle 1: Einteilung der Mikroorganismen

Größenverhältnisse

Durchmesser eines Virus:
15 bis 440 Nanometer

Durchmesser einer durchschnittlichen Bakterienzelle:
1 Mikrometer

Durchmesser einer durchschnittlichen Hefezelle:
10 Mikrometer

Durchmesser einer durchschnittlichen pflanzlichen oder tierischen Zelle:
> 100 Mikrometer

Durchmesser eines durchschnittlichen menschlichen Kopfhaars:
circa 60 Mikrometer

Durchmesser von Globuli x) in der Homöopathie:
0,5 bis 1,5 Millimeter

Durchmesser Tennisball:
6,64 bis 6,86 Zentimeter

x) kleine Kügelchen

Zellzahl

Menschliche Körper:
10^{13} (zehn Billionen)

Zellen des menschlichen Mikrobioms:
10^{14} (100 Billionen)

Organ	Anteil in Prozent
Verdauungstrakt	29
Mund und Rachen	26
Haut	21
Atemwege	14
Urogenitaltrakt	9
Blut	1

Tabelle 2: Bakterienbesiedelung des Menschen

Mauern, Mikroben und Kochrezepte

Manche Irrtümer sind nur schwer auszurotten. So hält sich beispielsweise hartnäckig das Gerücht, man könne die Chinesische Mauer aus dem Weltraum, ja sogar vom Mond aus mit bloßem Auge erkennen. Diese Fehleinschätzung beruht unter anderem darauf, dass dieses menschliche Bauwerk eine so gewaltige Ausdehnung besitzt. Nach neusten Messungen sind die Befestigungsanlagen im Norden Chinas über 21 000 Kilometer lang. Ein Bauwerk von solch gigantischen Ausmaßen muss man doch bereits aus großer Entfernung sehen können. Doch die Mauer dehnt sich ja vor allem in der Länge aus. Ihre Breite ist dagegen sehr gering, im Norden Pekings beispielsweise nur etwa zehn Meter. Auch die Höhe nimmt sich im Vergleich zur Länge geradezu winzig aus, sie beträgt im Schnitt zwischen sechs und neun Metern.

Wie unsinnig die Behauptung ist, man könne die Mauer aus dem Weltraum sehen, wird klar, wenn man sich die folgenden Dimensionen vor Augen führt: Die meisten Weltraummissionen verlaufen in einer Höhe von etwa 300 bis 600 Kilometern. Niemand würde erwarten, dass man die Mauer auf der Erde aus einer solchen Entfernung auch nur erahnen könnte. Denn die maximale Fernsicht auf unserem Planeten beträgt selbst bei besten Bedingungen knapp 300 Kilometer. Dass man sie aus dem Weltraum nicht sehen kann, haben bislang alle Astronauten bestätigt, die sich damit beschäftigt haben.

Vom Mond aus, der ja mindestens 363 000 Kilometer von der Erde entfernt ist, lässt sie sich also noch viel weniger ausmachen. Selbst den Schatten der Mauer könnte man aus dem Weltall ohne Hilfsmittel nicht erkennen, auch wenn die Einstrahlung beitiefstehender Sonne günstig ist.

Der letzte Hinweis führt uns von den gewaltigen Ausmaßen des Weltraums zurück in die winzige Welt der Mikroben. So wie man den Schatten der Chinesischen Mauer nutzen könnte, um sie zumindest mit optischen Geräten aufzuspüren, verwendet man auch indirekte Hinweise, um die Mikroorganismen des Menschen zu finden. Denn wie das Bauwerk aus dem All können wir unsere Mikroben mit bloßem Auge ja nicht sehen.

Selbst von dem bereits erwähnten Antoni van Leeuwenhoek, der im 17. Jahrhundert als Erster Bakterien mit einem Mikroskop beobachtete, dauerte es noch mehr als 200 Jahre, bis sich die optischen Möglichkeiten so verbesserten, dass sie bis an die Grenzen der theoretisch erreichbaren Auflösung gelangten. Nicht zuletzt dadurch waren Erfolge in der Mikrobiologie erst möglich.

Die bloße Beobachtung der Mikrowelt genügt jedoch nicht, um Entscheidendes über die Kleinstlebewesen und ihre Beziehungen zu erfahren. Manche Einzeller unterscheiden sich deutlich voneinander. Einige sind wie ein Korkenzieher gedreht, andere sind kugelförmig, wachsen in traubenförmigen Haufen oder wie an einer Perlenkette aufgereiht. Wiederum andere bilden langgestreckte Zellketten, die wie Fäden aussehen. Manchen wachsen so, wie man es sich klassischerweise vorstellt, als länglich-ovale Einzelzellen. Allerdings ist damit maximal eine grobe Einteilung zu treffen, anders als bei größeren Lebewesen, bei denen bereits die Betrachtung mit bloßem Auge eine gute Möglichkeit bietet, sie voneinander zu unterscheiden und in eine entsprechende Systematik einzuordnen. So dürfte es niemandem schwerfallen, einen Löwen von einem Zebra zu unterscheiden. Dies gelingt leicht, obwohl sie als Säugetiere doch zahlreiche Gemeinsamkeiten aufweisen, zum Beispiel vier Beine, ein Fell, einen Schwanz, zwei Augen und Ohren sowie Zähne.

Bei Mikroorganismen fällt die Unterscheidung wesentlich schwerer. Hat man zwei gleichförmige Zellen vor Augen bedarf es weiterer Charakteristika, um eine sichere Entscheidung treffen zu können, ob man zwei Zellen der gleichen oder einer anderen Art betrachtet.

Deshalb haben Mikrobiologen zahlreiche Verfahren entwickelt, um diese Aufgabe zu meistern. Grundsätzlich ähneln sich die Verfahren, egal ob man Bakterien oder Pilze aufspüren will. Allerdings haben Mikrobiologen bislang vornehmlich die bakteriellen Bewohner unseres Körpers erforscht, sodass im Folgenden beispielhaft Nachweismethoden für eben diese Einzeller erläutert werden.

Eine der ältesten Methoden ist die Färbung. Dabei nutzt man die Eigenart der Bakterien, bestimmte Farbstoffe gut oder schlecht in ihren Zellen zurückzuhalten.

Der Pionier auf diesem Gebiet war der deutsche Pathologe Carl Weigert, der von 1845 bis 1904 lebte. Dieser Cousin Paul Ehrlichs inspirierte den späteren Nobelpreisträger zu seinen bahnbrechenden Arbeiten in der Immunologie und Chemotherapie. Insofern hat die Färbung von Bakterien eine enorme Bedeutung weit über die Mikrobiologie hinaus.

Die bekannteste Färbemethode ist die sogenannte Gramfärbung. Sie beruht letztlich auf einer Besonderheit in der Bakterienzellmembran, in der bei einigen Arten eine spezielle

Struktur vorhanden ist, das sogenannte Murein. Man färbt die Bakterien zunächst nach einem festgelegten Prozedere an und spült sie dann mit Alkohol ab. Dadurch wird der Farbstoff entfernt, außer bei denen, die Murein besitzen. Wie eine Art Netz hält dieses die Farbe zurück. Unter dem Mikroskop kann man dann erkennen, welche Zellen die Farbe enthalten und welche nicht.

Bakterien, die sich auf diese Weise anfärben lassen, nennt man grampositiv. Jene, die den Farbstoff nicht annehmen, heißen gramnegativ.

Die Gramfärbung ist ein grundlegendes Verfahren zur Unterscheidung von Bakterien und hat große Bedeutung in der Medizin, da sich anhand des Färbeverhaltens Rückschlüsse auf mögliche Empfindlichkeiten gegen Antibiotika ziehen lassen. So reagieren in der Regel nur grampositive Mikroben empfindlich auf Penicillin. Das Medikament ahmt mit seiner Struktur den Grundbaustein des Mureins nach, weshalb das Antibiotikum an das Enzym, das Murein zusammenbaut, andocken und es so blockieren kann. Daraufhin stockt der Aufbau dieses wesentlichen Stützmoleküls in der Zellmembran grampositiver Arten, die Hülle wird brüchig und schließlich platzen die Bakterien. Bei gramnegativen Arten, die kein Murein besitzen und deren Zellmembranen anders zusammenhalten, funktioniert das nicht.

Diese und andere Färbemethoden sind aber nur eine weitere sehr grobe Möglichkeit, Bakterien voneinander zu unterscheiden, in etwa so, als ob man bei Wirbeltieren feststellen könnte, ob es sich um einen Vogel oder ein Säugetier handelt. Wie wenig trennscharf so eine Unterteilung wäre wird klar, wenn man einmal diese beiden großen Gruppen hinsichtlich nur eines einzigen Merkmals betrachtet.

Zu den Säugetieren gehören Arten, die so leicht sind wie eine Schweinsnasenfledermaus mit etwa zwei Gramm oder so gewaltig wie ein Blauwal mit bis zu 200 Tonnen Gewicht. Auch bei den Vögeln gibt es enorme, wenn auch nicht ganz so extreme Unterschiede. So wiegt der kleinste Vogel, die Bienenelfe beziehungsweise der Hummelkolibri, nur etwa 1,8 Gramm, der Afrikanische Strauß als größter Vertreter dagegen fast 140 Kilogramm. Dabei bezieht sich dieser Vergleich lediglich auf das Gewicht, die Unterschiede im sonstigen Aussehen, in der Physiologie oder im Verhalten sind dabei noch gar nicht berücksichtigt. Genauso unterschiedlich sind auch sämtliche Mikroorganismen, auch wenn viele Unterschiede nicht so augenscheinlich wie bei Säugetieren oder Vögeln ausfallen, weil sie sich eben in der Mikrowelt manifestieren.

Deshalb ist es auch eine eigene Wissenschaft, die Mikroben der Erde zu klassifizieren. Neben den Färbemethoden stehen der klassischen Mikrobiologie vor allem physiologische Tests zur Verfügung. Dazu werden die Mikroben unter klar definierten Bedingungen kultiviert. So kann das Medium, in dem sie wachsen sollen, flüssig oder fest sein. Flüssige Medien sind vergleichsweise leicht in entsprechenden Gefäßen im Labor zu handhaben. Für die problemlose Kultivierung von Mikroorganismen auf festen Nährböden benötigte es hingegen eine weithin unbeachtete Revolution am Ende des 19. Jahrhunderts. Damals verwendeten Mikrobiologen vor allem flüssige Medien. Wollte man Bakterien auf festem Untergrund heranziehen, nutzte man beispielsweise Kartoffelscheiben oder Fleisch. Das waren, wie man sich denken kann, nur Behelfsmedien, mit denen ein exaktes wissenschaftliches Arbeiten nur eingeschränkt möglich war. Allein schon die schwer vorhersagbare beziehungsweise bestimmbare Zusammensetzung von Fleisch oder Kartoffeln verhindert dies.

Deshalb suchte auch der Entdecker des Tuberkulose-Erregers und Nobelpreisträger Robert Koch nach einer Alternative. Er experimentierte mit Nährmedien, die er mithilfe von Gelatine verfestigte. Diese hat allerdings zwei Nachteile: Sie wird von vielen Mikroben einfach als Nahrung verdaut und verflüssigt sich bei 37 Grad Celsius. Diese Temperatur ist aber notwendig, will man beispielsweise menschliche Krankheitserreger heranzüchten.

Die Alternative entdeckte Koch Anfang der 1880er Jahre mithilfe der Frau eines seiner Mitarbeiter. Fanny Angelina Hesse wusste von den Schwierigkeiten mit der Gelatine und schlug ihrem Mann und Koch vor, es einmal mit Agar-Agar zu versuchen. Dieser Stoff wird aus Algen gewonnen und in der asiatischen Küche wie Gelatine in Europa eingesetzt. Hesse wusste davon, da sie von ihrer Mutter Rezepte für Fruchtgelee und Gemüsesülze mit Agar-Agar besaß. Diese wiederum hatte die Kochanleitungen von niederländischen Bekannten bekommen, die auf dem indonesischen Java gelebt hatten. Es stellte sich heraus, dass Agar-Agar hervorragend für Kulturmedien geeignet war. Bis heute wird es standardmäßig für die Herstellung fester Nährböden eingesetzt.

Weitere Kultivierungsbedingungen, die der Identifizierung verschiedener Mikrobenarten dienen können, sind die Temperatur oder die notwendige An- oder Abwesenheit von Sauerstoff. Dieses Gas in unserer Atemluft, das uns überhaupt erst leben lässt, wirkt sich auf viele Mikroben tödlich aus. Diese als obligat anaerob bezeichneten Mikroorganismen brauchen den Sauerstoff nicht, ganz im Gegenteil. Da sie keinerlei Mechanismen zur Verfügung haben, um seine für sie giftige Wirkung zu entschärfen, sterben sie, wenn sie damit in Berührung kommen. Zu Beginn des Lebens auf der Erde waren sie die vorherrschende Lebensform, denn die Atmosphäre und die Ozeane der Erde waren noch weitgehend sauerstofffrei. Erst als sich Organismen wie Blaualgen entwickelten, die Sauerstoff infolge ihrer fotosynthetischen Aktivität produzierten, wandelte sich die Umwelt. Für die anaeroben Lebewesen war das eine Katastrophe biblischen Ausmaßes, denn je höher der Sauerstoffgehalt der Atmosphäre und der Meere anstieg, desto weiter wurden sie in die verbleibenden Lebensräume verdrängt, die das Gas nicht erreichte.

Neben diesen strikten Sauerstoffverweigerern tummeln sich im Reich der Mikroben sogenannte fakultativ anaerobe Mikroorganismen. Das sind diejenigen, die zwar lieber mit Sauerstoff leben, aber auch nicht gleich sterben, wenn er fehlt.

Als letzte Gruppe kommen die aeroben Mikroorganismen dazu. Ihnen bleibt ohne Sauerstoff förmlich die Luft weg. Ohne das Gas sterben sie – so wie der Mensch auch. Wären wir eine Bazille, würden wir uns zu den aeroben gesellen.

Ein weiteres Unterscheidungskriterium ist die Fähigkeit, bestimmte Nährstoffe verwerten zu können oder eben nicht. So stellt man den Mikroben beispielsweise nur eine einzige Aminosäure oder einen Zucker als Nahrung zur Verfügung. Nur auf Nährböden, die Verwertbares enthalten, wachsen die entsprechenden Bakterien. Ist ein Einzeller auf Zucker als Energielieferant angewiesen und kann er bestimmte Aminosäuren nicht abbauen, wächst er nur auf zuckerhaltigen Medien.

Würde man vergleichbare Methoden zur Identifizierung von Säugetieren einsetzen, wollte man damit beispielsweise Löwe und Zebra unterscheiden, dann hielte man einige der

Tiere jeweils in getrennten Gehegen. Einer Gruppe Zebras würde man nur Fleisch vorsetzen, der anderen Heu. Mit den Löwen würde man ebenso verfahren. Nach gar nicht allzu langer Zeit wüsste man, wer Gras- und wer Fleischfresser ist. Glücklicherweise fällt bei Säugetieren die Identifizierung leichter, sodass die Umsetzung dieses makabren Experiments ein reines Gedankenspiel bleibt.

Neben der Fähigkeit, bestimmte Stoffe zu verwerten, betrachten Mikrobiologen auch die Produktion bestimmter Substanzen. So liefert die Bildung des streng nach faulen Eiern stinkenden Gases Schwefelwasserstoff wichtige Hinweise auf entsprechende Arten. Zur Feststellung des Gases nutzt man allerdings nicht die Nase, sondern eine chemische Reaktion. Unter bestimmten Bedingungen reagiert Schwefelwasserstoff nämlich mit Eisen, wobei dann die schwarze Verbindung Eisensulfid entsteht. Zahlreiche andere Verfahren mit speziellen Nährböden existieren, die bestimmte Fähigkeiten der Mikroben nachweisen. Meist sind sie mit einer Farbreaktion verbunden, sodass Wissenschaftler auch von der sogenannten Bunten Reihe sprechen.

All diese Bestimmungsmethoden haben allerdings einen entscheidenden Nachteil: Um sie anwenden zu können, muss man die Bakterien, die man nachweisen will, auch kultivieren. Wenn sie aber unter den Bedingungen, die wir ihnen im Labor bereitstellen, nicht wachsen, dann lassen sie sich mit diesen Methoden auch nicht nachweisen. Viele Mikrobiologen schätzen, dass nur etwa ein Prozent aller Mikroorganismen überhaupt kultivierbar ist. Wenn diese Annahme auch nur annähernd stimmt, dann wäre das Erforschen des Mikrobioms mit den vorher genannten Methoden etwa so, wie mit einem Fernglas vom Mond aus nach der Chinesischen Mauer zu suchen.

Doch mit der Entwicklung molekulargenetischer und anderer biochemischer Verfahren sind seit den 1970er Jahren zahlreiche unterschiedliche, ergänzende Techniken zu den bisher genannten hinzugekommen. Diese haben die Möglichkeiten der Mikrobiologie enorm erweitert, vor allem hinsichtlich der Charakterisierung von Bakteriengemeinschaften. Damit ist es nun möglich, ein viel genaueres Bild von der Zusammensetzung und den Veränderungen im menschlichen Mikrobiom zu bekommen.

Im Prinzip verfolgen die meisten molekularen biochemischen Verfahren dieselbe Strategie. Sie versuchen, Moleküle zu identifizieren, die für eine bestimmte Bakteriengruppe oder sogar einzelne Arten spezifisch sind. Meistens suchen Mikrobiologen dabei nach Eiweißen oder nach Erbmolekülen wie der DNA oder der RNA.

Diese Verbindungen sind in ihrer Grundstruktur ähnlich einer Kette aufgebaut. Ihre grundsätzlichen Bausteine reihen sich in langen Schnüren aneinander – bei den Eiweißen die Aminosäuren, bei den Erbmolekülen die Nukleinsäuren. In der Realität liegen diese Schnüre selbstverständlich nicht lang gestreckt vor, sondern sie nehmen ganz charakteristische Formen an, was für die Funktion der Moleküle entscheidend ist.

Für die Bestimmung von Bakterienarten ist das uninteressant. Hier zählt nur eine charakteristische Abfolge der Bausteine, die möglichst einzigartig bei nur einer Bakterienart vorkommt. Hat man eine solche Sequenz gefunden, kann man mit ihr leicht die entsprechende Art identifizieren, selbst in einem Gewimmel von Abermillionen anderer Einzeller. Zwei sehr häufig angewandte Verfahren sind dabei das metagenomische Screening und die 16S-rRNA-Analyse.

Beim metagenomischen Screening untersucht man beispielsweise die gesamte bakterielle Erbsubstanz, die in einer Probe enthalten ist, und fahndet darin nach typischen Sequenzen, die man einzelnen Bakteriengruppen oder sogar -arten zuordnen kann. Findet man sie, kann man eine vergleichsweise genaue Karte der Mikrobengemeinschaft erstellen.

Beim Screening auf 16S-rRNA nutzen Forscher ein ganz spezielles Molekül, das sie aus ihren Proben fischen. Die RNA, ausgeschrieben Ribonukleinsäure, übernimmt bei Lebewesen sehr viele verschiedene Aufgaben. Unter anderem bildet sie das Gerüst für die Ribosom genannte Zellmaschine, die Eiweiße zusammenbaut. Um kenntlich zu machen, dass es sich um RNA handelt, die ein Ribosom aufbaut, stellt man ihr ein »r« voran – also rRNA.

16S dient der genaueren Benennung, denn ein Ribosom setzt sich aus verschiedenen einzelnen RNA-Stücken zusammen, bei Bakterien aus drei. Um sie zu unterscheiden, beobachtet man ihr Verhalten in einer Zentrifuge. Dieses Laborgerät funktioniert ähnlich wie eine Salatschleuder und erzeugt durch sehr schnelle Rotation enorme Fliehkräfte. Je größer die Dichte eines Stoffs ist, desto schneller driftet er in einer Flüssigkeit in Richtung der Zentrifugalkräfte. Zwei unterschiedlich dichte Stoffe kommen in derselben Flüssigkeit, die über dieselbe Zeit in einer Zentrifuge geschleudert wird, ungleich weit. Wie weit ein Stoff driftet, bezeichnet man mit der Einheit Svedberg, kurz S. Als Merkhilfe kann man sie auch als Sedimentationskoeffizienten bezeichnen oder einfach als Schleudermaß.

Im Falle der Ribosomen-RNA der Bakterien unterscheidet man drei Moleküle mit unterschiedlichem Sedimentationskoeffizienten: 23S-rRNA, 16S-rRNA und 5S-rRNA. Für die Identifizierung einzelner Bakterienarten ist die 16S-rRNA wichtig, da sie bedeutende Aufgaben bei der Produktion von Eiweißen durch die Zelle übernimmt. Deshalb muss sie auch sehr stabil sein, sprich sie darf sich im Laufe der Evolution nicht allzu oft verändern. Die Gefahr ist zu groß, dass sie durch eine Veränderung ihre Funktionstüchtigkeit verlöre und ihre entscheidenden Aufgaben nicht mehr erfüllen könnte.

In manchen 16S-rRNA-Abschnitten ist diese Eigenschaft aber nicht ganz so entscheidend, sodass sich diese verändern. Das nutzt die Wissenschaft, denn 16S-rRNA findet man in jedem Bakterium. Die entscheidenden Abschnitte der 16S-rRNA sind bei ihnen nahezu identisch und eignen sich nicht für eine Unterscheidung. Die variableren Abschnitte dagegen schon. So lassen sich verschiedene Mikrobengruppen bis hin zu einzelnen Arten identifizieren.

Das letztendliche Resultat dieses Detektivspiels ist wünschenswerterweise die genaue Bestimmung einer einzelnen Bakterienart. Dabei geht man systematisch in verschiedenen Stufen vor, die hierarchisch geordnet sind. Vom Übergeordneten zum Untergeordneten lautet deren Reihenfolge: Stamm, Klasse, Ordnung, Familie, Gattung, Art. Anhand dieser Klassifikation erhält ein Bakterium seinen Namen, zum Beispiel *Staphylococcus epidermidis*. Anders als bei uns steht bei dem Einzeller quasi der Familienname vorne und der Individualname, der eine spezifische Art benennt, hinten. *Staphylococcus epidermidis* ist ein bei nahezu jedem Menschen auf der Haut lebender Keim. Die Bezeichnung macht deutlich, dass er zur Gattung der Staphylokokken gehört. Sie bilden kleine, runde Zellen, die in traubenförmigen Haufen wachsen. Ihren

Namen haben sie aus dem Altgriechischen von »staphylé« für Weintraube und »kókkos« für Kern. Sie zählen zur Familie der Staphylococcaceae, die zur Ordnung der Bacillales gehören. Diese sind Teil der Klasse der Bacilli, die sich wiederum in den Stamm der Firmicutes einreihen.

Wer sich das nicht merken kann, ist entschuldigt. Das können tatsächlich nur Fachleute. Der vorangegangene Abschnitt soll nur dazu dienen, ein wenig Verständnis für die Taxonomie, also die exakte Bestimmung und Benennung von Lebewesen, zu wecken, und damit das Folgende besser verständlich machen.

Die Einteilung des Mikrobencocktails, der sich in und auf uns tummelt, erfolgt nämlich anhand der üblichen Klassifizierung der Mikroorganismen. Deshalb werden wir in den folgenden Kapiteln immer wieder auf schon bekannte stoßen. Diese wesentlichen Akteure unseres Mikrobioms sollen hier bereits vorgestellt werden. Wie in einem guten Theaterstück gibt es die Guten, die Bösen, die Hässlichen, die Gemeinen, die Liebenswerten und vielleicht auch die Trotteligen. Doch wie bei einer gelungenen Aufführung sollen auch hier nur die Namen der Handelnden vorgestellt werden. Wer im anschließenden Stück welche Rolle übernimmt, lösen die folgenden Kapitel auf.

Zwei Bakterienstämme herrschen im menschlichen Mikrobiom vor: die bereits erwähnten Firmicutes und die Bacteroidetes. Zu den Firmicutes gehören unter anderem so bekannte Keime wie die Lactobacillen, die uns unter anderem bei der Herstellung zahlreicher Milchprodukte helfen, die aber auch an bestimmten Körperregionen besonders häufig auftreten. Dazu zählen Staphylokokken, aber auch Streptokokken, Clostridien oder Bacilli. Ein weiterer wichtiger Vertreter ist *Rumi-*

nococcus. Der gewaltige Stamm der Firmicutes stellt ein entscheidendes Gerüst unseres Mikrobioms.

Die zweite große Stütze unserer Mikrobengemeinschaft bilden die Bacteroidetes. Sie machen einen Großteil unserer Darmflora aus, zum Beispiel mit Keimen aus der Gattung *Bacteroides*. Unter den Bacteroidetes werden wir auch häufiger auf *Prevotella* treffen.

Firmicutes sind übrigens grampositiv, das heißt, sie lassen sich mithilfe der Gramfärbung kenntlich machen. Bacteroidetes sind hingegen gramnegativ.

Beide Stämme leben im Gleichgewicht untereinander und mit dem menschlichen Körper. Wird diese empfindliche Balance gestört, kann das drastische Auswirkungen haben. So wird ein verändertes Verhältnis zwischen den beiden Stämmen im Darm beispielsweise mit Übergewicht in Verbindung gebracht.

Neben diesen beiden Stämmen spielen zwei weitere eine wichtige Rolle für das Mikrobiom: die Actinobacteria und die Proteobacteria. Unter Ersteren sticht vor allem die Gattung *Bifidobacterium* hervor, auf die wir ebenfalls häufig in diesem Buch stoßen werden.

Zu den Proteobacteria zählt unter anderem *Escherichia coli*, ein auch als Standardbakterium zu bezeichnender Keim, da mit Vertretern seiner Art viele mikrobiologische Erkenntnisse gewonnen wurden und immer noch werden.

Neben Bakterien bevölkern auch Pilze den menschlichen Körper. Allerdings ist das Wissen über dieses auch als Mykobiom (von griechisch »mykes« = Pilz) um ein Vielfaches geringer als das über die Bakterien. Pilze, die auf und in uns wachsen, sind beispielsweise Arten von *Candida*, *Saccharomyces* oder *Aspergillus*. Sie leben vor allem im Darm und auf der Haut, machen aber nur einen geringen Teil des Mikrobioms aus. Im Darm liegt der Anteil der Pilze an der Flora auf jeden Fall im niedrigen einstelligen Prozentbereich, etwa zwischen einem halben und zwei Prozent.

Als Krankheitserreger sind sie dagegen bedeutender, wobei zwei Gruppen dabei die Hauptrolle spielen. Die eine Gruppe typischer Erreger sind die Hefepilze wie *Candida albicans*. Aber auch der Hirnhautentzündung auslösende Pilz *Cryptococcus neoformans* gehört dazu, ebenso wie zahlreiche weitere *Candida*-Hefen, zum Beispiel *Candida glabrata, Candida parapsilosis* und *Candida tropicalis*. Das Spektrum der durch Hefen der Gattung *Candida* verursachten Erkrankungen umfasst Schleimhauterkrankungen wie Candidosen von Mundhöhle, Speiseröhre oder Vagina sowie die Pilzsepsis, landläufig Blutvergiftung genannt, die häufig tödlich verläuft.

Die zweite wichtige Gruppe besteht aus den Schimmelpilzen, wobei hier der typische Erreger *Aspergillus fumigatus* heißt. Dieser befällt vor allem die Lunge. Er gilt als ein sehr gefährlicher Krankheitserreger, da Infizierte überdurchschnittlich oft sterben. Zu einer Ausbreitung der Infektion in das Gehirn und die inneren Organe kann es über die Lunge als Eintrittspforte bei circa 20 Prozent der Patienten kommen. Allerdings ist der Nachweis einer Besiedelung mit *Aspergillus* sowie mit *Candida* nicht generell mit einem Alarmsignal gleichzusetzen. Vielmehr können die Pilze auch auf und im Menschen wachsen, ohne eine Krankheit hervorzurufen. Bei immungeschwächten Patienten sowie Menschen, denen ein Organ transplantiert wurde, sieht das jedoch anders aus. Ein gesundes Mikrobiom kann vor Pilzinfektionen schützen, vor allem wenn die bakterielle Flora in Ordnung ist.

Noch stehen wir zwar erst am Anfang der Erforschung unseres Mikrobioms. Aber das Wissen über die Vielfalt und die Abläufe der mikrobiellen Welten unseres Körpers hat sich gerade in den vergangenen zehn Jahren vervielfacht. Dennoch darf man auch hier den großen englischen Naturforscher Sir Isaac Newton zitieren: »In der Wissenschaft gleichen wir alle nur den Kindern, die am Rande des Wissens hie und da einen Kiesel aufheben, während sich der weite Ozean des Unbekannten vor unseren Augen erstreckt.«

Wer bin ich?

Am Abend des 19. Juni 1892 stürzte die 27-jährige Witwe Francisca Rojas blutüberströmt aus ihrer Hütte in der argentinischen Ortschaft Neocochea, etwa 500 Kilometer südwestlich von Buenos Aires. Eine Schnittwunde verlief über ihren Hals und sie schrie, man habe ihre Kinder ermordet. Tatsächlich lagen in der Hütte ihr sechsjähriger Sohn und ihre vierjährige Tochter, beide grausam verstümmelt. Die Mutter beschuldigte ihren Nachbarn Pedro Ramón Velázquez, das Verbrechen begangen zu haben. Als Tatmotiv gab sie an, der Mann habe ihr Avancen gemacht, die sie zurückgewiesen habe.

Zwar verhaftete die Polizei den beschuldigten Farmarbeiter, aber dieser gestand trotz Folter nicht. Wegen der stockenden Ermittlungen übernahm Inspektor Eduardo Alvarez den Fall. Er entdeckte schließlich einen blutigen Handabdruck am Türpfosten von Rojas' Hütte, sägte das betreffende Stück Holz aus und brachte es zum Kriminalisten Juan Vucetich. Der Abdruck stammte von der Mutter. Mit diesem und anderen Beweisstücken konfrontiert, brach Rojas schließlich zusammen und gestand, ihre beiden Kinder ermordet und sich selbst zur Vertuschung die Schnittwunde am Hals beigebracht zu haben. Ihr Motiv: Sie hatte einen Liebhaber, der die Kinder nicht mochte. Ohne Kinder, so glaubte sie zumindest, hätte sie größere Chancen auf eine Heirat. Sie wurde schließlich zu lebenslänglicher Haft verurteilt.

Der Fall von Francisca Rojas war der erste Kriminalfall, der mithilfe eines Fingerabdrucks aufgeklärt wurde. Argentinien war das erste Land, in dem diese Methode professionalisiert und als kriminalistischer Standard zum Einsatz kam. Vergleichsweise schnell setzte sich die Technik auch in anderen Ländern durch und ist zum allgemeinen Standard geworden.

Die große Akzeptanz dieses Verfahrens spiegelt sich auch darin wider, dass »Fingerabdruck« zum Synonym für »unverwechselbar«, »einzigartig« sowie »eindeutig zuzuordnen« geworden ist. Nicht zuletzt kennen wir in der Kriminalistik neben dem tatsächlichen Fingerabdruck mittlerweile auch noch den genetischen Fingerabdruck. Mittels Analyse kleinster Erbmoleküle kann ebenfalls eine Zuweisung von Spuren zu einer Person gelingen.

Zwar sind Fingerabdrücke durch neuere wissenschaftliche Untersuchungen und aufgedeckte Fehlurteile in Verruf gekommen und Experten raten dazu, die Übereinstimmung von Merkmalen einer Spur und Merkmalen ihres mutmaßlichen Erzeugers nur noch mit Wahrscheinlichkeiten und nicht mit absoluter Sicherheit anzugeben. Ihren Wert für die Kriminalistik behalten beide Methoden jedoch, sowohl die des klassischen als auch die des genetischen Fingerabdrucks. Und vielleicht können Kriminalisten bald sogar eine dritte Möglichkeit nutzen, nämlich den mikrobiomischen Fingerabdruck.

Wenn wir etwas mit unseren Fingern berühren, dann drücken wir auf den gegriffenen Gegenstand nicht nur Schweiß und Talg, die das spezifische Muster unseres Fingerabdrucks hinterlassen. Auch die Mikroben, die sich auf der Haut unserer Hände tummeln, landen auf der berührten Oberfläche. Setzt man voraus, dass jeder Mensch nicht nur einzigartige

Fingerabdrücke besitzt, sondern auch ein von allen anderen Menschen unterschiedliches Mikrobiom, so müsste sich das in gleicher Weise zur Spurensicherung einsetzen lassen.

Dieser Frage gingen amerikanische Mikrobiologen in einer Studie nach. Dazu analysierten sie die Bakteriengemeinschaft auf Computertastaturen und -mäusen. Sie wählten Geräte, die ausschließlich von einer Person verwendet wurden. Anschließend prüften die Forscher, ob das spezifische Bakterienmuster auf den Geräten mit dem Mikrobiom der Nutzer übereinstimmte. Tatsächlich ließen sich die Benutzer der Geräte unter 250 Probanden herausfinden. Das funktionierte sogar noch nach 14 Tagen, egal ob die Gegenstände bei Raumtemperatur oder bei minus 20 Grad Celsius aufbewahrt worden waren.

Verbrecher sollten sich also künftig nicht nur Gedanken über klassische Fingerabdrücke und Genspuren machen, die sie vielleicht am Tatort hinterlassen, sondern auch über die Mikroben, die auf ihrer Haut leben. Die Winzlinge könnten zu den kleinsten, aber auch wichtigsten Assistenten der Polizei werden.

Neben dem Aufspüren von Tätern kann das Mikrobiom dazu beitragen, ein mindestens ebenso spannendes Rätsel zu lösen: Woher stammt der Mensch? Spätestens seit der britische Biologe Charles Darwin Mitte des 19. Jahrhunderts die Evolutionstheorie begründete, suchen unzählige Forscher nach einer naturwissenschaftlichen Antwort darauf. Die bislang schlüssigste und unter den meisten Wissenschaftlern anerkannte Annahme geht davon aus, dass unsere Art irgendwo entlang des ostafrikanischen Grabenbruchs entstand und sich dann immer weiter wandernd über den ganzen Planeten Erde ausgebreitet hat.

Ein ganz spezieller Bewohner unseres Körpers liefert Belege für die Richtigkeit dieser Hypothese. Er trägt den wissenschaftlichen Namen *Helicobacter pylori* und lebt im Magen. Auf diesen winzigen Untermieter werden wir im Laufe der folgenden Kapitel noch öfter treffen.

Allein die Tatsache, dass dieses Bakterium im unwirtlichen Milieu des Magens überleben kann, ist bereits erstaunlich. Immerhin liegt der pH-Wert, also das Maß dafür, wie sauer eine Umgebung ist, dort bei etwa eins. Zum Vergleich: Reines Wasser hat einen neutralen pH-Wert von circa sieben, auf gesunder Haut findet man einen pH-Wert von etwa 5,5 und in Essig einen von drei. Sauerer als in unserem Magen geht es also nirgendwo zu und dennoch überlebt *Helicobacter* dieses ätzende Inferno dauerhaft. Unser Bewohner verdankt diese Fähigkeit im Wesentlichen zwei besonderen Eigenschaften.

Einerseits ist sein Stoffwechsel in der Lage, sehr viel Ammoniak zu produzieren, wozu er den im Magen vorhandenen Harnstoff als Rohstoff nutzt. Wer übrigens angesichts des letzten Begriffs an Toiletten denkt, liegt genau richtig. Denn Ammoniak aus Harnstoff ist für einen wesentlichen Teil des Gestanks an Urinalen verantwortlich. Wer in brütender Hitze zu später Stunde auf einem Bierfest ein dann gar nicht mehr so stilles Örtchen aufsuchen musste, dem dürfte der betreffende Geruch noch in der Nase liegen. Auch hier haben Bakterien den Harnstoff im Urin zu Ammoniak umgewandelt. Genau das passiert im Prinzip auch in unserem Magen, wenn *Helicobacter* am Werk ist. Das Bakterium nutzt allerdings nicht die Eigenschaft des Ammoniaks, unangenehm zu riechen, sondern seine neutralisierende Wirkung auf Säuren: Die Verbindung umgibt den Einzeller wie ein schützender Raumanzug einen Astronauten.

Das allein würde *Helicobacter* das Überleben aber nicht sichern, denn gegen die Säureflut, durch die es im Magen schwimmen müsste, hätte diese Ummantelung auf Dauer keine Chance. Deshalb hat die Bazille noch eine Art Außenbordmotor in ihrer Zellwand installiert. Das sind peitschenartige Fortsätze, die Wissenschaftler deshalb auch als Geißeln bezeichnen. Sie sind in der Außenhülle des Bakteriums verankert und ermöglichen ihm, sich in Flüssigkeiten gezielt in die eine oder andere Richtung zu bewegen.

Für *Helicobacter* heißt das, immer auf die Magenschleimhaut zu, wo nicht ganz so unangenehme Bedingungen herrschen. Wäre dies nicht so, würde die Säure in unserem Magen nicht nur die Nahrung zersetzen, die wir schlucken, sondern ohne ausreichenden Schutz auch vor der Wand des Magens nicht Halt machen. Damit dies nicht geschieht, produzieren spezialisierte Magenwandzellen Schleim, der verhindert, dass sich unser Magen quasi selbst verdaut. In diesen Schleim taucht auch *Helicobacter* und versucht, so schnell wie möglich wieder dorthin zurückzugelangen, sollte er einmal herausgerissen werden.

Helicobacter pylori bewohnt den Menschen schon seit sehr langer Zeit und blieb ihm bislang treu. Offensichtlich scheint sich dieses Bakterium in uns ganz wohlzufühlen. Diese lange Zweierbeziehung eröffnet Anthropologen neue Möglichkeiten, ähnlich wie sie die Genetik nutzten, um die Ausbreitung des Menschen über die Erde nachzuvollziehen.

Dabei geht man grundsätzlich davon aus, dass am Entstehungsort einer Art die größte genetische Vielfalt innerhalb einer Population vorliegt. Wandert ein Teil der Gruppe ab, nimmt sie auch nur einen Teil der Gene mit, die in der Ursprungspopulation zu finden sind. Mit jedem Wanderungszyklus verringert sich demnach die genetische Vielfalt. Hat man den Ort entdeckt, an dem eine Art nur vergleichsweise wenige Genvariationen aufweist, hat man mit hoher Wahrscheinlichkeit den Ort lokalisiert, den diese Art zuletzt besiedelt hat.

Ähnlich gehen Forscher auch bei *Helicobacter* vor, wenn sie dessen genetische Vielgestaltigkeit untersuchen. Tatsächlich findet sich die größte Fülle an genetischen Variationen in Ostafrika. Je weiter entfernt von dieser Region Menschen leben, in deren Magen ebenfalls *Helicobacter* vorkommt, desto weniger variantenreich ist dessen Erbgut. Aus derartigen genetischen Analysen lässt sich eine Karte erstellen, auf der sich die Zeiträume eingrenzen lassen, in denen der Mensch in bestimmte Gebiete vordrang. Sowohl die Wanderrouten als auch die Perioden der Eroberung einzelner Weltregionen durch *Homo sapiens* mit *Helicobacter* als blindem Passagier im Magen stimmen gut mit Erkenntnissen von Genetikern, Anthropologen oder Archäologen überein. Das Bakterium hilft uns also, besser zu verstehen, wer wir sind und woher wir kommen.

Derzeit sind noch etwa 50 Prozent aller Menschen *Helicobacter*-Träger. Doch die Zahl infizierter Menschen nimmt rapide ab, wozu auch Barry Marshall und John Robin Warren beigetragen haben.

Die beiden australischen Medizin-Nobelpreisträger des Jahres 2005 waren zunächst noch für ihre Idee verspottet worden, *Helicobacter pylori* könne eine wichtige Ursache für Magenschleimhautentzündungen, Magengeschwüre oder sogar Krebs sein. Der Mediziner Warren kämpfte jedoch besonders aufopferungsvoll für die Anerkennung seiner Theorie und schluckte selbst eine *Helicobacter*-Kultur. Er bekam später tatsächlich eine Magenschleimhautentzündung, die er anschließend mit Antibiotika kurierte. Weitere wissenschaftliche Studien ergaben den endgültigen Beweis: *Helicobacter* kann krank machen.

Das trug der Bazille die Feindschaft des Menschen weltweit ein und Ärzte bekämpfen sie seither mit Antibiotika. Die verbesserten Lebensbedingungen und gestiegene Hygiene sind weitere Gründe für das langsame, aber kontinuierliche Verschwinden von *Helicobacter*. Schon warnen Forscher, die mithilfe des Bakteriums weitere Geheimnisse um die Evolution des Menschen lüften wollen, vor einer gänzlichen Ausrottung ihres Forschungsgegenstands. Bevor dies erreicht sei, sollten soviele Proben wie möglich gewonnen werden, mahnen sie.

Die Bazille im Magen könnte nicht die einzige Möglichkeit darstellen, Licht ins Dunkel unserer Vergangenheit zu bringen. Dazu lässt sich vielleicht ebenso die Mikroflora in unserem Mund heranziehen, hoffen zumindest Forscher des Max-Planck-Instituts für evolutionäre Anthropologie in Leipzig. Sie verschafften sich Speichelproben von insgesamt 120 Personen, jeweils zehn Probanden aus zwölf verschiedenen Regionen der Erde. In diesen entdeckten sie eine erstaunliche Vielfalt an unterschiedlichen Mikroorganismen, wobei die Zusammensetzung der Lebensgemeinschaft der Winzlinge von Ort zu Ort stark variiert.

Noch haben die Wissenschaftler nicht herausgefunden, ob sich diese Vielfalt auch dazu eignet, Wanderbewegungen von *Homo sapiens* zu untersuchen. Die Studie zeigt nur eine Momentaufnahme der weltweiten Unterschiedlichkeit im Mikrobiom des menschlichen Speichels. Gegenwärtig untersucht die Forschungsgruppe den Einfluss von Ernährungsunterschieden zwischen den Populationen auf das Speichelmikrobiom. Außerdem gehen die Forscher der Frage nach, wie sich das Speichelmikrobiom eines Individuums im Laufe der Zeit verändert. Darüber hinaus wollen sie spezifische Bakterien als potenzielle Marker für weiterführende Studien zu menschlichen Migrationen identifizieren.

> Der **pH-Wert** ist ein Maß dafür, wie sauer beziehungsweise basisch eine wässrige Lösung ist.
>
> pH-Wert über 7 ≙ basisch/alkalisch
> pH-Wert 7 ≙ neutral
> pH-Wert unter 7 ≙ sauer

Von der ersten Minute an

Koalas sind vor allem wegen ihres putzigen Aussehens bekannt. Die Niedlichkeit der baumbewohnenden Beuteltiere verdrängt oft, dass sie auch andere, wahrlich herausragende Eigenschaften besitzen. So darf ihre Verdauung beispielsweise als außergewöhnlich bezeichnet werden. Der Blinddarm eines Koalas kann länger als zwei Meter werden und ist damit einer der größten unter allen Säugetieren. Dabei wird die insgesamt gewaltige Abmessung des Verdauungstraktes von der ausschließlichen und eigentümlichen Nahrung der Koalas bestimmt, den Eukalyptusbäumen. Denn von den mehr als 700 verschiedenen Eukalyptusarten fressen sie nur die Blätter von etwa 70 Arten. Dieses Grünfutter enthält vergleichsweise wenig Nährstoffe und ist obendrein auch noch giftig. Die allermeisten Tiere würden verenden, wenn sie diese Blätter fräßen.

Koalas überlisten die tödliche Abwehr des Eukalyptus' durch ihr spezielles Verdauungssystem. Zum einen ist ihre Leber besonders leistungsfähig und entschärft einige der Toxine. Das allein würde aber nicht genügen, um den Fellknäueln das Leben zu retten. Zusätzlich besitzt ihr Darm noch ein ganz spezifisches Mikrobiom, dessen Mitglieder für eine bessere Verdauung und Entgiftung sorgen. Um diese Lebensgemeinschaft an ihren Nachwuchs weiterzugeben, haben die grauen Kletterer einen Trick entwickelt. Koalasäuglinge kommen wie alle anderen Säugetiere quasi steril zur Welt. Ihr Körper muss daher erst noch von den Mikroorganismen erobert werden, die einmal ihr gesamtes Mikrobiom ausmachen sollen. Etwa im Alter von sechs Monaten spielt sich dabei Entscheidendes im Leben eines jungen Koalas ab. In dieser Zeit erhält er von seiner Mutter ein wichtiges Erbe. Dazu kriecht das Jungtier aus dem Beutel seiner Mutter, der sich praktischerweise in Richtung des Hinterteils des Weibchens öffnet, und beginnt, ihren Anus mit Mund und Nase zu stimulieren. Das regt die Produktion eines ganz speziellen Sekrets an. Den zunächst noch harten, pelletartigen Kot ignoriert das Koalakind. Danach kommt jedoch der als Pap bezeichnete schleimige Auswurf, der jene spezielle Mixtur aus Mikroorganismen enthält, die das Überleben nach einer Eukalyptusmahlzeit erst ermöglicht.

Die Übertragung von Mikroorganismen von der Mutter zum Kind ist durchaus nichts Ungewöhnliches – sie findet auch beim Menschen statt. Bereits vor der Geburt bestimmen Mikroben unser Leben, denn über den Verlauf einer Schwangerschaft entscheiden auch die Mitbewohner der Mutter. Spätestens mit der Geburt springen die ersten Bakterien dann auf den neuen Erdenbürger über und beginnen mit der Kolonisierung des noch keimfreien Terrains. Von der ersten bis zur letzten Minute werden sie fortan das Leben des neuen Menschen begleiten und untrennbar zu seiner Person gehören.

Schon während der Schwangerschaft kann das Mikrobiom entscheidenden Einfluss ausüben, bleibt von dieser selbst aber auch nicht unberührt. So ändert sich seine Zusammensetzung im Darm während des letzten Drittels einer Schwangerschaft entscheidend. Sie ähnelt dann eher der eines Kranken, der dazu neigt, viel zu viel Fett aufzubauen und übergewichtig zu werden. Mediziner vermuten, dass diese Veränderung dazu dient, dem nun kräftig wachsenden Fötus genügend Energie zur Verfügung stellen zu können.

Forscher rund um die Biologin Ruth Ley von der amerikanischen Cornell University entdeckten dieses Phänomen und unterzogen es einer Überprüfung. Übertrugen sie die Mikroben aus den Stuhlproben der Schwangeren auf Mäuse, die keine Bakterienbesiedelung aufwiesen, dann neigten diese Tiere anschließend zu Fettleibigkeit und zeigten einen veränderten Zuckerstoffwechsel. Da sich diese Veränderung des Darmmikrobioms offenbar nur während des letzten Drittels der Schwangerschaft abspielt vermuten die Wissenschaftler, dass der menschliche Körper gezielt daran mitwirkt. Wie er das schafft, wollen sie nun herausfinden.

Neben der Modifikation der Lebensgemeinschaften im Darm tritt die bislang größte bekannte Veränderung im Mikrobiom einer Schwangeren in der Vagina auf. Man muss dem Mikrobiologieprofessor Gregor Reid von der kanadischen University of Western Ontario zwar nicht zustimmen, wenn er sich zu der kühnen Behauptung versteigt, die Zukunft der Menschheit hänge vom vaginalen Mikrobiom ab. Sicher ist jedoch, dass die Mikroben in der Vagina über Erfolg oder Misserfolg einer Schwangerschaft mitentscheiden. Besonders gefürchtet ist dabei die bakterielle Vaginose.

Das weibliche Geschlechtsorgan weist üblicherweise eine spezifische Zusammensetzung seines Mikrobioms auf, das die Frau vor Infektionen schützt. Es sorgt dafür, dass der pH-Wert unter 4,5 bleibt. In der Regel liegt er zwischen 3,8 und 4,4, also im vergleichsweise sauren Bereich. Das erschwert vielen potenziellen Eindringlingen das Leben. Zusätzlich produzieren manche der Vaginabewohner Wasserstoffperoxid.

Diese vor allem als Bleichmittel für Haare oder Textilien bekannte Verbindung setzt sehr leicht Sauerstoff frei. In entsprechender Konzentration tötet dieses aggressive Gas viele Kleinstlebewesen. Das macht diese Mikroben der Vagina zu einem wirksamen Abwehrmittel gegen zahlreiche andere, unerwünschte Mikroorganismen.

Eine Schwangerschaft verändert die spezifische Zusammensetzung dieser Lebensgemeinschaft. Die Artenvielfalt unter den Bakterien nimmt ab und verschiebt sich zugunsten von Lactobacillen, also Milchsäurebakterien. Ihre Bezeichnung deutet bereits auf eine ihrer spezifischen Eigenschaften hin: Sie können Zucker in Milchsäure umwandeln. Einige Arten werden deshalb in der Milchwirtschaft, beispielsweise bei der Erzeugung von Joghurt, Kefir oder Käse, verwendet. In der Scheide der Frau sorgen sie unter anderem für das saure Milieu. Die Veränderung in der Besiedelung während einer Schwangerschaft lässt sich daher unter anderem als Schutzmechanismus interpretieren, denn ein Mehr an Lactobacillen könnte für einen besseren Schutzmantel durch Säure verantwortlich sein.

Sicher ist dagegen, dass eine Erhöhung des pH-Werts der Vagina über 4,5 ein Alarmsignal sein kann. Sie kann auf eine Störung des Mikrobioms hinweisen und ein Symptom einer bakteriellen Vaginose (BV) sein.

Bei einer BV klagen etwa 50 Prozent der Betroffenen typischerweise über grau-weißen homogenen Ausfluss, sogenannten Fluor, der schaumig oder dünnflüssig sein kann. Dem Fluor haftet ein unangenehmer, meist fischiger Geruch an, der durch die gebildeten Amine entsteht. Manche Frauen klagen auch über Jucken oder Brennen im Schambereich. Oftmals läuft eine BV aber auch ohne erkenn- oder spürbare

Symptome ab. Deshalb ist die genaue Rate an Frauen, die an einer BV erkranken, nicht bekannt. In Studien wurden Raten zwischen neun Prozent und einem Drittel aller Frauen gefunden. Schwangere könnten sogar noch stärker gefährdet sein, denn einige Studien ermittelten bis zu 50 Prozent Betroffene unter ihnen.

Die Zusammensetzung der Keime, die eine BV hervorrufen, ist unterschiedlich. Psychosozialer Stress gilt jedenfalls als ein sehr wichtiger Risikofaktor für das Auftreten einer BV. Geschlechtsverkehr betrachten viele Mediziner als den vorrangigen Übertragungsweg, da man sowohl in den Harnleitern von Männern als auch in der Vagina erkrankter Frauen den Keim *Gardnella vaginalis* gefunden hat. Diese Mikrobe steht unter Verdacht, an der Auslösung der Erkrankung beteiligt zu sein. Allerdings wurde sie auch bei gesunden Frauen und Mädchen entdeckt, die noch nie oder keinen Geschlechtsverkehr hatten. Der Keim ist jedenfalls nur einer von mehreren Übeltätern, die zu einer BV führen können. Typisch ist dabei der Anstieg des pH-Werts auf mehr als 4,5.

Problematisch kann eine Vaginose vor allem in der Schwangerschaft werden, da sie eindeutig mit einer gesteigerten Rate an Fehl- und Frühgeburten verknüpft ist. So kann sie das Risiko um das Dreifache erhöhen.

Schwangere, die fürchten, sich diese Erkrankung zugezogen zu haben, sollten deshalb unbedingt eine entsprechende Untersuchung durch ihren Arzt verlangen – zumal eine Behandlung mit Antibiotika und mit Probiotika möglich ist und Erfolg verspricht.

So empfehlen der Berufsverband der Frauenärzte und die Deutsche Gesellschaft für Geburtshilfe auf ihrer gemeinsamen Internetseite www.frauenaerzte-im-netz.de: »Die Behandlung erfolgt üblicherweise über die orale (Tabletten) oder intravaginale (Zäpfchen) Gabe von Antibiotika, wie Metronidazol, Clindamyzin oder Nifuratel. Clindamyzin ist zusätzlich als Vaginalcreme erhältlich. Diese Medikamente töten die anaeroben Keime in der Vagina. Dabei gilt Metronidazol in Tablettenform als Mittel der Wahl. Die Dauer und Intensität der Behandlung richtet sich nach der Schwere der Erkrankung, der Regenerationsfähigkeit der Vaginalflora sowie etwaiger Begleitumstände. Weitere Behandlungsmöglichkeiten sind die intravaginale Verabreichung von *Lactobacillus*-Präparaten, Milchsäure oder Ascorbinsäure (Vitamin C) zum Wiederaufbau des natürlichen Scheidenmilieus. Auf der Stärkung des Immunsystems unter Bildung von Antikörpern beruht eine intramuskuläre Injektion mit nicht Wasserstoffperoxid bildenden Lactobacillen.«

Frauen können auch präventiv etwas zur Vermeidung einer BV tun. Da Stress als einer der wesentlichen Risikofaktoren gilt sollten sie Entspannungstechniken lernen und Situationen großer Anspannung mit Sport kompensieren. Daneben fanden amerikanische Forscher einen Zusammenhang zwischen gehäuften Intimduschen und einer gesteigerten Wahrscheinlichkeit von Vaginosen. Auch eine vorherige Einnahme von Antibiotika oder das Benutzen einer Spirale zur Verhütung kann das Risiko erhöhen, an einer BV zu erkranken.

Eine bakterielle Vaginose gefährdet nicht nur das Leben des Nachwuchses, sondern auch das der Geschlechtspartner – zumindest wenn einer der beiden bereits mit dem HI-Virus infiziert ist. Eine BV erhöht sowohl das Risiko für die Frau, sich mit dem Virus anzustecken (circa 60 Prozent) als auch das Risiko dafür, dass sie das Virus auf ihren Partner überträgt (etwa 300 Prozent).

Das Mikrobiom beeinflusst den Verlauf einer Schwangerschaft auch auf anderen Wegen, zum Beispiel über mögliche Infektionen der Plazenta. Finnische Forscher entdeckten auf diesem für die Versorgung des Fötus notwendigen Gewebe Bakterien der Gattung *Lactobacillus* und *Bifidobacterium,* die beide zu einer gesunden Flora der Vagina zählen. Die Besiedelung durch die Einzeller störte den Verlauf einer Schwangerschaft nicht – im Gegenteil. Die Forscher vermuten sogar, dass der Befall mit diesen »guten« Bakterien die Entwicklung des Immunsystems beim Nachwuchs fördern könnte. Amerikanische Wissenschaftler entdeckten in einer anderen Untersuchung, dass die Plazenten von Frühgeborenen nur dann entzündet waren, wenn sie von Mikroben infiziert waren, die üblicherweise auch im Zusammenhang mit einer Vaginose auftreten. Fanden sie dagegen nur Lactobacillen zeigte die Plazenta keine Auffälligkeit.

Selbst weit vom Unterleib entfernt können Bakterien schädlich für das Ungeborene sein. So erhöht eine Zahnfleischentzündung das Risiko für eine Frühgeburt um das Vier- bis Siebenfache. Deshalb sollte man entsprechende Beschwerden während einer Schwangerschaft auch nicht mit dem altbekannten Spruch »Jedes Kind kostet einen Zahn« abtun. Stattdessen sollten sich Schwangere besonders um ihre Mundhygiene kümmern und Beschwerden bei einem Zahnarzt abklären lassen.

Sind diese Klippen während einer Schwangerschaft erfolgreich umschifft kommt der entscheidende Moment, die Geburt. Doch auch während dieses großen Ereignisses spielen die Winzlinge des Mikrobioms eine wichtige Rolle. Bevor der Nachwuchs aus der Gebärmutter gepresst wird ist er noch steril. Erst wenn er durch den Geburtskanal zum Licht der

Welt drängt, springen die ersten Bakterien auf ihn über. Die ersten Einzeller, auf die ein Mensch bei einer natürlichen Geburt trifft, sind Vertreter aus dem Vaginamikrobiom seiner Mutter. Lactobacillen gehören dazu, *Prevotella*, *Atopobium* oder *Sneathia* sind weitere Vertreter dieses ersten Mikrobioms eines Menschen.

Im Mund von Neugeborenen, die auf natürlichem Wege zur Welt kamen, finden sich auch Keime, die sich im Stuhl der Mutter nachweisen lassen, namentlich *Escherichia-coli*-Typen. In der Nase des Kindes entdeckten Forscher dagegen eher Mikroben aus der Vagina.

Da das Mikrobiom jedes Menschen ebenso individuell wie sein Fingerabdruck ist, lassen sich die Einzeller von Mutter und Kind eindeutig einander zuordnen. Das Mikrobiom von fremden Neugeborenen unterscheidet sich davon eindeutig.

Noch unterschiedlicher fällt das Ergebnis aus, wenn man das Mikrobiom natürlich geborener Kinder untersucht und mit dem von Säuglingen vergleicht, die per Kaiserschnitt auf die Welt kamen. Bei Letzteren bevölkern vor allem solche Bakterien das Mikrobiom, die sich üblicherweise auf der Haut tummeln, namentlich viele *Staphylococcus*-Arten.

Der vermeintlich unbedeutende Unterschied könnte weitreichende Folgen haben, denn aus der ersten Besiedelung des Säuglings resultiert eine ganze Reihe von weiteren Entwicklungen. So tragen Neugeborene, die per Kaiserschnitt entbunden wurden, ein deutlich höheres Risiko, mit antibiotikaresistenten Hautkeimen befallen zu werden als jene, die auf natürlichem Wege geboren wurden.

Das ist allerdings nur ein Grund dafür, dass die stark ansteigende Zahl von Kaiserschnittgeburten in entwickelten Ländern nachdenklich stimmen sollte. Allein in Deutschland waren im Jahr 2012 fast ein Drittel aller Geburten, die in Krankenhäusern abliefen, Kaiserschnittentbindungen. Damit hat sich die Häufigkeit dieser Geburtsform seit 1991 mehr als verdoppelt.

Die Hinweise verdichten sich, dass ein Kaiserschnitt weitreichende Folgen für das Kind haben könnte. So entwickelt sich das Mikrobiom von Neugeborenen in Abhängigkeit von der Geburtsart völlig unterschiedlich, wie unter anderem eine Studie an kanadischen Kindern bis zu deren vierten Lebensmonat ergab. Besonders auffällig: Der Darm von per Kaiserschnitt entbundenen Kindern wurde später von Keimen der Gattung *Escherichia* und *Shigella* besiedelt, *Bacteroides*-Arten fehlten jedoch völlig. Dabei gelten diese Bakterien als wichtiger Bestandteil eines üblichen Darmmikrobioms.

Neben der Geburtsmethode spielt selbstverständlich die Ernährung die wichtigste Rolle für die weitere Entwicklung des Darmmikrobioms des Säuglings. Die zentrale Frage in dieser Lebensphase lautet: »Stillen oder nicht?« Aus mikrobiologischer Perspektive ist der Rat eindeutig, dass Stillen das Beste für das Kind ist.

Muttermilch ist komplex zusammengesetzt. Unter anderem enthält sie zahlreiche Antikörper, die das noch nicht voll entwickelte Immunsystem des Säuglings im Kampf gegen unerwünschte Eindringlinge unterstützen. So werden gestillte Kinder seltener vom bereits erwähnten Magenkeim *Helicobacter pylori* infizierte. Sollte sie der Einzeller doch befallen, werden gestillte Kinder ihn besser und schneller los als ihre Altersgenossen, die nicht an der Mutterbrust saugen dürfen.

Muttermilch unterstützt weiterhin eine günstige Entwicklung der kindlichen Darmflora. Sie stimuliert das Wachstum der Darmschleimhaut und fördert die Besiedelung mit Bakterien. Außerdem enthält sie selbst verschiedenste Arten von Mikroorganismen, unter anderem Streptokokken, Staphylokokken, Propionibakterien, Bifidobakterien oder Lactobacillen. Die Zusammensetzung der Gemeinschaft variiert von Frau zu Frau, dennoch lässt sich mit diesen Arten so etwas wie ein Kernmikrobiom der menschlichen Muttermilch beschreiben.

Die Herkunft der Mikroorganismen in der Milch ist noch nicht eindeutig geklärt, wobei zwei wesentliche Möglichkeiten bestehen. Die Einzeller könnten zum einen von der Haut der Mutter stammen. Da während des Stillens immer wieder Milch in den Milchgang der Brustwarze zurückfließt, könnten sie aber auch aus dem Mund des Säuglings kommen. Die Bakterien unterstützen jedenfalls die Entwicklung eines gesunden Mikrobioms.

Das belegt eine Studie an amerikanischen Babys. Die Forscher verglichen dabei Kinder, die gestillt wurden, mit solchen, die nicht in den Genuss von Muttermilch kamen. Letztere erhielten unterschiedlichen Milchersatz. Manche wurden mit Flüssignahrung gefüttert, die sogenannte probiotische Bakterien enthielt. Bei diesen Säuglingen entwickelte sich das Immunsystem besser als in der Vergleichsgruppe und ähnlich gut wie bei gestillten Kindern. Die positive Wirkung der zugesetzten Mikroben entfaltete sich besonders stark bei jenen Babys, die per Kaiserschnitt entbunden worden waren.

Der Darm und sein Mikrobiom sind ein besonders wichtiger Teil unseres Immunsystems, wie wir in einem späteren Kapitel noch sehen werden. Deshalb ist es von besonderer Bedeutung, dass beide einen guten Start ins Leben haben. So wirkt sich die Ernährung des Kindes nicht nur auf das Mikrobiom aus, sondern beeinflusst auch das Immunsystem, wie

Forscher der Texas University herausfanden. Demnach ist nicht nur die Mikrobengemeinschaft von gestillten Kindern vielfältiger als bei anders ernährten Säuglingen, bei ihnen sind auch andere Gene in den Darmzellen aktiv beziehungsweise weniger aktiv. So sind bei ihnen jene Gene, die für die Kontraktionen des Darms benötigt werden, besonders rege. Jene Erbanlagen, die bei Entzündungen eine Rolle spielen, agieren bei ihnen nur gedämpft. Genau umgekehrt verhält es sich bei Babys, die mit Alternativen zur Muttermilch ernährt werden.

Muttermilch könnte somit nicht nur für ein gesundes Kind, sondern auch für einen besseren Schlaf der Eltern sorgen. In den Niederlanden fanden Forscher im Darm von Säuglingen, die besonders stark unter Koliken litten, ein anderes Mikrobiom als bei Babys, die weniger zu diesen schmerzhaften Krampfanfällen neigten. Die Ernährung an Mutters Brust hemmt also Entzündungen des Darms und könnte genau jene Bakterien fördern, die zu weniger Koliken führen. Weniger Koliken bedeuten weniger Babygeschrei in der Nacht und folglich besseren Schlaf für die Eltern.

Ein gesundes Mikrobiom im Darm des Kindes hat jedoch viel weiter reichende Folgen als lediglich eine ausgedehnte Nachtruhe. Wie zahlreiche Experimente – vor allem mit Mäusen – belegen, trainiert es Zellen des Immunsystems, damit es auf Krankheitserreger wie Viren spezifisch reagieren kann. Gleichzeitig verhindert es, dass sich die Zellen des Immunsystems gegen den eigenen Körper richten.

Forscher in den Niederlanden konnten beispielsweise auch einen Zusammenhang zwischen der Besiedelung des kleinkindlichen Darms durch das Bakterium *Clostridium difficile* und Hauterkrankungen wie Ekzemen feststellen. Eine natürliche Geburt und Stillen beugen einem Befall mit diesem Keim vor. Zusätzlich mehren sich die Hinweise, dass ein gesundes Mikrobiom in der frühen Kindheit Allergien verhüten und vor Übergewicht im späteren Leben schützen kann. Es ist also nicht gut, das Kind in einer möglichst keimfreien Umgebung aufwachsen zu lassen und jeglichen Kontakt mit Mikroorganismen zu verhindern. Vielmehr sollten Eltern dafür sorgen, dass ihr Nachwuchs von den richtigen Mikroben besiedelt wird. Neben einer natürlichen Geburt und dem Stillen gehört dazu eine vollwertige, ausgewogene Ernährung mit ausreichend frischen Zutaten, wenig verarbeiteten Lebensmitteln, wenig raffiniertem Zucker und wenig raffiniertem Mehl.

Die Eroberung des kindlichen Köpers durch schädliche Mikroorganismen lässt sich dagegen durch einfache Regeln verhindern. Vor allem sollten Antibiotika nur in medizinisch wirklich notwendigen Fällen und nicht leichtsinnig angewendet werden. Außerdem sollten sich Eltern so weit wie möglich absichern, dass in der Nahrung des Kindes keinerlei Antibiotikarückstände vorhanden sind. Diese Medikamente finden sich vor allem in Fleisch. Auch wenn es dafür keine Garantie gibt, zeigen Lebensmitteltests, dass die Wahrscheinlichkeit für derartige Rückstände bei Biofleisch am geringsten ist.

Die Arzneien entfalten bereits in kleinen Konzentrationen eine schädliche Wirkung auf das Mikrobiom. So zeigten Versuche mit Mäusen, dass Antibiotika selbst in für Lebensmittel zugelassenen Konzentrationen das Mikrobiom des Darms schädigt. Die Tiere, die damit gefüttert wurden, neigten in ihrem späteren Leben dazu, überdurchschnittlich oft übergewichtig zu werden.

Eine andere Gefährdung ihrer Kinder können Eltern durch eine simple Verhaltensregel umgehen: Bringen Sie keinen Gegenstand mit Ihrem Mund in Berührung, der schließlich auch im Mund Ihres Kindes landet! Schnuller, Saugaufsätze, Löffel und andere Dinge sollten Sie also nicht ablecken. Dadurch vermeiden Sie, dass Sie Ihr Baby mit unangenehmen Krankheitserregern anstecken. Herpesviren gehören dazu, aber auch Mitglieder Ihres Mikrobioms, vor allem Bewohner aus Ihrer Mundhöhle, die Karies erzeugen.

Zwar haben schwedische Forscher herausgefunden, dass Kinder, deren Eltern Schnuller und anderes ablecken, später weniger unter Allergien leiden als Kinder, deren Eltern darauf verzichteten. Ob das allerdings mit Bakterien zusammenhängt, die auf den Nachwuchs übertragen wurden, oder mit einer allgemein lockeren Einstellung der Eltern in Sachen Hygiene, konnte diese Studie jedoch nicht klären. Es gilt mittlerweile aber als gesichert, dass Kinder, die rechtzeitig mit verschiedenen Keimen konfrontiert werden, ein geringeres Risiko haben, eine Allergie zu entwickeln. Dazu müssen Eltern aber nicht Schnuller und andere Gegenstände ablecken, das geschieht beispielsweise bereits, wenn Kinder im Matsch spielen.

Das Risiko, Erreger auf den Nachwuchs zu übertragen, ist dagegen ungleich höher, weshalb auch der Verband der Deutschen Kindermediziner trotz der schwedischen Studie davon abrät, Kinder derart fahrlässig zu infizieren.

Ein Risiko während der Schwangerschaft ist die **bakterielle Vaginose**, also die Störung des vaginalen Mikrobioms. Frauen sollten Entspannungstechniken üben, da Stress ein wesentlicher Risikofaktor für eine bakterielle Vaginose ist. Steigt der **pH-Wert der Vagina** während der Schwangerschaft über 4,5, unbedingt einen Arzt konsultieren.

Entzündungen in der Mundhöhle müssen während der Schwangerschaft unbedingt ärztlich abgeklärt werden. Die Redewendung »Jedes Kind kostet einen Zahn« ist Unsinn.

In der Fruchtblase sind Kinder von Mikroorganismen unbesiedelt. Bereits bei der Geburt springen die ersten förderlichen Mikroben auf den Säugling über. Deshalb ist eine **natürliche Geburt** einem Kaiserschnitt vorzuziehen.

Muttermilch fördert die Entwicklung eines gesunden Mikrobioms und schützt vor Infektionen mit schädlichen Keimen. **Stillen** ist deshalb empfehlenswert.

Antibiotika sollten mit Bedacht eingesetzt werden. Eltern sollten sicherstellen, dass sie nur Nahrungsmittel verwenden, die keine Antibiotikarückstände enthalten.

Um Kinder nicht mit schädlichen Mikroorganismen anzustecken, sollten Eltern **Schnuller** oder andere Dinge, die mit dem Mund des Kindes in Berührung kommen, **nicht ablecken.**

Im Mund, da sind die Räuber

Es ist der Abend des 28. Juni 1997. Die MGM Grand Garden Arena in Las Vegas ist ausverkauft. Im Boxring stehen sich der amtierende Weltmeister im Schwergewicht, Evander Holyfield, und Boxlegende Mike Tyson gegenüber. Sieben Monate zuvor hatte Holyfield seinem Gegner Tyson in einem dramatischen Kampf den Weltmeistertitel der World Boxing Association abgenommen. Die ersten beiden Runden sind absolviert, die Oberkörper der Kämpfer mit Schweiß bedeckt. Da ertönt der Gong zur dritten Runde, die in die Boxgeschichte eingehen wird.

Die Männer belauern sich kurz in der Mitte des Rings, dann stürmt Tyson nach vorne. Der Herausforderer versucht, seinen Gegner zu überrumpeln. Die Menge brüllt auf, doch der Angriff läuft ins Leere. Die Männer beharken sich weiter, aber ohne erkennbaren Vorteil für einen der beiden. Noch verbleiben etwa 40 Sekunden in dieser dritten Runde, als sich die Oberkörper der Kämpfer in einem Clinch ineinander verkeilen. Da rollt Tyson seinen Kopf über den seines Gegners und beißt in dessen Ohr. Holyfield schreit auf, windet sich aus Tysons Umklammerung und hüpft wie von der Tarantel gestochen auf und ab.

Der Ringrichter schickt die Kombattanten in jeweils eine Ecke des Kampfplatzes und betrachtet die Verletzung Holyfields. Ihm fehlt ein Teil seines rechten Ohrs. Blut läuft über seinen Hals herab. Tyson hat das abgebissene Stück unmittelbar nach der Attacke ausgespuckt.

Während der anschließenden Aufregung beraten sich die Kampfrichter und entscheiden, die Veranstaltung fortzusetzen. Wenige Sekunden nachdem die Boxer wieder aufeinander losgehen kommt es erneut zum Clinch. Diesmal erwischt Tyson das linke Ohr seines Gegners. Der springt zurück und fuchtelt wild mit den Armen, aber der Ringrichter lässt den Kampf weiterlaufen. Schließlich ertönt der Gong zum Ende der dritten Runde, doch Zeitlupenaufnahmen und die Bissspuren auch am zweiten Ohr von Holyfield lassen der Jury keine Wahl mehr: Mike Tyson, einst gefeierter Held und wegen seiner harten Schläge gefürchteter Boxchampion, wird disqualifiziert – nur einer von vielen Tiefpunkten in Leben und Karriere des Athleten. Der Kampf ging als »The Bite Fight« (»Der Bisskampf«) in die Boxgeschichte ein und steht bis heute für Leidenschaft und Brutalität dieses zwiespältigen Sports.

Die Beißattacke des verzweifelten Boxers stellt entgegen der intuitiven Annahme keinen so außergewöhnlichen Angriff dar, wie es vielleicht scheint. Nach Schätzungen von Unfallversicherungen rangieren Verletzungen durch menschliche Zähne auf Platz drei der Bissverletzungen bei Menschen. Nur Hunde und Katzen schlagen ihre Zähne öfter in unser Fleisch. Bei einer Untersuchung von Bissverletzungen durch Säuger im australischen Bundesstaat Victoria lagen Wunden durch menschliche Zähne sogar auf Platz zwei. Nur Hunde griffen Menschen häufiger mit ihren Beißern an.

Verursacher	Anteil in Prozent
Hund	79,6
Mensch	8,7
Katze	7,2
Pferd	1,0
Rest (zum Beispiel Ratte, Opossum, Kaninchen etc.)	3,5

Tabelle 3: Verursacher von 12 982 Bissverletzungen an Menschen zwischen den Jahren 1998 und 2004

Das Ohr stellt – wie im Fall Tyson – die beliebteste Angriffsfläche für menschliche Beißattacken dar, wie zumindest eine Untersuchung von insgesamt 96 Bisswunden ergab, die zwischen 2003 und 2005 am St. James Hospital in der irischen Hauptstadt behandelt wurden. 53 Mal hatten die Angreifer ins Ohr ihrer Kontrahenten gebissen, 27 Mal ins Gesicht, die übrigen Verletzungen fanden sich an Unterarmen und Fingern.

Dabei sind blutende Wunden nur das sichtbare Zeichen der Gewalt. Tückischer und gefährlicher kann sich eine unsichtbare Fracht erweisen, die mit dem Speichel des Angreifers in Gewebe und Blut des Opfers gelangt. Denn in der menschlichen Mundhöhle lauern einige Bakterien, die potenziell tödliche Infektionen beim Angegriffenen verursachen können.

Einen mörderischen Mikrobencocktail im Mund mit sich zu führen ist durchaus nichts Ungewöhnliches. Ein berüchtigtes Beispiel dürfte der Komodowaran sein. Die bis zu drei Meter langen Riesenechsen, die ausschließlich auf einigen der Sundainseln Indonesiens leben, galten bis vor wenigen Jahren als die gefährlichsten Keimbeißer überhaupt. Ihr infektiöser Speichel sollte es ihnen ermöglichen, selbst enorm große Beute wie Büffel zu erlegen. Sie müssten die Tiere dazu nur beißen und anschließend darauf warten, bis die Opfer an der dadurch ausgelösten Blutvergiftung verendeten. Tatsächlich fanden Biologen weit mehr als 50 potenziell tödliche Bakterienarten im Maul der geschuppten Raubtiere.

Doch nach aktuellen Analysen wird die Echse durch ihr eigenes Gift, das sie in speziellen Drüsen des Unterkiefers produziert, zu einem noch effektiveren Jäger. Demnach könnten die Mikroben des Speichels nur eine unterstützende Funktion haben und das Opfer zusätzlich schwächen. Den eigentlichen Tod würde das Toxin des Warans unter anderem durch einen Kreislaufzusammenbruch herbeiführen.

Doch nicht nur im Maul der Echse lauern tückische Keime. Auch im Speichel von Hund oder Katze und vor allem von Menschen leben Mikroben, die ein gebissenes Opfer töten können. Neben so extrem gefährlichen Erregern wie dem Tollwut- oder HI-Virus sowie den viralen Verursachern verschiedener Formen von Hepatitis zählen dazu vor allem Bakterien der Gattungen *Staphylococcus*, *Streptococcus* oder *Haemophilus*.

Gleichgültig, ob die Verletzung durch aktives Beißen oder durch einen Schlag auf die Zähne eines Menschen entstanden ist, immer sollten Wunden, die durch Zähne verursacht wurden, vom Arzt untersucht werden. Eine gründliche Reinigung und eventuell rechtzeitige Antibiotikagabe können Leben oder Gliedmaßen retten. Bisswunden durch Menschen fürchten die Mediziner am meisten, weil in ihnen ein besonders hohes Risiko für eine Infektion lauert. Das dürfte unter anderem damit zusammenhängen, dass Mikroben, die im Speichel eines anderen Menschen leben, besonders gut an diesen Wirt angepasst sind und daher besonders viel Unheil anrichten können. Sie gedeihen wohl auch in anderen Lebensräumen des menschlichen Organismus gut – besser jedenfalls als Mikroben, die von einer anderen und zudem wenig verwandten Art stammen.

Doch die Mikroorganismen, die in unserem Mund leben, haben weit bedeutenderen Einfluss auf den Menschen als ihn nur zu einem tödlichen Beißer zu machen. Sie wirken sich entscheidend auf unsere Gesundheit aus. Erstaunlicherweise entdeckte bereits der erste Mensch, der Bakterien mit eigenen Augen sah, die Mikroorganismen in seinem Zahnbelag. Jener schon eingangs erwähnte Antoni van Leeuwenhoek beschrieb 1683, wie er eine weißliche Schicht zwischen seinen Zähnen abkratzte und unter dem Mikroskop untersuchte. Wie zuvor im Teichwasser stieß er auf die, wie er sie nannte, Animalcules, die kleinen Tierchen. Seitdem ist das Wissen über die Untermieter in unserem Mund enorm angewachsen. So beschäftigt sich ein internationaler Zusammenschluss von Wissenschaftlern, analog zum Human Microbiome Project, ausschließlich mit dem menschlichen Mikrobiom im Mund. Mehr als 680 verschiedene Arten haben die Forscher dort bereits ausgemacht und benannt. Es wird erwartet, dass sich die Zahl der unterschiedlichen Mundbewohner auf mehr als 700 summieren wird. Manche Schätzungen gehen von bis zu 1000 oder sogar mehr als 3000 Arten aus.

Unser Mund ist ein äußerst komplexer Lebensraum mit stark wechselnden Bedingungen. Essen wir, herrscht Nahrungsüberfluss. Putzen wir uns danach die Zähne, gleicht das für viele Bakterien einer Katastrophe, inklusive Überschwemmung, Erdbeben und anschließender Hungersnot. Ständig schwappt Speichel durch die oralen Ökosysteme, und das Sekret aus unseren Speicheldrüsen ist beileibe keine simple Flüssigkeit. Neben Proteinen, die erste Schritte der Verdauung einleiten, enthält sie zahlreiche Mineralien und Abwehrstoffe gegen Mikroorganismen.

Atmen wir durch den Mund herrschen Windbedingungen, wie sie für uns Menschen kein Orkan der Erde zustande brächte. Die durchschnittliche Luftgeschwindigkeit des menschlichen Atems beträgt etwa fünf Meter pro Sekunde. Wenn wir die durchschnittliche Länge einer Bakterienzelle mit fünf Mikrometer annehmen, dann braust der Sturm unseres Atems innerhalb einer Sekunde eine Million mal weiter als eine Bakterie lang ist. Übertragen auf einen Menschen mit einer Größe von 1,70 Meter würde das einer Windgeschwindigkeit von mehr als sechs Millionen Kilometern in der Stunde bedeuten. Dagegen nehmen sich selbst die heftigsten Stürme in unserem Sonnensystem wie ein laues Lüftchen aus. Diese toben auf dem Planeten Neptun und erreichen etwa 2000 Kilometer pro Stunde. Die Mikroben in unserem Mund stellen somit unter Beweis, dass sie hart im Nehmen sind.

Vom Niederländer van Leeuwenhoek, der Ende des 17. Jahrhunderts Bakterien im Zahnbelag entdeckte, dauerte es allerdings noch 200 Jahre, bis der Zusammenhang zwischen der Mikrobengemeinschaft in unserem Mund und bestimmten Erkrankungen, namentlich Karies, hergestellt war. Der amerikanische Mediziner Willoughby Dayton Miller veröffentlichte als Professor der Zahnheilkunde an der Universität Berlin im Jahr 1890 sein bahnbrechendes Werk *The Microorganisms of the Human Mouth (Die Mikroorganismen des menschlichen Munds)*. Darin stellte er die bis heute gültige Theorie auf, dass Bakterien in unserer Mundhöhle Kohlenhydrate aus der Nahrung in Säuren umwandeln. Diese Säuren greifen schließlich die Zähne an und lösen den harten Zahnschmelz auf: Zahnfäule entsteht.

Selbst wenn kein Zahnmediziner diese Theorie bis heute grundsätzlich anzweifelt, hat sich das Bild von mikrobiell verursachten Krankheiten oder Komplikationen in der Mundhöhle von einer einfachen Kausalkette zu einem komplexen Zusammenspiel verändert.

Buchstäblich in die Nase sticht das Problem des Mundgeruchs, der die Menschheit wohl seit ihrer Entstehung plagt. So erteilte bereits der altägyptische *Papyrus Ebers*, eines der ältesten bekannten medizinischen Schriftstücke, im 16. Jahrhundert vor Christus Ratschläge zur Beseitigung dieser unangenehmen Ausdünstungen. Er empfiehlt eine Kaumasse aus Weihrauch, Myrrhe, Melone, weiteren Zutaten und Honig. Auch Hippokrates von Kos, der berühmteste Arzt der Antike, der etwa zwischen 460 bis 370 vor Christus auf der griechischen Ägäisinsel Kos lebte, beschäftigte sich damit. Er riet jungen Damen, für die es ja sehr wichtig sei, einen angenehmen Duft zu verströmen, sich den Mund mit einer Tinktur aus Wein, Myrte, Anis und Dillsamen zu spülen. Während der Antike war im Mittelmeerraum Mastix als eine Art Kaugummi sehr beliebt. Die gelbliche Masse besteht aus dem getrockneten Harz des Mastixbaums, eines strauchartigen Pistaziengewächses. Tatsächlich entfaltet das Harz einige mittlerweile bekannte gesundheitlich positive Wirkungen. Zwar hegten Menschen über die Jahrtausende hinweg den Verdacht, dass der schlechte Mundgeruch vor allem mit der

Nahrung zusammenhängen könnte, den Beweis blieben sie mangels geeigneter Instrumente wie Mikroskope aber schuldig.

Im Jahr 1874 stellte der vielseitig interessierte Mediziner Joseph William Howe eine Verbindung zwischen Mikroorganismen und übel riechendem Atem her. Er prägte den heute üblichen wissenschaftlichen Begriff Halitosis für den Gestank aus dem Mund – ein Kunstwort aus dem lateinischen »halitus« für Atem und dem griechischen »nosos« für Krankheit.

Heute wissen Mediziner, dass in den allermeisten Fällen – zwischen 85 und 90 Prozent – die Ursache für schlechten Mundgeruch tatsächlich im Mund- und Rachenraum zu finden ist. Zwar können Leberschäden, Lungen- oder Nierenkrankheiten für ein spezifisches Odeur des Atems sorgen. In den seltensten Fällen ist aber eine organische Erkrankung der Auslöser von Mundgeruch.

Generell können alle Infektionen der oberen Atemwege, die mit geruchsbildenden Bakterien einhergehen, zu einer Halitosis führen, zum Beispiel während einer Erkältung. Systemische Erkrankungen, also Erkrankungen, die nicht nur ein spezielles Organ oder Teile davon betreffen, sondern ein ganzes System beziehungsweise viele verschiedene Teile des Körpers, Medikamente, schwere Allgemeinerkrankungen wie Diabetes, Aids, Syphilis, Diphtherie sowie alle mit Gewebezerstörung einhergehenden Erkrankungen wie Tumore können sowohl eine Veränderung der mikrobiellen Besiedelung bewirken als auch für spezifische Gerüche sorgen.

Meist leben die Übeltäter tatsächlich zwischen den Zähnen oder auf der Zunge. Und auch hier stoßen wir wieder auf einen Altbekannten, das Magenbakterium *Helicobacter pylori*. Obwohl es stinkendes Ammoniak produzieren kann, ist es nicht für üblen Mundgeruch verantwortlich. Wie Forscher in Japan allerdings herausgefunden haben ist sein Vorkommen im menschlichen Speichel ein guter Hinweis darauf, dass der betreffende Mensch ein erhöhtes Risiko für eine Parodontitis aufweist – und diese Erkrankung sorgt unter anderem für schlechten Atem.

Zahlreiche Mikroorganismen konnten bereits identifiziert werden, die speziell für Mundgeruch verantwortlich sind. Darunter sind *Porphyromonas gingivalis, Prevotella intermedia, Tannerella forsythia, Treponema denticola,* Arten von *Veillonella* und *Actinomyces, Atopobium parvulum, Dialister* ssp., *Eubacterium sulci, Firmicutes* ssp., *Fusobacterium periodonticum, Granulicatella elegens, Staphylococcus warneri* und, last but not least, *Solobacterium moorei.*

Die Aufzählung dieser selbst für Fachleute oft schwer auszusprechenden Namen soll keine widerspruchslose Ehrfurcht vor der vermeintlich überwältigenden Fülle mikrobiologischen Wissens erzeugen. Sie soll nur ein wesentliches Charakteristikum der meisten Vorgänge in unserem Körper im Zusammenhang mit dem Mikrobiom verdeutlichen: Häufig sind an dem Geschehen mehr als nur eine oder wenige Arten beteiligt. Das macht die Erforschung der entsprechenden Abläufe auch so langwierig und schwierig.

Das Vorkommen von einer oder mehrerer dieser Arten muss nicht zwangsläufig zu Mundgeruch führen. Tritt dieser aber auf, dann sind wenigstens einige dieser Spezies auch im Mund der betroffenen Person vorhanden, wo sie Gase produzieren, die in der Nase zwicken.

Etwa 150 verschiedene Substanzen steigen aus unserem Mund auf, die zumeist auch kryptische Namen tragen. Ammoniak haben wir bereits kennengelernt. Diese Verbindung

 *) Entzündung des Zahnfleisches und der Wurzelhaut

ist jedoch eher selten für Mundgeruch verantwortlich. Meist sind zwei andere Gase für schlechten Atem zuständig, nämlich Schwefelwasserstoff und Methanthiol.

Schwefelwasserstoff stinkt schon in geringsten Konzentrationen nach faulen Eiern. Der menschliche Geruchssinn ist sehr empfindlich für dieses Gas, das auch aus verrottender Biomasse oder infolge von Vulkanismus auftreten kann. Es ist ein starkes Gift, weshalb der menschliche Riecher wahrscheinlich selbst geringste Mengen davon wahrnehmen kann.

Methanthiol wird auch als Methylmercaptan bezeichnet und stinkt nach faulendem Kohl. Verwandte Verbindungen finden sich auch im Drüsensekret von Stinktieren. Neben diesen beiden Hauptverursachern von Mundgeruch enthält unser Atem viele weitere Verbindungen, zum Beispiel einen Stoff mit dem vielsagenden Namen Cadaverin. Tatsächlich trägt die Substanz, die chemisch korrekt 1,5-Diaminopentan heißt, zum Gestank von verrottenden Kadavern bei. Im Mund entsteht sie genauso, nämlich durch den Abbau von Eiweißen durch Bakterien. Skatol, Putrescin oder Dimethylsulfid sind weitere Gestanksträger, die aus dem Mund wehen können.

Meist siedeln sich die Erzeuger der Gestankswolken am Zahnfleischrand oder in den Zahnfleischtaschen an. Viele leben auch auf der Oberfläche der Zunge, was einen einfachen Grund hat: Direkt auf der Oberfläche eines Zahns ist es für die meisten Einzeller viel zu rutschig. Sie würden mit dem Speichelschwall, der meist durch unsere Mundhöhle flutet, einfach weggespült. Deshalb verstecken sich die Mikroorganismen gern in Nischen, um besseren Halt zu finden.

Um die Zahnoberfläche zu besiedeln, brauchen die allermeisten Winzlinge Hilfe, und zwar von ihresgleichen. *Strep-*

tococcus mutans ist eine von vielen Mikroben, die beweisen, dass Kooperation auch im Reich der Einzeller gefragt ist.

Streptokokken wachsen, wie ihr aus dem Griechischen stammender Namensbestandteil »streptos« für »Halskette« bereits besagt, in Strängen. Ihre Zellen hängen wie bei einer Perlenkette in langen Reihen aneinander. Dieses Wachstum ermöglicht es den Bakterien, sich miteinander zu verhaken. Dadurch bilden sie einen Biofilm, also eine Schicht, in der die Zellen eng nebeneinander wachsen und eine beinahe geschlossene Lage ausbilden. Zusätzlich besitzen die Streptokokken spezielle Haftmoleküle, mit denen sie sich an der Zahnoberfläche festkleben. Haben sie erst einmal einen Biofilm gebildet, leben zwischen ihnen auch andere Bakterien. Der Biofilm dient diesen dabei als Verankerung und Schutz vor der Speichelbrandung. Ähnliches machen ja auch Gärtner, wenn sie Saatmischungen und Setzlinge, mit denen sie Uferböschungen begrünen wollen, zunächst einmal mit Netzen schützen, damit sie nicht weggeräumt beziehungsweise weggespült werden.

Damit endet das mikrobielle Zusammenspiel bei der Entstehung von Zahnbelag und Mundgeruch aber noch nicht. Manche Bakterien zerlegen Verbindungen, verwenden aber nur einen Teil der Spaltprodukte. Auf den Rest können sich dann andere Einzeller stürzen. Diese Form der Zusammenarbeit findet sich beispielsweise bei Eiweißen der Nahrung, an denen Zucker hängen. Ein Bakterium spaltet den Zucker ab, ein weiteres verdaut die Eiweiße und erzeugt dabei die müffelnden Gase.

Ein großes Problem beim Mundgeruch ist, dass der Betroffene ihn selbst meist nicht riecht. Das hängt damit zusammen, dass der Geruchssinn der wohl adaptivste Sinn überhaupt ist. So passt sich unsere Nase an einmal wahrgenommene Gerüche schnell an und registriert sie nicht mehr. Eine gnädige Eigenschaft für jeden, der in einem prall gefüllten Schlafsaal übernachten muss. Für Halitosis-Geplagte ist sie dagegen ambivalent. Zwar verhindert sie einerseits, dass der Betroffene ständig seinen eigenen Mundgeruch wahrnimmt. Andererseits ist er darauf angewiesen, dass ihn jemand darauf aufmerksam macht, weil er sich selbst ja nicht riecht. Das gilt im westlichen Kulturkreis aber immer noch als Tabu. Deshalb sollten vor allem nahestehende und vertraute Personen nicht zögern, auf den schlechten Atem eines Menschen hinzuweisen, da sich dieses Problem oft beheben lässt.

Meistens ist die Ursache des Mundgeruchs nicht krankhaft. Deshalb kann bereits eine verbesserte Mundhygiene helfen. Zweimal Zähneputzen pro Tag und der konsequente Einsatz von Zahnseide beziehungsweise Interdentalbürstchen – am besten nach jeder Mahlzeit – sind die wichtigsten Grundregeln, die eigentlich jeder beherzigen sollte, egal ob er Mundgeruch hat oder nicht. Zusätzlich kann man den Zungenrücken einmal täglich reinigen, wofür es spezielle Zungenschaber gibt. Es genügt aber auch ein einfacher Teelöffel. Dreht man dessen gewölbte Seite nach oben, kann man mit der Kante über die Zunge schaben. Gerade bei chronischem Mundgeruch ist die Zungenreinigung wichtig, denn etwa 60 bis 80 Prozent der Bakterien, die übel riechende Gase produzieren, leben hier.

Sollte sich trotzdem kein Erfolg einstellen, folgt die nächste Eskalationsstufe, nämlich Mundspülungen. Wichtig hierbei ist der Unterschied zu Mundwässern. Ein Mundwasser soll lediglich den Geruch der Atemluft verbessern und ein angenehmeres Gefühl im Mundraum schaffen. Seine medizinische Wirkung ist dagegen vernachlässigbar. Anders sollte es sich bei einer Mundspülung verhalten. Sie sollte nicht nur den Mundgeruch beseitigen, sondern auch dessen eigentliche Ursache.

Mundspülungen können die verschiedensten Inhaltsstoffe aufweisen. Prinzipiell unterteilen sie sich aber in zwei Gruppen: jene, die synthetisch hergestellt werden, und jene, die aus natürlichen Substraten gewonnen werden oder ihnen zumindest nachgeahmt sind.

Unter den synthetisch hergestellten Wirkstoffen ist der bekannteste Chlorhexidin. Entsprechende Mundspülungen werden von verschiedenen Herstellern mit einer Konzentration bis zu 0,2 Prozent angeboten. Wegen einiger unangenehmer Nebenwirkungen sollte man sich vor dem regelmäßigen Einsatz allerdings bei seinem Zahnarzt informieren.

Mundspülungen auf natürlicher Basis nutzt der Mensch schon seit Tausenden von Jahren. Wer selbst einmal nach entsprechenden Haus- und Naturheilmitteln recherchiert, wird auf eine unübersehbar große Anzahl stoßen. Anis, Myrrhe, Weihrauch, Thymian, Teebaumöl, Salbei, Kamille, Minze – zahlreichen Heilmitteln aus dem gängigen Repertoire der Naturapotheke wurde auch schon einmal eine heilende Wirkung bei Problemen im Mund zugeschrieben. Manchem Betroffenen helfen Tees und Spülungen mit entsprechenden Tinkturen.

Im Jahr 2006 untersuchten israelische Wissenschaftler die Wirksamkeit von verschiedenen Naturarzneien bei Mundgeruch. Überprüft wurden Präparate aus folgenden Ausgangsstoffen: Sonnenhut, Propolis (eine von Bienen hergestellte, harzartige Masse), Holunder, Mastix, Salbei, Lavendel, Thymian und Kamille. Alle zeigten einen gewissen mindernden Effekt auf Mundgeruch, wobei Holunder am schlechtesten abschnitt. Am besten wirkten Präparate aus Sonnenhut, Lavendel oder Salbei.

Neben diesen Naturheilmitteln bietet der Handel auch Mundspülungen auf der Basis natürlicher oder naturähnlicher Rohstoffe an.

Die Stiftung Warentest hat im Jahr 2010 insgesamt zwölf Mundspülungen für Erwachsene überprüft. Von diesen schnitten im Bereich Prophylaxe gegen die wesentlichen Ursachen für Mundgeruch immerhin sieben mit »gut« ab. Darunter befanden sich sowohl Präparate mit synthetisch hergestelltem Wirkstoff als auch solche auf der Basis von ätherischen Ölen. Die atemreinigende Wirkung beruht bei beiden im Wesentlichen auf der Unterdrückung des Bakterienwachstums im Mund. Spätestens wenn der Einsatz solcher Mundspülungen nicht mehr gegen Mundgeruch hilft, sollte man auf jeden Fall einen Fachmann konsultieren.

Mundgeruch ist nur ein Symptom und bestenfalls nur unangenehm für die Umwelt. Er kann aber auch auf andere Probleme im Mund hindeuten, die immer eine professionelle Behandlung erfordern: Gingivitis und Parodontitis – landläufig allgemein als Zahnfleischentzündung bezeichnet. Dabei handelt es sich tatsächlich nur bei der Gingivitis um eine Zahnfleischentzündung. Bei einer Parodontitis ist dagegen nicht nur das Zahnfleisch, sondern auch der Halteapparat betroffen. Damit droht Zahnverlust.

Die Deutsche Gesellschaft für Parodontologie hat einen einfachen Selbsttest entwickelt, der gute Anhaltspunkte gibt, ob man gefährdet ist (siehe Seite 86). Der wichtigste Hinweis auf eine Gingivitis sind Blutungen. Wenn allein das Zähneputzen dazu führt, dann wenden Sie entweder die falsche Technik an, zum Beispiel indem Sie zu fest schrubben, oder Sie leiden bereits unter einer Gingivitis. Deren Ursache sind wiederum Bakterien.

Der sogenannte Parodontale Screening Index (PSI) teilt den Schweregrad der Erkrankung in fünf Stufen. Null bedeutet dabei keinerlei Auffälligkeiten, vier steht für eine schwere Parodontitis. Dazwischen steigt mit jeder Stufe die Schwere der Erkrankung, von einer einfachen Gingivitis bis hin zur Parodontitis. Nach aktuellen Erhebungen durch deutsche Zahnärzte leidet beinahe jeder unter einer Gingivitis – jedenfalls zeitweise. Bei den allermeisten ist der Zustand des Zahnfleischs und des Halteapparats der Beißer allerdings noch schlechter. Etwa bei drei Viertel aller Bundesbürger lässt sich Grad drei oder vier des PSI diagnostizieren – schlechte Nachrichten für die Zahngesundheit und vor allem -erhaltung.

In den vergangenen Jahren und Jahrzehnten haben Forscher die Anzeichen ermittelt, die frühzeitig davor warnen können, dass sich eine vielleicht harmlose Zahnfleischentzündung zu einer schwerwiegenden Krankheit entwickelt. Diese Risikofaktoren sind zwar nicht die Auslöser einer Parodontitis, sie weisen aber auf ein erhöhtes Risiko hin, daran zu erkranken. Sie lassen sich grob in zwei Gruppen unterteilen: Faktoren, die beeinflussbar sind, und solche, die wir nicht modifizieren können. Zu ersteren zählt vor allem das Rauchen. Tabakkonsum – gleichgültig ob als Rauch oder als Kautabak – erhöht die Gefahr, an einer Parodontitis zu erkranken. Die gute Nachricht für alle Raucher ist: Wer damit aufhört, verbessert seine Gesundheit nachhaltig. Durch einen Rauchstopp verändert sich das Mikrobiom im Mund eines ehemaligen Rauchers hin zu einer Bakterienmischung, die eher der eines beschwerdefreien Menschen entspricht.

Auf Rang zwei der Risikoskala rangieren beide Formen der Diabetes, also sowohl Typ 1 als auch Typ 2. Da sich beide durch Insulingaben gut behandeln lassen sind nur die Patienten gefährdet, die ihren Insulinmangel nicht ausreichend bekämpfen.

Zu den nicht beeinflussbaren Faktoren gehört vor allem die Genetik. Der Mensch kommt mit einer bestimmten genetischen Ausstattung zur Welt, die er nicht mehr ändern kann. Sie bestimmt unter anderem, wie wir auf Mikroorganismen reagieren, die uns attackieren. Sie bestimmt ebenso, welche Mikroben uns bevorzugt besiedeln. Studien an genetisch identischen eineiigen Zwillingen konnten zeigen, dass unser Körper mit seiner genetischen Prägung ein großes oder geringes Risiko für eine Parodontitis bedingt. Wie genau dieser Zusammenhang physiologisch zu erklären ist, muss allerdings noch geklärt werden. Zunächst handelt es sich um eine, wenn auch eindeutige, statistische Verknüpfung.

Als weiterer unveränderbarer Einflussfaktor, der eine Parodontitis begünstigen kann, gelten systemische Erkrankungen beziehungsweise Syndrome wie Osteoporose oder das Downsyndrom, die letztendlich aber ebenso genetisch bedingt sind.

Wichtig ist dabei: Das alles sind Risikofaktoren. Das bedeutet, ein Mensch, der diese Risikofaktoren aufweist, besitzt eine höhere Wahrscheinlichkeit dafür, an Parodontitis zu erkranken. Diese Faktoren lösen die Krankheit weder ursächlich aus noch sind sie sicheres Zeichen dafür, dass ein Mensch auf jeden Fall erkranken wird. Einem Lottospieler könnte man das folgendermaßen erklären: Die Wahrscheinlichkeit, mit sechs Kreuzen die richtigen aus insgesamt 49 Zahlen zu treffen, besitzt einen bestimmten Wert. Dürfte man anstatt sechs Zahlen anzukreuzen sieben auswählen, würde sich die Wahrscheinlichkeit für einen Volltreffer mit sechs Richtigen entsprechend erhöhen. Ein Risikofaktor ist eine solche zusätzlich zu tippende Zahl. Er erhöht also nur die Wahrscheinlichkeit, mit dem Unterschied, dass beim Lotto der Eintritt des Ereignisses erwünscht ist, nämlich der Hauptgewinn. Garantiert ist dieser damit aber noch lange nicht. Bei einer Krankheit würde man sich hingegen lieber wünschen, die Chancen, sie zu bekommen, stünden schlechter.

Ungeachtet aller Wahrscheinlichkeit steht eines allerdings fest: Ohne Mikroorganismen entsteht keine Parodontitis. Da im Mund jedes Menschen ein Mikrobiom wächst, aber nicht jeder an einer Parodontitis leidet, liegt die Vermutung nahe, dass nur bestimmte Bedingungen und nur bestimmte Mikroorganismen die Voraussetzung für die Krankheit schaffen. Deshalb suchen Wissenschaftler nicht nur nach Faktoren, die das Risiko für eine Parodontitis erhöhen, sie versuchen auch, genau jene Bakterien dingfest zu machen, die die Erkrankung auslösen. Einige haben sie bereits aufgespürt: *Porphyromonas gingivalis, Tannerella forsythia, Treponema denticola* und *Aggregatibacter actinomycetemcomitans* heißen die Hauptverdächtigen.

Diese Bakterien lösen die Krankheit zwar aus, sie benötigen allerdings die Hilfe ihres Wirts. Zahlreiche Indizien deuten darauf hin, dass unser Immunsystem, das eigentlich zur Abwehr feindlicher Mikroorganismen dienen soll, im Falle einer Parodontitis übers Ziel hinausschießt.

Am Anfang der Erkrankung steht wieder die Bildung eines Biofilms. Sowohl die Bakterien, die im Schutz dieses Films gedeihen, als auch menschliche Zellen sondern hier bestimmte Enzyme ab, die Eiweiße aufspalten. Die Bakterien verfolgen damit den Zweck, das Gewebe ihres Wirts, in diesem Fall das Zahnfleisch, aufzulösen und ein weiteres Vordringen zu ermöglichen. Der Mensch hingegen produziert diese Enzyme eigentlich zur Abwehr der Mikroben.

Aufgrund der Gewebezerstörung sowohl durch die Mikroorganismen als auch durch die körpereigenen Proteine entsteht eine Entzündung. Zellen des Immunsystems schütten Botenstoffe aus, die weiteren Immunzellen signalisieren, dass eine Attacke zurückzuschlagen ist. Die eigentlich als Abwehr gedachte Reaktionskette kann sich dann als schädlich erweisen, da dadurch noch mehr Proteine vom Körper hergestellt werden, die das eigene Gewebe angreifen. Als besonders schädlich erweist es sich, wenn oben erwähnte Risikofaktoren bestehen und die bakteriellen Angreifer ständig gute Bedingungen für ihre Vermehrung vorfinden. Damit hat eine Parodontitis begonnen und immer mehr Gewebe wird abgebaut.

Damit es erst gar nicht so weit kommt, sollte man – wie zur Vermeidung aller gesundheitlichen Probleme im Mund – eine ausreichende Pflege und Hygiene betreiben. Zusätzlich sollte man nicht allzu viel Nahrung aufnehmen, die Zucker in hochkonzentrierter Form enthält. Er ist eine Leibspeise vieler Bakterien und lässt sie besonders gut wachsen. Neben dem täglichen Zähneputzen kann eine entsprechende Ernährung einen guten Teil dazu beitragen, dass Zähne und Zahnfleisch gesund bleiben. So können frische Karotten, Kohlrabi oder andere Wurzelgemüse bereits beim Kauen eine gewisse Reinigungswirkung entfalten.

Hat sich das Zahnfleisch dennoch entzündet, hilft nur der Gang zum Zahnarzt. Je nach Schwere der Erkrankung wird er zu besserer, eventuell regelmäßiger professioneller Zahnpflege raten, Mundspülungen einsetzen oder – im letzten Notfall – sogar zu Antibiotika greifen oder versuchen, das entzündete Gewebe operativ zu entfernen.

Nicht allein wegen dieser nicht gerade angenehmen Behandlungsmethoden sollte man gegen Parodontitis vorsorgen. Es mehren sich die Hinweise, dass mit mangelnder Mundhygiene noch weitere, viel folgenreichere Erkrankungen einhergehen können, vor allem die sogenannte Arteriosklerose, landläufig auch Arterienverkalkung genannt. Sie führt zu Ablagerungen von Fett und anderen Stoffwechselprodukten in den Wänden der Blutgefäße. Dadurch verengt sich der Weg für das Blut, im schlimmsten Fall wird er ganz blockiert und dahinterliegendes Gewebe wird nicht mehr ausreichend mit Sauerstoff versorgt. Es kommt zum Infarkt, zum Beispiel am Herzen oder im Gehirn, eine der häufigsten Todesursachen überhaupt.

Eine Infektion des Zahnfleisches erhöht im ganzen Körper die Konzentration von Substanzen, die üblicherweise mit einer Entzündung einhergehen. Solche Entzündungsparameter sind beispielweise das C-reaktive Protein oder Interleukin-6. Erst kürzlich gelang Wissenschaftlern aus Hannover der Nachweis, dass die Konzentration dieser Stoffe im Blut von Probanden bereits bei einer Gingivitis ansteigt. Außerdem fand man an den Stellen, an denen sich die Wände von Blutgefäßen verdickten, einige der Bakterien, die auch bei einer Parodontose mitwirken. Worin genau der Zusammenhang zwischen Mundgesundheit und Erkrankung des Herz-Kreislauf-Systems besteht, wird derzeit erforscht.

Neben Mundgeruch und Zahnfleischentzündungen begleitet den Menschen während seiner gesamten Evolution die manchmal sehr schmerzhafte Karies oder Zahnfäule. Sie spielt sich in einer geografisch vollkommen anderen Region des Munds ab.

Geografie im Mund? Aus der Sicht eines Bakteriums handelt es sich tatsächlich darum. Das hängt mit den veränderten Maßstäben in der Welt der Mikroben zusammen. Was sich uns als winziges Areal präsentiert, stellt für Mikroorganismen ein ganzes Ökosystem dar. Das verdeutlicht noch einmal der Vergleich zwischen Mikrobe und Mensch bezogen auf die Abmessungen in der Mundhöhle: Wenn ein mittlerer Schneidezahn etwa einen Zentimeter lang ist, dann entspricht das Verhältnis seiner Größe zur Länge eines Bakteriums mit fünf Mikrometern Länge etwa 2000:1. Übertragen auf einen Menschen mit 1,70 Meter Größe würde das einem Berg mit einer Höhe von 3400 Metern entsprechen, also dem höchsten Gipfel der Pyrenäen. Niemand würde anzweifeln, dass die Lebensbedingungen auf Meereshöhe und an der höchsten Stelle des Bergs doch sehr unterschiedlich sind.

Deshalb spielen bei der Entstehung von Karies spezielle Bakterien die Hauptrolle. Als wichtigster Keim gilt nach wie vor *Streptococcus mutans*. Er bildet die gefürchteten Biofilme, in denen sich dann andere Mikroben einnisten. In dieser Festung trotzen sie dem Speichelschwall, der sie eigentlich wegspülen sollte. Schwemmt neue Nahrung verschiedene Zucker an, verdauen ihn die Bakterien. Dieser Raub im Mund ließe sich noch verschmerzen, wenn die Mikroben nicht als Abfallprodukt ihrer Verdauung Säuren produzieren würden, vor allem Milchsäure. Diese Säure ist zwar nicht so stark wie die Salzsäure im menschlichen Magen, wenn sie aber in größeren Mengen und vor allem über einen längeren Zeitraum auf unsere Zähne einwirken kann, löst sie Stück für Stück die Mineralien heraus. Das macht auch den härtesten Zahnschmelz mürbe.

Die Bakterien, die auf diese Weise Karies verursachen, verfolgen eigentlich nicht dieses Ziel. Ihnen ist es herzlich egal, ob unsere Zähne verfallen oder nicht. Solange der Nachschub an Zucker gesichert ist, kümmert sie das nicht weiter. Die Abfallprodukte ihrer Verdauung haben allerdings einen angenehmen Nebeneffekt für diese Säure produzierenden Mikroorganismen. Mögliche Konkurrenten, die in saurem Milieu nicht überleben können, werden verdrängt. Also bleibt noch mehr Zucker für diejenigen übrig, die es in der Säure aushalten. Greift der Mensch nicht in diesen Kreislauf ein, können die Mikroben ein ganzes Gebiss zerstören.

Zwar plagt Karies den Menschen bereits seit vorgeschichtlicher Zeit. Wie eine aktuelle Analyse von Zahnsteinproben aus den vergangenen Jahrtausenden ergab, war das vermutlich jedoch nicht immer so. Das legt jedenfalls die Studie von Alan Cooper von der australischen Adelaide University nahe. Die Proben, die er untersuchte, decken einen Zeitraum von der Jungsteinzeit bis heute ab. Sein Ergebnis: Vor Beginn der Landwirtschaft vor etwa 10 000 Jahren war die Mikroflora im menschlichen Mund deutlich artenreicher. Außerdem haben sich seither die beiden bereits erwähnten Keime *Streptococcus mutans* und *Porphyromonas gingivalis* prächtig vermehrt. Wir erinnern uns: Der Erstgenannte gilt als Indiz für Karies, der zweite für Parodontitis.

Cooper und seine Kollegen führen diese Verschiebung im menschlichen Mundmikrobiom auf ein verändertes Nahrungsangebot zurück. Mit der Landwirtschaft erhöhte sich schlagartig das Angebot an Getreide, folglich an Mehl und letztlich der Anteil der Stärke in der Nahrung. Da Stärke im Mund bereits zum Teil von einem Speichelenzym zu Zuckern zerlegt wird, stand damit auch den Mikroorganismen im

Mund besser geeignete Nahrung zur Verfügung. Die Mundgesundheit verschlechterte sich.

Einen weiteren Schub erhielt die Karies durch die Verfügbarkeit von hochkonzentriertem Zucker. Mit dem Ausbau des weltumspannenden Handels ab dem 16. Jahrhundert und mit Beginn der industriellen Produktion aus Zuckerrüben im Europa des 19. Jahrhunderts wurde das süße Pulver immer günstiger. Gut für die Kariesbakterien, schlecht für unsere Zähne.

Coopers Untersuchung wirft ein Schlaglicht auf einen nicht zu vernachlässigenden Aspekt, wenn man ein gesundes Mundmikrobiom pflegen will: die Ernährung. Neben einer bereits angesprochenen Mundhygiene ist sie die wichtigste Prophylaxe gegen Karies. Rohe Wurzel- und Knollengemüse wie Karotten, Radieschen oder Kohlrabi reinigen die Zähne bereits beim Kauen und sorgen für eine bessere und gesündere Mundflora. Selbstverständlich dürfen Schleckermäuler auch einmal einen Schokoriegel oder andere Süßigkeiten naschen. Anschließend sollte man sich aber die Zähne gründlich reinigen, und zwar mit Zahnbürste und Zahnseide beziehungsweise Interdentalbürstchen.

Das bereits erwähnte Chlorhexidin stellt dagegen kein geeignetes Mittel für eine dauerhafte Kariesprophylaxe dar. Zur Behandlung von akuten Problemen ist es zwar gut geeignet. Einen auf lange Sicht erfolgreichen Schutz vor dem bakteriellen Angriff auf die Zähne gewährleistet es aber nicht. Das scheitert allein schon an der Hartnäckigkeit der Einzeller. So besiedelt der Karieskeim *Streptococcus mutans* eine mit Chlorhexidin behandelte Mundhöhle spätestens einige Monate später wieder komplett. Die Rückeroberung seines angestammten Terrains gelingt ihm entweder, weil er sich in verborgenen

Winkeln des Munds vor dem Medikament zurückzieht oder weil er von außen wieder neu in den Mund gelangt.

Der langfristigen Anwendung von Chlorhexidin stehen auch seine Nebenwirkungen entgegen. Eine gelb-bräunliche Verfärbung der Zähne ist dabei die häufigste. Außerdem können Veränderungen des Geschmacksempfindens, Brennen, trockener Mund oder Geschwüre in der Mundschleimhaut auftreten. Ein dauerhaftes Bombardement mit dem Wirkstoff stellt also keine Option im Ringen um die Oberhand in der Mundhöhle dar.

Besonders dieses Beispiel macht klar: Den Kampf mit den Mikroben kann der Mensch auf Dauer nicht endgültig für sich entscheiden. Allerdings können wir uns klug gegenüber den Mikroorganismen verhalten, indem wir erstens ebenso ausdauernd und hartnäckig bleiben und zweitens lernen, wie wir gut mit und nicht gegen sie leben können.

Dazu gehört die Verwendung einer fluorhaltigen Zahnpasta. Das Element Fluor kann in den Zahnschmelz eingebaut werden. Das härtet den Zahnschmelz und macht ihn widerstandsfähiger gegen die Säureattacken der Bakterien. Teilweise kann ein bereits erfolgter Mineralienverlust sogar ausgeglichen werden. Forscher von der Universität des Saarlands haben darüber hinaus gerade erst eine weitere mögliche Wirkung des Fluors entdeckt. Sie ahmten im Labor die Zahnoberfläche nach, indem sie Plättchen aus sogenanntem Hydroxylapatit formten, was die Grundsubstanz unserer Zähne darstellt. Die Plättchen behandelten sie teilweise mit Fluor, andere ließen sie unbehandelt. Anschließend beobachteten sie, wie gut sich Kariesbakterien wie *Streptococcus mutans* oder *Streptococcus oralis* an die Plättchen anheften konnten. Das Ergebnis: An den mit Fluor behandelten Oberflächen konnten sich die Bakterien nur halb so gut festhalten wie an den unbehandelten. Zwar müssen diese Ergebnisse zunächst noch in der Realität an echten Zähnen im Mund überprüft werden. Es deutet aber einiges darauf hin, dass sich unsere Zähne durch das Putzen mit einer fluorhaltigen Zahnpasta für die Mikroben in ein verdammt rutschiges Parkett verwandeln. So kann der Speichel sie leichter fortspülen und die Zähne bleiben länger frei von einer Besiedelung mit schädlichen Keimen.

Hilfe im Abwehrkampf gegen Karies könnte zusätzlich aus dem Reich der Mikroben selbst kommen. In unserem Mund gedeihen nicht nur Bakterien, die unseren Zähnen schaden. Ins Gewimmel der Einzeller mischt sich unter anderem auch *Streptococcus salivarius*. Wie sein Name vermuten lässt, ist er mit einigen der Zahnräuber wie *Streptococcus mutans* verwandt. Aus deren Sicht stellt er allerdings das schwarze Schaf der Familie dar. Während die Kariesbakterien darauf angewiesen sind, dass sie sich auf dem Zahnschmelz in einem Biofilm verschanzen können, verhindert *Streptococcus salivarius* die Errichtung dieses Schutzwalls.

Üblicherweise bauen Bakterien einen Biofilm auf, indem sie lange Ketten aus einzelnen Zuckermolekülen bilden. Diese knüpfen sie dann wie ein Netz aneinander. Genau das verhindert unser Mitstreiter im Kampf gegen Karies, indem er ein Enzym namens FruA ausscheidet, das diese langen Zuckerketten zerschneidet. Das Bakterium profitiert wahrscheinlich davon, weil es sich damit lästige Konkurrenz vom Leib hält, die andernfalls prächtig im Biofilm gedeihen und ihm notwendige Nahrung streitig machen würde. Wenn es nun gelänge, eine Zahnpasta mit diesem Enzym auszustatten, dann wäre das Arsenal gegen Karies um eine wichtige Waffe bereichert. Leider dürfte es noch einige Jahre dauern, bis entsprechende Produkte zur Marktreife entwickelt sind.

Aber auch hier hängt der Erfolg im Ringen mit den Einzellern nicht nur von einer Maßnahme oder einem Wirkstoff ab. Zwar kann FruA helfen, den schädlichen Zahnbelag zu verhindern. Wenn sich allerdings die Zuckerkonzentration im Mund erhöht, beispielsweise weil wir Süßigkeiten essen, dann ist auch das Enzym von *Streptococcus salivarius* machtlos. Dann gewinnt sein Verwandter *Streptococcus mutans* wieder die Oberhand und kann einen Biofilm aufbauen. Die Karies geht weiter.

Eine gute Mundhygiene verhindert nicht nur Zahnfäule oder Zahnfleischentzündungen, sie kann sogar Leben retten. Wie bereits erwähnt mehren sich die Hinweise, dass Parodontitis für einige weitere Erkrankungen mit verantwortlich sein könnte. Ein ähnlicher Zusammenhang könnte auch zwischen Zahnbelag, Zahnfleischentzündungen und Lungenentzündungen bestehen. Patienten mit schlechter Mundhygiene tragen jedenfalls ein erhöhtes Risiko, an einer Lungenentzündung zu erkranken. Weshalb das so ist, müssen weitere Studien zeigen. Eine Möglichkeit wäre, dass die Bakterien und Immunzellen Eiweiße produzieren, die Gewebe zerstören. Gelangen diese proteolytischen Enzyme in die Lunge, beispielsweise über die Atmung, zerstören sie auch dort das Gewebe. Ein Einfallstor für Krankheitskeime wäre geöffnet.

Der Austausch zwischen dem Mundmikrobiom und dem der Atemwege ist nichts Besonderes. Er geschieht ständig. Schließlich bildet der Mund mit dem Nasen-Rachen-Raum und den Atemwegen ein für Bakterien gigantisches, aber zusammenhängendes Höhlensystem. Deshalb findet sich in Menschen in der Regel auch kein typisches Mikrobiom in der Lunge. Die Mikrobengemeinschaft, die dort haust, gleicht der in den oberen Atemwegen. Die Zahl der Keime ist in der Lunge lediglich niedriger.

In der Nase tummeln sich ebenfalls ähnliche Mikrobiota. Hier kann auch *Staphylococcus aureus* vorkommen, ein potenzieller Krankheitserreger, der schwere, lebensbedrohliche Infektionen auslösen kann. Besonders wenn der Keim resistent gegen Abwehrmedikamente wie Antibiotika ist, kann er zum tödlichen Feind werden. Die Besiedelung der Nasenhöhle fällt ihm allerdings schwerer, wenn dort bereits ein Verwandter lebt. *Staphylococcus epidermidis* verdrängt den potenziell gefährlichen Einzeller.

Staphylococcus aureus beherrscht auch die Nasenhöhle von Menschen mit chronischer Rhinosinusitis. Eine Rhinosinusitis ist eine gleichzeitige Entzündung der Nasenschleimhaut (Rhinitis) und der Schleimhaut der Nasennebenhöhlen (Sinusitis). Menschen, die darunter leiden, haben wesentlich mehr dieser Keime in der Nase als Gesunde. Diesen Personen steckt außerdem eine viel bunter gemischte Mikrobenkommune in der Nase als beschwerdefreien. Bei Erkrankten fanden Forscher bis zu 33 verschiedene Keime in den Schleimhäuten, bei Gesunden maximal fünf.

Ein weiterer Übeltäter neben *Staphylococcus aureus* ist dabei *Corynebacterium tuberculostearicum*. Dieser Keim gedeiht besonders bei Erkrankten und dann, wenn die übliche Mikrobengemeinschaft in der Nase aus dem Gleichgewicht geraten ist. Im Experiment kann aber selbst dann noch ein anderer Einzeller helfen, und zwar *Lactobacillus sakei*, ein Milchsäurebakterium. Es kann den unerwünschten Keim aus der Nase vertreiben – wahrscheinlich unter anderem deshalb, weil es Säure produziert. Denn *Corynebacterium* ist diesbezüglich sehr empfindlich.

Nun müssen die Forscher noch herausfinden, wie die Veränderungen unter den Mikroben in der Nase mit der Erkrankung zusammenhängen und wie man das Mikrobiom so beeinflussen kann, dass es die Krankheit verhindert.

Die vielfältigen Auswirkungen, die Eingriffe in unser Mund- und Nasenmikrobiom haben können, und die zahlreichen Möglichkeiten, wie die entsprechende Flora auf uns einwirkt, verdeutlichen bereits: Nur wenn wir uns als Lebensraum begreifen, den menschlichen Körper als eine Art Ökosystem betrachten, wird es uns gelingen, gut mit unseren Mikroben zusammenzuleben.

Selbsttest auf Zahnfleischbeschwerden der Deutschen Gesellschaft für Parodontologie (DGParo):

- Ist Ihr Zahnfleisch geschwollen?
- Blutet Ihr Zahnfleisch beim Zähneputzen oder bei der Benutzung eines Zahnstochers beziehungsweise anderer Hilfsmittel zur Zahnreinigung?
- Ist Ihr Zahnfleisch zurückgegangen?
- Beobachten Sie eine zunehmende Lockerung Ihrer Zähne?
- Tritt eine gelbliche, eiterähnliche Flüssigkeit am Zahnfleischsaum aus, wenn Sie Ihr Zahnfleisch massieren?
- Hat sich Ihre Zahnstellung verändert und haben sich dabei Lücken gebildet?
- Haben Ihre Eltern oder Geschwister Zähne frühzeitig durch Zahnlockerung verloren?

Wenn Sie eine der Fragen mit Ja beantwortet haben, sollten Sie sich in Ihrer Zahnarztpraxis beraten lassen. Vergessen Sie nicht die regelmäßigen Kontrolltermine bei Ihrem Zahnarzt.

Mundgeruch entsteht zu 90 Prozent im Mund. Zähneputzen, Zungenreinigung und Mundspülungen helfen dagegen. Bei anhaltenden Problemen muss unbedingt ein Facharzt aufgesucht werden.

Ausreichende **Mundhygiene schützt** Zähne und Zahnfleisch. Zweimal täglich Zähneputzen, Zahnseide, Interdentalbürstchen und eventuell Mundspülungen gehören dazu. Ebenso wichtig ist eine geeignete **Ernährung** mit möglichst wenig hochkonzentrierten Zuckern. Günstig sind vor allem viel rohes Gemüse und Obst.

Eine gute Mundhygiene kann auch **vor schweren Erkrankungen schützen,** zum Beispiel Herzinfarkt, Schlaganfall oder Lungenentzündung.

Alles im Fluss

Als Zhao Liping 1987 seine Frau Ji Liuying heiratete, lagen noch zwei anstrengende Jahre Arbeit an der Nanjing Agricultural University vor ihm. Dann endlich erlangte er den ersehnten Doktortitel. Der Chinese stürzte sich so sehr in seine mikrobiologische Arbeit zu Pflanzenkrankheiten, dass er vergaß, auf seine Gesundheit zu achten. Statt der 60 Kilogramm, die er am Anfang seiner Ehe wog, brachte er nach seiner Promotion 80 Kilogramm auf die Waage. Aber mit den in zwei Jahren zugelegten 20 Kilogramm Körpergewicht war noch nicht Schluss. 1993 zog er mit Frau und Kind in die USA, um an der Cornell University zu forschen. Als er 1995 wieder in seine Heimat zurückkehrte, wog er noch einmal zehn Kilogramm mehr. Sein Bauchumfang maß stolze 110 Zentimeter.

Wahrscheinlich hätte Zhao sein Übergewicht bis zum Ende seines Lebens mit sich herumgeschleppt, wenn er nicht im Jahr 2004 einen wissenschaftlichen Artikel seines amerikanischen Kollegen Jeffrey Gordon gelesen hätte, dessen Thema die Darmflora als regulierender Umweltfaktor für die Fettspeicherung war. In diesem konnte der Mikrobiologe Erstaunliches zeigen: Er hielt Mäuse, deren Darm nicht von Mikroben besiedelt war, unter sterilen Laborbedingungen. Wenn er die Tiere nun mit Bakterien aus dem Darm ganz normaler Mäuse infizierte, dann entwickelte sich die Mikroflora auch im Verdauungstrakt der nun nicht mehr sterilen Nager. Die eigentliche Sensation lag darin, dass die Tiere etwa 60 Prozent mehr Körperfett ansammelten als zuvor, obwohl sich an ihrer Ernährung nichts änderte. Lässt sich Übergewicht also wie eine Infektionskrankheit übertragen?

Zhao war wie gebannt. Konnte eine simple Ernährungsumstellung auch hinter seiner Gewichtszunahme stecken? Um das herauszubekommen, begann er schließlich 2006 eine spezielle Diät, die unter anderem aus fermentierten Chinesischen Yamswurzeln und Bittermelonen bestand. Zusätzlich schwenkte er bei seinen Mahlzeiten auf ballaststoffreiche Kost und Vollkornprodukte um.

Das Ergebnis ließ sich sehen: Nach zwei Jahren hatte Zhao 20 Kilogramm abgenommen. Zusätzlich verbesserten sich Eckwerte seiner Gesundheit wie Blutdruck, Herzleistung und Blutfettwerte. Durch Stuhlproben konnte der chinesische Mikrobiologe außerdem nachweisen, dass ein bestimmtes Bakterium in seinem Darm offenbar von seiner Ernährungsumstellung profitierte, nämlich *Faecalibacterium prausnitzii*. Die Konzentration des Einzellers stieg von »nicht nachweisbar« auf 14,5 Prozent in den Proben. Seither erforscht Zhao vor allem das Mikrobiom im Darm des Menschen weil er überzeugt ist, dass sich mit dem Verständnis dieses Ökosystems Erfolge für die menschliche Gesundheit erzielen lassen.

Damit reiht sich der Chinese in die Phalanx der Wissenschaftler ein, die verstehen wollen, wie die Mikroorganismen in unserem Verdauungstrakt zusammenleben und wie sie mit unserem Körper interagieren.

Unser Verdauungssystem durchzieht beinahe den gesamten Körper. Es reicht vom Mund bis zum After und bietet auf dieser Strecke die verschiedensten Lebensräume. Den Mund als Wohnort von nützlichen und schädlichen Einzellern haben wir bereits erkundet. An diesen schließen sich die Speiseröhre und der Magen mit seinen lebensfeindlichen Bedingungen an. Der Magen wiederum mündet in den Dünndarm. Daran schließt sich der Dickdarm an, der schließlich im After ausläuft. Am Anfang des Dickdarms befindet sich auch der sogenannte Wurmfortsatz, der für die Appendizitis, landläufig als Blinddarmentzündung bezeichnete Erkrankung verantwortlich ist.

Der Darm nimmt den größten Teil des Verdauungstraktes ein. An der Strecke von bis zu zwölf Metern, die unsere Nahrung vom Mund bis zur Ausscheidung am anderen Körperende durchlaufen muss, macht er bis zu neun Meter aus.

Das Verdauungssystem des Menschen erfüllt viele unterschiedliche Aufgaben. Die erste und nächstliegende ist die des Nahrungsaufschlusses. Dabei zerlegt unser Körper chemisch und mechanisch die Stoffe, die wir ihm zuführen. Kauen, Speichel, Magen- und Lebersekrete, Darmperistaltik und -enzyme sind die wesentlichen körpereigenen Faktoren dabei. Zusätzlich helfen die Mikroben im Darm bei der Gewinnung von Energie und Baustoffen. Damit der Darm die Bausteine unserer Nahrung auch aufnehmen kann, besitzt er eine speziell dafür angepasste Oberfläche, die vor allem eines sein muss: groß.

Um dieses Ziel zu erreichen, greift die Natur immer wieder gern auf denselben Trick zurück. Sie vergrößert die Oberfläche von Geweben, indem sie diese nicht spiegelglatt gestaltet, sondern sehr faltig ausbildet beziehungsweise mit Ausbuchtungen versieht. Im Darm erfüllen diese Aufgabe die sogenannten Darmzotten, kleine Ausstülpungen der Darmschleimhaut. Sie ragen wie unzählige winzige Fingerchen eines Handschuhs in das Darminnere. Wälzt sich der Nahrungsbrei an ihnen vorbei, nehmen sie die Nährstoffe auf. Durch den Kniff mit den Zotten stellt der Darm diejenige Oberfläche unseres Körpers dar, die bei Weitem den größten Kontakt zur Außenwelt aufweist. Auch wenn diese Bezeichnung der intuitiven Annahme zu widersprechen scheint – das Innere des Darms zählt eigentlich zur Außenwelt unseres Körpers, obwohl diese tief in uns drinnen steckt. Zwischen 300 und 500 Quadratmetern misst diese Fläche. Selbst unsere Lunge, die sich sehr fein verästelt, bringt es gerade einmal auf maximal 100 Quadratmeter. Unsere äußere Haut nimmt sich dagegen buchstäblich wie ein Handtuch aus, denn ihre Fläche beträgt im Schnitt gerade einmal 1,7 Quadratmeter. In unserem Darm erstreckt sich also eine Fläche, die deutlich größer ausfällt als ein Tennisspielfeld mit seinen 260 Quadratmetern.

Da unser Darm zu den am dichtesten mit Lebewesen besiedelten Ökosystemen der Erde überhaupt gehört, verwundert die zunächst erstaunliche zweite Hauptaufgabe schlussendlich doch nicht so sehr: Er ist ein sehr wichtiges Organ für unser Immunsystem. Dieses ist unter anderem dafür verantwortlich, schädliche Eindringlinge wie Krankheitserreger frühzeitig zu erkennen und zu bekämpfen. Betrachtet man unseren Körper als eine Art Festung, die ständig von außen attackiert wird, dann stellt der Darm die längste Festungsmauer dar. Klar, dass sich dort viele Verteidiger einfinden, also viele und wichtige immunologische Reaktionen gerade dort stattfinden.

Neben diesen beiden originären Bestimmungen besitzt unser Verdauungstrakt sogar ein teilweise eigenständiges Nervensystem, das manche Wissenschaftler als Darm- oder Bauchhirn ansehen. Dieses mit dem Fachbegriff »enterisches Nervensystem« bezeichnete Geflecht reguliert die Motorik

Enteron = Darm

von Magen und Darm, steuert die Sekretion von Enzymen und kommuniziert mit dem eigentlichen Gehirn in unserem Schädel.

Jede dieser drei Aufgaben wäre für sich genommen bereits dann eine hochkomplexe Angelegenheit, wenn sie allein von Funktionen des menschlichen Körpers erledigt würde. Da unseren Verdauungstrakt aber Billionen von Mikroorganismen bewohnen, werden die Zusammenhänge noch komplizierter.

Die Zusammensetzung unserer Darmflora bestimmen der menschliche Körper, die Ernährung und das Zusammenspiel der Mikroben untereinander. Zwischen dem Mikrobiom im Darm und uns findet von der ersten bis zur letzten Minute unseres Lebens ein komplexes Wechselspiel statt. Denn nicht nur wir wirken auf die Einzeller in unserem Verdauungssystem ein, auch sie beeinflussen uns mehr als noch bis vor wenigen Jahren angenommen. Sie entscheiden mit darüber, ob wir übergewichtig oder gar krank werden, unter chronischen Darmentzündungen leiden, einen Herzinfarkt oder Schlaganfall bekommen, ob wir Allergien ausbilden oder wie Medikamente wirken. Die Wirkung des Darmmikrobioms reicht so weit, dass es sogar unsere Psyche beeinflusst.

Die Besiedelung des menschlichen Verdauungstraktes beginnt bekanntermaßen bereits mit der Geburt. Dabei spielt die Art der Entbindung eine wichtige Rolle. Anschließend entwickelt sich das Mikrobiom des Menschen individuell, wobei Ernährung, beispielsweise Muttermilch oder Milchersatz, und andere Umweltbedingungen eine große Rolle spielen.

Unser Darm ist allerdings nicht einfach nur Brachland, auf dem sich jene Mikroben breitmachen, die zuerst unbesiedelte

Stellen erreichen. Vielmehr scheint unser Körper gezielt einige Bakterien auszuwählen, die sich im Verdauungstrakt ansiedeln sollen. Wie der Darm das bewerkstelligt, liegt noch weitgehend im Dunkeln, aber einige Studien belegen, dass nicht nur unsere Ernährung, sondern auch unsere genetische Ausstattung einen deutlichen Einfluss darauf haben kann, wem es in unserem Darm gut geht.

Einen ersten Hinweis auf diesen Zusammenhang findet man, wenn man das menschliche Mikrobiom im Darm mit jenem unserer nächsten Verwandten vergleicht, also Bonobos, Schimpansen oder Gorillas, den Großen Menschenaffen, die in Afrika leben. Ein internationales Team aus Biologen ging genau dieser Frage nach und fand eine verblüffende Antwort. So wie man mithilfe von Analysen des Erbguts einen Stammbaum des Menschen erstellen und den Verwandtschaftsgrad zu einzelnen Affenarten bestimmen kann, gelingt das auch mithilfe des Mikrobioms. Dazu untersuchten die Forscher die Zusammensetzung der Mikrobengemeinschaft im Kot von Menschen und Affen und fanden ganz ähnliche Verwandtschaftsverhältnisse zwischen diesen Großen Menschenaffen und *Homo sapiens*. Danach trennte sich unsere Erblinie im Laufe der Evolution zuletzt von derjenigen der Schimpansen und Bonobos.

Lassen sich diese Abweichungen in den Darmmikrobiomen einfach nur durch andere Ernährungsgewohnheiten oder durch die unterschiedliche Anatomie erklären? Tatsächlich kann man bereits durch die Analyse der Darmflora ziemlich genau feststellen, ob man einen reinen Pflanzen- oder Fleischfresser vor sich hat. Auch diejenigen Arten, die weniger spezialisiert sind und auf Mischkost zurückgreifen, lassen sich so meist gut ausmachen.

Und auch die Anatomie liefert klare Hinweise auf die Zusammensetzung der täglichen Mahlzeiten. So unterscheidet sich der Verdauungstrakt von Menschen und den genannten Affenarten deutlich. Bei Schimpansen und Gorillas macht beispielsweise der Dickdarm – einem wesentlichen Lebensraum der Darmmikroben – etwa 53 Prozent des Verdauungssystems aus, beim Menschen aber nur maximal 23 Prozent. Gorillas gewinnen bis zu 60 Prozent der Nahrungsenergie in ihrem Dickdarm, Schimpansen bis zu 33 Prozent und Menschen nur etwa zehn Prozent. Der Anteil des Dünndarms beträgt bei Gorillas etwa 14 Prozent, bei Schimpansen 23 Prozent und beim Menschen maximal 67 Prozent des gesamten Verdauungstraktes.

Die unterschiedliche Länge der beiden Darmabschnitte lässt bereits Rückschlüsse auf die Ernährungsweise zu, denn reine Pflanzenfresser besitzen in der Regel einen längeren Dickdarm als Fleischfresser. Beim Dünndarm verhält es sich meist umgekehrt. Allesfresser ordnen sich diesbezüglich in der Mitte ein. Vergleicht man die oben aufgeführten relativen Darmlängen, stimmen sie recht gut mit dem erhöhten Fleischanteil in der menschlichen Nahrung überein.

Verhalten wie Ernährungsgewohnheiten und die Anatomie des Darms lassen sich also letztlich auf eine genetische Grundlage zurückführen. Genügen diese zwei Faktoren jedoch, um die Unterschiede in der Darmflora zu erklären? Oder spielen manche Gene eine viel unmittelbarere Rolle bei der Bevorzugung beziehungsweise Benachteiligung bestimmter Bakterien im Darm?

Der Antwort auf diese Frage ging unter anderem ein internationales Forscherteam mit der Untersuchung von Patienten nach, die am Familiären Mittelmeerfieber leiden. Dabei handelt es sich um eine chronische Erkrankung, bei der verschiedene Gewebe zum Beispiel im Brustraum entzündet sein können. Die Krankheit ist erblich und tritt gehäuft im östlichen Mittelmeerraum auf. Sie verläuft schubartig mit hohem Fieber und starken Schmerzen. Mitverantwortlich für die Erkrankung sind Veränderungen in einem Gen mit der Bezeichnung MEFV. Das Kürzel steht für die englische Bezeichnung der Krankheit, Mediterranean Fever.

Die Wissenschaftler untersuchten, ob es einen Unterschied zwischen der Darmflora von Gesunden und von Menschen gibt, die an dem Fieber leiden. Tatsächlich fanden sie heraus, dass bei Erkrankten bestimmte Arten von Bakterien in größerer Zahl vorkamen als bei Gesunden. Dazu zählten *Faecalibacterium*, Porphyromonadaceae, *Phascolarctobacterium* und *Parabacteroides*. Im Gegensatz dazu kamen *Prevotella*, *Dialister* und Prevotellaceae in viel geringere Zahl vor.

Übrigens, wer Schwierigkeiten damit haben sollte, diese Namen flüssig zu lesen geschweige denn auszusprechen, darf sich trösten. Selbst erfahrene Mikrobiologen verhaspeln sich dabei immer wieder.

Jedenfalls war diese Studie aus dem Jahr 2008 ein erstes deutliches Indiz dafür, dass auch die Genetik des Menschen eine Rolle bei der Besiedelung seines Darms spielt. Weitere Untersuchungen folgten.

Eine Pilotstudie sollte klären, ob sich ein Zusammenhang zwischen der genetischen Neigung zu einer spezifischen Erkrankung und dem Mikrobiom im Darm nachweisen lässt. Im Rahmen der Erhebung wurden 51 gesunde Menschen untersucht, die keinerlei Symptome des sogenannten Morbus Crohn zeigten. Dies ist eine chronisch entzündliche Darmerkrankung, die meist im Dünn- oder Dickdarm ausbricht.

Mit DNA-Analysen prüften die Wissenschaftler, ob die Probanden eine oder mehrere von 30 Genvarianten trugen, von denen man weiß, dass sie die Entstehung von Morbus Crohn begünstigen. Dabei entdeckten sie zumindest einen statistischen Zusammenhang zwischen einer bestimmten Variante des sogenannten IRGM-Gens und einer Sorte von Darmbakterien, die man in der Gattung *Prevotella* zusammenfasst.

Vom IRGM-Gen (Immunity-Related GTPase family, M) weiß man, dass es in bestimmten Formen das Risiko für Morbus Crohn erhöht. Das Gen ist an der sogenannten Autophagozytose beteiligt, mit der Körperzellen Bestandteile in ihrem Zellinneren abbauen können. Damit bekämpfen die Zellen unter anderem Eindringlinge. Werden sie beispielsweise von Bakterien befallen, können sie sich mithilfe der Autophagozytose wehren, indem sie die feindlichen Zellen einfach auflösen. Der Angreifer wird quasi verdaut. Störungen des IRGM-Gens können diese Autophagozytose behindern, sodass sich schädliche Bakterien leichter durchsetzen und Entzündungen auslösen.

Worin genau der Zusammenhang zwischen bestimmten Varianten des IRGM-Gens und Morbus Crohn besteht, weiß derzeit noch niemand. Es handelt sich dabei lediglich um eine statistische Verknüpfung.

An dieser Stelle sei ein kleiner, aber notwendiger Exkurs erlaubt. Er dauert auch nur 14 kurze Sätze – versprochen.

Bei einem statistischen Zusammenhang handelt es sich um eine sogenannte Korrelation. Sie gibt an, ob sich statistisch gesehen eine Verbindung zwischen zwei Erscheinungen herstellen lässt. Sie stellt keine Kausalität dar. Die Kausalität verknüpft Phänomene ursächlich miteinander. Sie identifiziert also Ursache und Wirkung.

Folgendes Beispiel macht deutlich, wie unsinnig Aussagen werden können, wenn man Korrelation und Kausalität verwechselt: In Deutschland werden immer weniger Kinder geboren. Der größte Einbruch bei der Geburtenrate geschah nach der Einführung der Antibabypille Ende der 1960er-Jahre. Gleichzeitig nahm aus vielen Gründen auch die Zahl der Weißstörche hierzulande stark ab.

Statistisch ließe sich zwischen den beiden Tatsachen ein Zusammenhang herstellen. Weniger Störche bedeuten weniger Kinder. Mittelbar mag es Ursachen geben, die letztendlich zu den beiden Rückgängen geführt haben – zum Beispiel eine Verschlechterung der Umweltbedingungen. Aber niemand wird aus diesen Fakten den Schluss ziehen, dass es sich hier um eine unmittelbare Kausalität handelt. Dann könnte man ja auch behaupten, dass tatsächlich der Klapperstorch die Kinder bringt.

Genauso verhält es sich beim IRGM-Gen und Morbus Crohn. Zunächst hat man einmal einen statistischen Zusammenhang gefunden, also eine Korrelation. Der Nachweis einer Kausalität, also wie bestimmte Genvarianten nun tatsächlich physiologisch bei der Entstehung der Krankheit mitwirken, steht noch aus.

Der Befund, dass Träger einer bestimmten IRGM-Variante vermehrt *Prevotella* in ihrem Darm haben, stellt ebenso nur eine Korrelation dar. Ob es sich hierbei tatsächlich um eine Kausalität handelt, die Mikroben also tatsächlich besser wegen des IRGM-Gens gedeihen und anschließend in irgendeiner Weise die Entstehung von Morbus Crohn fördern, muss erst noch wissenschaftlich nachgewiesen werden.

In diesem Sinne sollte übrigens jeder, der durch sensationelle Meldungen über neue Erkenntnisse aus der Forschung aufgeschreckt wurde, zunächst eingehend prüfen, ob es sich beim Kern der Nachricht lediglich um eine Korrelation oder tatsächlich um eine Kausalität handelt.

Weitere Hinweise darauf, dass die individuelle genetische Ausstattung eines Individuums über die Zusammensetzung seiner Darmflora entscheidet, stammen aus Untersuchungen an Mäusen. Wie der Mensch tragen sie in ihrer Darmwand spezielle Zellen zur Abwehr von Eindringlingen. Einer dieser Wachhunde trägt den Namen Paneth-Zelle. Um mögliche Feinde zu erkennen, besitzen diese Zellen spezielle Eiweiße, deren Struktur sich genau an Verbindungen anpasst, die von Bakterien produziert werden. Sie fungieren wie eine Art Greifer, dessen Greifhand so geformt ist, dass sie nur ganz bestimmte Gegenstände fassen kann - ein in der Biologie als Schlüssel-Schloss-Prinzip bezeichnetes Phänomen. Packt der Greifer ein passendes Molekül, löst er Alarm aus. Die Paneth-Zelle produziert Abwehrstoffe, die die Bakterien schädigen oder töten, und schlägt so die Angreifer in die Flucht.

Das Gen, das die Blaupause für den Alarmgreifer enthält, heißt NOD2. Menschen, bei denen dieses Gen nicht wie vorgesehen funktioniert, tragen ein erhöhtes Risiko, an Morbus Crohn zu erkranken.

Forscher haben Mäuse gezüchtet, bei denen dieses Gen inaktiv ist. Im Vergleich zu Artgenossen, bei denen das Gen einwandfrei funktioniert, entsteht bei ihnen eine abweichende Darmflora. Sie setzt sich aus anderen Arten zusammen, während sich die Zahl der Bakterien bei beiden Tieren ähnlich entwickelt.

Das gleiche Phänomen kann man beobachten, wenn man NOD2-defekte Tiere Wasser trinken lässt, das mit einer die Darmwand schädigenden Substanz angereichert wurde. Bei ihnen dringen daraufhin vermehrt Bakterien in die Darmschleimhaut ein. Bei Mäusen mit funktionierendem NOD2-Gen geschieht das dann zwar auch. Aber bei ihnen sind es wiederum andere Bakterienarten, die sich in der Darmwand breitmachen.

Bleibt man beim Festungsbeispiel heißt das: Der Stein NOD2 ist ein wichtiger Faktor dafür, dass die Festungsmauer solide ist. Fällt dieser Stein aus der Mauer, schlüpfen bevorzugt ganz bestimmte Angreifer durch die Lücke, die er hinterlassen hat.

Ein weiterer Kandidat für die Funktion des Bakterienregulators in unserem Darm ist das Gen FUT2. Etwa 80 Prozent der Bundesbevölkerung tragen eine aktive Variante in sich, bei 20 Prozent schweigt das Gen. FUT2 sorgt unter anderem dafür, dass in unserer Darmschleimhaut eine ganz bestimmte Verbindung vorkommt. Diese besteht vor allem aus einer langen Kette von Zuckern. Auf der Oberfläche von Blutkörperchen sind diese Antigene, also jene Strukturen, die unser Immunsystem als fremd oder bekannt identifiziert, übrigens für unsere unterschiedlichen Blutgruppen verantwortlich. In der Darmwand sorgen sie dagegen dafür, dass sich bestimmte Bakterienarten besonders gut anheften können. Wie wir bereits bei der Erkundung des Mundes erfahren haben, ist das für Einzeller oft eine entscheidende Frage, weil sie ansonsten einfach aus dem Körper gespült werden.

Menschen mit aktivem FUT2 liefern also bestimmten Bakterien gute Ankerplätze. Deswegen findet man bei ihnen diese Arten auch gehäuft, zum Beispiel *Bifidobacterium* oder

Antigen = artfremder Eiweißstoff, der im Blut von Mensch u. Tier die Bildung von Antikörpern anregt

Lactobacillus. Menschen, deren FUT2 abgeschaltet ist, tragen dagegen eine andere Mikrobengemeinschaft im Darm. Sie besitzen außerdem ein erhöhtes Risiko, an Morbus Crohn zu erkranken. Damit ist das FUT2-Gen der am besten belegte Hinweis darauf, wie die genetische Ausstattung – also der sogenannte Genotyp – direkt die Zusammensetzung der Darmflora beeinflusst. Der Mensch wirkt also nicht nur durch die beiden Faktoren Anatomie und Ernährung auf seine Darmflora ein, sondern auch unmittelbar durch seinen Genotyp.

Wenn wir unsere Anatomie und unsere Genetik nicht direkt beeinflussen können, so bleibt eine Variable, deren Auswirkung auf die Darmflora nicht zu unterschätzen ist und die wir selbst in der Hand haben: die Ernährung.

Auch hier lohnt ein Blick in die Vergangenheit. Dabei helfen sogenannte Koprolithen, auf Deutsch »Kotsteine«, also fossile Überreste von Exkrementen. Drei ganz besondere Koprolithen untersuchte der Molekularbiologe Cecil Lewis von der amerikanischen Oklahoma University mit seinen Kollegen auf Mikrobenspuren. Die jahrtausendealten Stuhlproben stammen alle aus Amerika. Es handelt sich unter anderem um ein 1400 Jahre altes Geschäftchen aus einer Höhle in Rio Zape in Mexiko. Anschließend verglichen sie die Ergebnisse mit Befunden aus Kot der über 5000 Jahre alten Gletschermumie Ötzi sowie der Leiche eines gefallenen Österreichers aus dem Ersten Weltkrieg, die knapp 100 Jahre in einem Gletscher überdauert hatte.

In dem Fund aus Rio Zape entdeckten die Forscher vor allem *Bifidobacterium* und darunter bevorzugt *Bifidobacterium breve*. Diese Mikrobe bewohnt typischerweise den Darm von Säuglingen, die gestillt werden. Außerdem entdeckten die

Forscher *Prevotella*, ein Zeichen für eine kohlenhydratreiche Kost.

Der Vergleich dieses Befunds mit Daten zur Darmflora heutiger Menschen ließ erstaunliche Rückschlüsse zu. So ähnelte das Darmmikrobiom von Menschen, die vor 1400 Jahren in Rio Zape lebten, am ehesten demjenigen, das heutige Kinder in sich tragen, die in Afrika in ländlichen Gegenden leben. Auch der Abgleich der Zape-Daten mit der Darmflora von Ötzi und dem gefallenen Weltkriegssoldaten ließ Ähnlichkeiten zu dieser Art von Darmbewohnern erkennen. Das erstaunlichste Ergebnis aber war, dass keines dieser Mikrobiome mit dem heutiger US-Amerikaner vergleichbar ist. Deren Darmflora sieht komplett anders aus.

Molekularbiologe Lewis und seine Kollegen führen diesen eklatanten Unterschied auf stark veränderte Ernährungsgewohnheiten zurück. Bereits beim Mikrobiom im Mund haben wir gesehen, dass die Entwicklung der Landwirtschaft und die damit geänderten Ernährungsgewohnheiten gravierende Auswirkungen hatten. Wieso sollte es sich mit dem Darmmikrobiom anders verhalten?

Nach aktuellem Kenntnisstand hat sich die Ernährung des Menschen seit der Steinzeit vor allem in einem Punkt grundlegend geändert, und zwar hat sich der Ballaststoffanteil in unserer Nahrung drastisch verringert. Nutzten die prähistorischen Menschen vor allem Früchte und Gemüse als pflanzliche Kost, decken heutige Bewohner der Industrieländer ihren Bedarf zu großen Teilen mit Getreideprodukten und raffinierter Stärke und Zucker. Der Ballaststoffanteil der pflanzlichen Kost betrug in der Steinzeit deutlich mehr als 100 Gramm pro Tag. In den Industrieländern beläuft sich dieser Anteil heutzutage im Schnitt nur noch auf deutlich weniger als 20 Gramm.

Dass die ballaststoffreiche Kost der afrikanischen Landbevölkerung buchstäblich durchschlagende Wirkung auf den Darm entfaltet, fanden Forscher bereits Anfang der 1970er-Jahre heraus. Sie untersuchten, wie lange Nahrungsmittel benötigen, bis sie den Verdauungstrakt passiert haben und wie viel letztendlich hinten herauskommt. Ihre Daten erhoben sie an Ugandern und an britischem Navy-Personal. Bei den Afrikanern benötigte das Essen nur ein Fünftel der Zeit, die es bei den Armeeangehörigen brauchte, um die Passage zu absolvieren. Außerdem brachten die Afrikaner vier- bis fünfmal größere Geschäfte zustande. Geschwindigkeit und Endresultat hingen jeweils davon ab, wie hoch der Ballaststoffanteil an der Nahrung war.

Beinahe 30 Jahre später nahmen italienische Wissenschaftler die Bewohner des Darms erneut unter die Lupe und verglichen deren Zusammensetzung bei Kindern aus dem afrikanischen Staat Burkina Faso und aus Italien. Auch hier fanden sie wieder deutliche Unterschiede.

So trugen die afrikanischen Kinder vor allem Bakterien in sich, die zur Gruppe der Bacteroidetes gehören. Die sogenannten Firmicutes, zu denen auch die Lactobacillen zählen, kamen bei ihnen dagegen viel seltener vor als bei den europäischen Sprösslingen. Diese Verschiebung lässt sich ebenfalls mit den unterschiedlichen Ernährungsgewohnheiten erklären, denn die afrikanischen Kinder aßen viel mehr ballaststoffreiche Kost als die europäischen.

Herkunft	Alter in Jahren	Ballaststoffanteil der Nahrung in Gramm pro Tag beziehungsweise (in Prozent)
Burkina Faso	ein bis zwei	10 (2,26)
	zwei bis sechs	14,2 (3,19)
Italien	ein bis zwei	5,6 (0,67)
	zwei bis sechs	8,6 (0,9)

Tabelle 4: Ballaststoffgehalt der Nahrung bei afrikanischen und europäischen Kindern

Diese Erklärung passt auch zu dem Befund, dass sich im Darm der Kinder aus Burkina Faso besonders viele Arten von *Prevotella, Xylanibacter* und *Treponema* finden ließen, Bakterien, die im Darm von europäischen Kindern überhaupt nicht vorkamen. Diese Mikroben helfen beim Abbau von Ballaststoffen und wandeln sie zu kurzkettigen Fettsäuren um. Auf diese Verbindungen werden wir noch mehrmals stoßen. Hier sei nur darauf verwiesen, dass dieser Ballaststoffabbau dazu beiträgt, Energie aus der Nahrung zu gewinnen – sowohl für Einzeller als auch für den Menschen.

Interessanterweise ließen sich im Darm der Kinder aus Burkina Faso besonders wenige Mitglieder aus der Gruppe der Enterobacteriaceae nachweisen. Zu ihr gehören unter anderem Arten von *Escherichia* und *Shigella*, die jeweils Krankheiten wie schweren Durchfall auslösen können. Die Besiedelung mit Mikroben, die bei der Verdauung von ballaststoffreicher Kost besonders nützlich sind, verhindert offenbar die Ausbreitung der krank machenden Keime.

In einer noch größer angelegten Studie untersuchte ein internationales Forscherteam ebenfalls Darmmikrobiome in unterschiedlichen Weltregionen. Die Probanden kamen aus Venezuela in Südamerika, Malawi in Afrika und aus Ballungszentren in den USA und stammten aus allen Altersstufen, von Neugeborenen bis zu Erwachsenen. Die Studie brachte vier wesentliche Ergebnisse:

Von der Geburt bis zur Vollendung des dritten Lebensjahrs verändert sich das Darmmikrobiom von dem eines Säuglings zu dem eines Erwachsenen.

Die Unterschiede zwischen den Mikrobengemeinschaften sind zwischen Kindern größer als bei Erwachsenen. Oder anders herum, das Darmmikrobiom von zwei Erwachsenen ähnelt sich mehr als das von zwei Kindern.

Die Mikrobiome im Darm differieren je nach Herkunft der Probanden, lassen sich also bestimmten Weltregionen zuordnen. Besonders ausgeprägt ist der Unterschied zwischen den Mikrobiomen von US-Bürgern einerseits und den Mikrobiomen von Südamerikanern oder Afrikanern andererseits.

Insgesamt nimmt die Artenvielfalt im Darm mit dem Lebensalter zu, wenn man alle Proben berücksichtigt. Untersucht man also 50 Darmmikrobiome von 40-Jährigen und vergleicht sie dann mit 50 Darmmikrobiomen von Zweijährigen sollte sich bei den Älteren eine größere Artenvielfalt zeigen. Das trifft allerdings nicht auf jeden einzelnen 40-Jährigen zu, denn auch hier handelt es sich um eine statistische Aussage. Im Einzelfall kann es durchaus vorkommen, dass ein 40-Jähriger eine geringere Vielfalt im Darm beherbergt als ein Zweijähriger.

Die Studie bestätigte außerdem eine Vermutung, die wir bereits kennengelernt haben: Auch die Genetik des Menschen prägt das Mikrobiom im Darm. Teil der Untersuchung waren nämlich auch Familien, unter anderem solche mit Zwillingen, sowohl eineiigen als auch zweieiigen. Es stellte sich heraus, dass sich die Mikrobiome der Verwandten jeweils wesentlich ähnlicher waren als die von fremden Familien. Nun könnte man annehmen, dass sich dieser Unterschied aus den abweichenden Ernährungsgewohnheiten ergeben könnte. Dagegen spricht, dass sich dieser Unterschied auch bei fremden Familien ergibt, die im selben Kulturkreis oder sogar im selben Dorf leben. Insbesondere der letzte Fall erhöht die Wahrscheinlichkeit, dass die Probanden sehr ähnlichen Lebensumständen ausgesetzt sind – zum Beispiel beim Kontakt mit Vieh oder bei der Nahrung – und so auch ein ähnliches Mikrobiom ausbilden. Trotzdem lassen sich auch hier einander fremde Familien unterscheiden.

Eine weitere Studie fand einen deutlichen Unterschied zwischen der Darmflora von Indern und den bisher bekannten Daten zu Mikroben im Verdauungstrakt anderer Menschen. Ein Drittel der Einzeller, die im Darm der Inder lebten, gehörten sogar zu völlig neuen, bisher unbekannten Arten.

Wenn die Bakteriengemeinschaften, die sich in Menschen aus verschiedenen Weltregionen ansiedeln, sehr spezifische Eigenheiten aufweisen, stellt sich die Frage: Kann man ein »normales« Darmmikrobiom eines gesunden Menschen für eine bestimmte Region definieren?

Die Antwort lautet – leider etwas unbefriedigend: Jein!

Es deutet einiges darauf hin, dass sich die Mikrobiome von Menschen zu Typklassen zusammenfassen lassen, deren jeweilige Zusammensetzung sich untereinander ähnelt. So fanden Mikrobiologen bei der Untersuchung von Europäern, Japanern und Amerikanern drei dieser grundlegenden Klassen, die man wissenschaftlich als Enterotypen bezeichnet. Die Vorsilbe »entero« leitet sich vom griechischen Wort »énteron« für Darm ab.

Bei jedem dieser Enterotypen überwiegen Bakterien einer bestimmten Gattung. Bei Typ 1 herrschen *Bacteroides* vor. Sie können besonders gut Kohlenhydrate und Eiweiße abbauen.

Beim Typ 2 findet man besonders viele *Prevotella*-Arten, die dafür bekannt sind, dass sie gut Verbindungen abbauen können, die in Schleim vorkommen. Diese Substanzen bestehen aus einem Proteinanteil und einer langen Kette aus Zuckern. Ihre Aufgabe besteht vor allem im Schutz der Schleimhäute.

Enterotyp 3 wird primär von *Ruminococcus*-Arten beherrscht, die wie die Bakterien des Typs 2 bevorzugt in Schleim auf Nahrungssuche gehen.

Trotz dieser Möglichkeiten, einzelne Typen von Mikrobiomen zu identifizieren, lassen sich diese Einzelergebnisse noch nicht verallgemeinern. Dazu liegen derzeit noch zu wenige und teilweise widersprüchliche Ergebnisse vor.

Eine andere Schwierigkeit, vor der Forscher stehen, wenn sie Mikrobiome kategorisieren wollen, ist die Dynamik, mit der sich diese Gemeinschaften verändern. Zwar trägt jeder Mensch sein Leben lang ein individuelles Mikrobiom. Dieses verändert sich aber mit der Zeit. Kurzfristig kann das im Darm mit einer geänderten Ernährung zusammenhängen. Aber auch langfristig verschieben sich die Verhältnisse zwischen den Mikroben in unserem Verdauungstrakt. Ein Mensch hat im hohen Alter demnach ein anderes Mikrobiom als in seiner Jugend.

So klar diese Feststellung auch klingen mag, bei näherem Hinsehen ergibt sich leider ein viel komplexeres Bild. Nur langsam beginnen Forscher, die Geheimnisse im Zusammenspiel zwischen dem Altern unseres Körpers und seinem Mikrobiom zu entschlüsseln.

Zwar gilt es unter Biologen mittlerweile als Tatsache, dass sich das Mikrobiom im Laufe jedes Menschenlebens ändern kann und dies auch meist passiert. Allerdings lässt sich keine einheitliche Richtung ausmachen, in die diese Veränderung abläuft. Je mehr Menschen man untersucht, desto unübersichtlicher wird die Datenlage.

So verändert sich das Mikrobiom von Indern, Japanern und Europäern jeweils anders. Selbst unter Europäern finden sich eindeutige Unterschiede im Darm der Senioren. Deshalb ist es derzeit unmöglich, einen eindeutigen Trend auszumachen.

Als unstrittig gilt dagegen, dass unabhängig von Lebensalter, Genetik und Anatomie die Ernährung einen bedeutenden Einfluss auf das Mikrobiom in unserem Verdauungstrakt haben kann. Im Kapitel »Von der ersten Minute an« haben wir bereits erfahren, wie sich das bei Säuglingen auswirkt. Eine Studie aus dem Jahr 2011 an 161 Amerikanern, die älter als 65 Jahre waren, belegte dies auch bei älteren Menschen. Dabei wurden US-Bürger untersucht, die entweder normal und gesund in ihrer Gemeinde lebten, für einen Tag in einem Krankenhaus waren, sich in einer Rehabilitationsmaßnahme befanden oder mindestens ein Jahr im Krankenhaus bleiben mussten. Die deutlichsten Veränderungen ergaben sich zwischen jenen Probanden, die ihr übliches Leben fortführten, und jenen, die sich lange im Krankenhaus aufhielten. Insbesondere die Firmicutes, zu denen unter anderem Lactobacillen zählen, gingen bei den Personen mit einem Langzeitaufenthalt im Krankenhaus deutlich zurück. Da es sich um ein und denselben Kulturkreis mit vergleichbaren geografischen und ökologischen Bedingungen handelte, mutmaßten die Forscher, dass andere Faktoren für diesen Unterschied verantwortlich sein mussten.

Um dieses Rätsel zu lösen, teilten sie ihre Untersuchungsgruppe in vier Ernährungstypen ein.

Typ 1 wurde charakterisiert durch eine Ernährung mit wenig Fett und ballaststoffreicher Kost. Typ 2 wies einen moderaten Fettkonsum und ebenfalls ballaststoffreiche Kost auf. Typ 3 aß ebenfalls moderat Fett, aber wenig ballaststoffreiche Nahrung. Typ 4 verspeiste viel Fett und wenig Ballaststoffe.

Zu Typ 1 zählten 93 Prozent der Menschen, die ihr übliches Leben fortführten. Zu Typ 3 zählten 83 Prozent derjenigen, die entweder lange im Krankenhaus bleiben mussten oder sich einer Rehabilitation unterzogen. Das Ergebnis überrascht nach dem bisher Gesagten nicht: Im Darm der Menschen, die nur wenig Fett zu sich nahmen und dafür vermehrt ballaststoffreiche Kost, fanden die Forscher eine wesentlich größere Artenvielfalt unter den Mikroben als bei denjenigen, die sich lange im Krankenhaus aufhielten und vor allem zum Ernährungstyp 4 gehörten. Je länger diese Menschen in der Krankenstation blieben, desto stärker veränderte sich ihr Mikrobiom im Verdauungstrakt. Was das über die Krankenhausmahlzeiten in den USA verrät, lassen wir einmal dahingestellt sein. Dieses Beispiel macht jedenfalls deutlich, dass die Ernährung einen erheblichen Einfluss auf die Mikrobengemeinschaft in uns entfaltet.

Drei allgemeine Eigenschaften eines Mikrobioms lassen sich also auch bei den Mikroben in unserem Körper feststellen: Mikrobiome sind immer komplex, individuell unterschiedlich und vor allem dynamisch. Zumindest in Bezug auf unser Mikrobiom hatten die antiken griechischen Philosophen wie Heraklit also recht, als sie das Wesen der Welt auf einen einfachen Satz brachten: »Panta rhei« (»Alles fließt«), denn zumindest unser Mikrobiom ist ständig im Fluss. Trotzdem lassen sich einige, wenn auch sehr allgemeine Feststellungen über das Mikrobiom unseres Verdauungstraktes treffen.

Startet man im Mund, trifft man im Vergleich zu den anderen Lebensräumen unseres Körpers auf die vielfältigste Mikroflora. Sie wird von den Streptokokken beherrscht, jenen Bakterien, die den gefürchteten Biofilm aufbauen und beispielsweise Karies verursachen können.

Von der Mundhöhle, in der unsere Nahrung zerkaut und bereits mit Sekreten versetzt wird, rutschten wir weiter in die Speiseröhre. Das Mikrobiom dieses Schlauchs, der in den Magen führt, ist kaum erforscht. Da der Nahrungsbrei hier sehr schnell vorbeigleitet, dürfte auch keine allzu große Vielfalt zu erwarten sein. Etwa 100 Arten wurden bislang identifiziert, allerdings ohne große Überraschungen. Die Mikroben, die man hier findet, ähneln – soweit bislang bekannt – vor allem jenen im Mund.

Nach der rasanten Abwärtsfahrt durch die Speiseröhre erreichen wir den nächsten Stopp unserer Reise, den Magen. Einen wichtigen Bewohner dieses Verdauungsmuskels haben wir bereits mehrfach kennengelernt: *Helicobacter pylori.* Bis vor wenigen Jahren nahmen selbst Mikrobiologen an, dass dieses Bakterium das einzige Lebewesen in unserem Magen wäre. Niemand konnte sich vorstellen, dass auch noch andere Einzeller in diesem ätzenden Lebensraum längere Zeit überleben könnten. Doch 2006 wollten es amerikanische Biologen genauer wissen und untersuchten Proben aus den Mägen von 23 Menschen. Was sie darin entdeckten, überraschte selbst

Experten. Mindestens 128 verschiedene Mikroorganismenarten konnten sie identifizieren. Neben Bakterien, die mit jenen in unserem Darm verwandt sind, fanden sie auch einen ganz besonderen Überlebenskünstler, der zur Gattung *Deinococcus* gehört. Diese Winzlinge gedeihen dort, wo andere Lebewesen keine Chance haben. Deinokokken fand man in verstrahlten Atommülllagern oder in kochenden Geysiren. Im Menschen stießen Forscher aber zum ersten Mal auf einen dieser zähen Einzeller.

Hat unser Magen den Nahrungsbrei durchgewalkt sowie mit Säure und Enzymen versetzt, wandert er weiter in den Dünndarm. Hier finden wir vor allem Lactobacillen und Enterokokken. Der Dünndarm ist bei uns mit drei bis sechs Metern der längste Darmabschnitt. Seine in Zotten aufgegliederte Wand sorgt für eine möglichst große Oberfläche, wo ein großer Teil der Verdauung und vor allem der Nahrungsaufnahme stattfindet.

Nach dem Dünndarm geht es weiter in den Dickdarm. Dieser besitzt keine Zotten, hat dafür aber – wie der Name bereits andeutet – einen Durchmesser von etwa sechs Zentimetern, im Gegensatz zum Dünndarm mit etwa zweieinhalb Zentimetern. Im Dickdarm finden wir die größte Ansammlung von Mikroben in unserem Körper. Hier arbeiten vor allem jene Bakterien, die den restlichen Nahrungsbrei verwerten und unter anderem kurzkettige Fettsäuren produzieren.

Nach der Passage des Dickdarms wird es Zeit für uns, ein gewisses Örtchen aufzusuchen. Was wir dort loswerden, kann bis zu 80 Prozent aus Mikroorganismen bestehen. Die Nahrung, die unser Mund vor vielen Stunden oder sogar Tagen zerkaute, wurde also sehr effizient verdaut.

Unser Verdauungstrakt – und hier vor allem der Darm – stellt die größte Kontaktfläche mit der Außenwelt und für potenzielle Eindringlinge dar. Das hat weitreichende Folgen für unsere Gesundheit und sogar für unsere Psyche, wie wir in den folgenden Kapiteln erfahren werden. Doch bevor wir uns mit den Ausnahmefällen wie Übergewicht oder Krankheit befassen, soll das nächste Kapitel die »normalen« Funktionen des Darmmikrobioms beleuchten.

Das menschliche Mikrobiom des Verdauungstraktes ist **individuell bei jedem Menschen** verschieden.

Genetik, Anatomie und Ernährung prägen das Darmmikrobiom entscheidend.

Das Mikrobiom verändert sich im Laufe des Lebens kontinuierlich:

- Erstbesiedelung direkt nach der Geburt
- Frühphase (die ersten Lebenswochen)
- bis zum Alter von zwei bis drei Jahren Ausbildung eines Erwachsenenstatus des Darmmikrobioms
- In höherem Lebensalter verändert sich das Mikrobiom weiter, es lässt sich noch kein einheitlicher Trend für alle Menschen weltweit erkennen.

Je nach **Ernährung** bilden Menschen unterschiedliche Darmmikrobiome aus. Am deutlichsten ist der Unterschied zwischen Menschen, die in westlichen Industrieländern leben, und jenen, die eine weitgehend ursprüngliche Ernährung aufweisen.

Für eine positive Entwicklung des Darmmikrobioms scheint eine Ernährung mit **vielen Ballaststoffen und wenig Fett** geeignet zu sein. Dazu gehören **frisches Obst und Gemüse sowie Vollkornprodukte.**

Mehl	Ballaststoffe in Gramm pro 100 Gramm
Weizenmehl Type 405	2,8
Weizenmehl Type 550	3,5
Weizenmehl Type1050	5,2
Weizenmehl Type 1600	6,4
Weizenmehl Type 1700	9,2
Roggenmehl Type 815	6,5
Roggenmehl Type 1150	7,7
Roggenmehl Type 1370	9,0
Roggenmehl Type 1740	10,7
Roggenmehl Type 1800	12,0
Dinkelmehl Type 630	3,7

Tabelle 5a: Ballaststoffgehalt von Mehlen

Gemüse	Ballaststoffe in Gramm pro 100 Gramm
Schwarzwurzel gegart	18,4
Mungobohne Konserve	18,0
Sojabohnen gegart	10,0
Erbsen Konserve	6,6
Linsen gegart	4,3
Karotten roh	3,0

Gemüse	Ballaststoffe in Gramm pro 100 Gramm
Fenchel roh	2,2
Spinat gegart	2,1
Paprika roh	2,0
Pastinake roh	2,0
Kohlrabi gegart	1,6
Weißer Spargel gegart	1,5
Tomate roh	1,2
Zucchini gegart	1,2
Eisbergsalat	1,0
Gemüsesaft	0,3

Tabelle 5b: Ballaststoffgehalt von Gemüse

Obst	Ballaststoffe in Gramm pro 100 Gramm
Himbeere	4,7
Kiwi	3,9
Johannisbeere rot	3,5
Rhabarber gegart	3,2
Stachelbeere	3,0
Birne	2,8
Orange	2,2

Obst	Ballaststoffe in Gramm pro 100 Gramm
Erdbeere	2,0
Banane	2,0
Apfel	2,0
Mango	1,7
Pflaume	1,7
Weintraube	1,6
Ananas	1,4
Grapefruit	0,6
Wassermelone	0,2
Johannisbeersaft schwarz	0,0

Tabelle 5c: Ballaststoffgehalt von Obst

Die Deutsche Gesellschaft für Ernährung empfiehlt eine **Ballaststoffaufnahme von mindestens 30 Gramm pro Tag**. Laut der Nationalen Verzehrsstudie II erreichen 75 Prozent aller Frauen und 68 Prozent der Männer diesen Mindestwert nicht.

Ballaststoffe werden vor allem durch Mikroben im Dickdarm verdaut (siehe folgendes Kapitel). Das kann bei Menschen, die daran nicht gewöhnt sind, **vermehrt zu Blähungen** führen. Diese Personen sollten ihre **Ernährungsgewohnheiten deshalb langsam umstellen**.

Abrissbirne im Bauch

Das Mikrobiom unseres Darms hilft uns bei drei wesentlichen Aufgaben, ohne deren Bewältigung wir nicht existieren könnten. Es unterstützt uns bei der Verdauung, es steuert zahlreiche Vorgänge in unserem Körper, vor allem Teile unseres Immunsystems, und es schützt uns vor Krankheitserregern. Auch wenn es noch nicht möglich ist, ein für alle Menschen gültiges »Kernmikrobiom« zu identifizieren, haben Forscher in den vergangenen Jahren bereits viele neue Erkenntnisse gewonnen. Würde man das Zusammenspiel zwischen dem menschlichen Organismus und seinem gesamten Mikrobiom als großes Theaterstück betrachten, könnte man sagen, dass die Forschung mehr und mehr der einzelnen Dialoge versteht – ohne allerdings bereits das gesamte Stück zu erfassen.

Beispielhaft soll hier deshalb die vielleicht wichtigste Aufgabe des Mikrobioms in unserem Verdauungstrakt dargestellt werden, nämlich die Verdauung selbst.

Vereinfacht kann man die Verdauung wie ein großes Spiel mit Bauklötzen betrachten, bei dem es gilt, einzelne Bausteine immer wieder zu Neuem zusammenzufügen, dieses wieder zu demontieren, um wiederum Neues aufzubauen. Die grundlegenden Bauklötzchen, die das Leben für dieses Spiel verwendet, sind Zucker, Fettsäuren und Aminosäuren. Aus Zuckern, die Chemiker und Biologen auch als Saccharide oder Kohlenhydrate bezeichnen, entstehen Polysaccharide wie Stärke oder Cellulose. Aus Fettsäuren werden Fette. Aus Aminosäuren werden Eiweiße, die man auch als Proteine bezeichnet.

Jedes Lebewesen ist auf diese Grundbausteine angewiesen, auch der Mensch. Wir gewinnen sie aus unserer Nahrung, wo sie meist in komplexe Verbindungen eingebaut sind. Um im Beispiel der Bauklötze zu bleiben: Sie stecken wie Mauersteine in einem Haus fest. Deshalb muss unser Köper erst diese Häuser einreißen, die Bausteine also herauslösen, um damit sein eigenes Haus bauen zu können. Wir müssen die Nahrung also zunächst in ihre Bestandteile aufspalten, um sie nutzen zu können. Dazu dient die Verdauung. Die Abrissbirnen für diesen Vorgang stellen Enzyme dar; Eiweiße, die in der Lage sind, die Häuser in unserer Nahrung zu zertrümmern und die Bausteine herauszulösen.

Zu den wichtigsten Inhaltsstoffen unserer Nahrung gehören die Kohlenhydrate. Sie bestehen im Wesentlichen aus den Elementen Kohlenstoff, Sauerstoff und Wasserstoff. Eines der bekanntesten und einfachsten Mitglieder dieser Substanzklasse ist Traubenzucker, der wissenschaftlich als Glucose bezeichnet wird. Aus diesem chemisch betrachtet einfachen Zucker bauen Lebewesen komplexe Verbindungen auf, beispielsweise indem sie die einzelnen Zuckermoleküle zu langen Ketten verbinden, quasi einzelne Bausteine aneinanderreihen. Dadurch entstehen so mannigfaltig in der Natur vorkommende Verbindungen wie Stärke, Cellulose oder Pektin. In diesen Kohlenhydraten ist ein großer Teil der pflanzlichen Nahrungsenergie gespeichert. So enthalten Getreidekörner, Kartoffeln oder Bananen einen bedeutenden Anteil an Stärke.

Die Polysaccharide in der Nahrung lassen sich grob drei verschiedenen Typen zuordnen: Stärke, resistente Stärke und alle anderen Polysaccharide außer Stärke, die sogenannten Nicht-Stärke-Polysaccharide (NSP). Der Säugetierorganismus ist zwar in der Lage, Stärke bis zur Glucose zu zerlegen, besitzt aber zum Abbau von Nicht-Stärke-Polysacchariden oder resistenter Stärke keine körpereigenen Enzyme.

Wenn wir stärkehaltige Nahrungsmittel zu uns nehmen, beinhalten diese meist ein Gemisch aus verschiedenen Stärketypen. Dies gilt besonders für naturbelassene Lebensmittel wie unverarbeitetes Gemüse oder Obst. Im Gegenzug lässt sich zwar nicht feststellen, dass alle verarbeiteten Lebensmittel oder Fertiggerichte einen besonders hohen Anteil an einfacher Stärke enthalten. Allerdings ist die Wahrscheinlichkeit dafür bei dieser Art Lebensmitteln höher als beispielsweise bei Rohkost.

Der Anteil an einfacher Stärke, den ein Lebensmittel enthält, ist deshalb so wichtig, weil dieser Inhaltsstoff bereits im Mund durch körpereigene Enzyme, sogenannten Amylasen, zerlegt wird. Sie spalten die langen Ketten der Zuckermoleküle und lösen einzelne Zuckerpaare aus dem Verband heraus. Im Mund des Menschen wird so aus Stärke Maltose, die aus zwei Glucosemolekülen besteht. Wer ein Stück Brot für einige Minuten zerkaut, stellt fest, dass der Nahrungsbrei plötzlich süß schmeckt. Die Ursache dafür ist Maltose.

Die entstandene Maltose beziehungsweise die in ihr enthaltene Glucose ist ein wichtiger Energielieferant sowohl für den Menschen als auch für die Mikroben in seinem Mund. Gierig stürzt sich jede Bakterie darauf – leider nicht immer zu unserem Nutzen. Produzieren die Einzeller nämlich Säuren, geht es unter anderem unseren Zähnen an den Kragen. Zur Verdauung tragen diese Vorgänge hingegen noch vergleichsweise wenig bei.

Vom Mund rutscht die Nahrung weiter in die Speiseröhre. Über die dort lebende Mikrobengemeinschaft ist wenig bekannt. Am meisten weiß man über ihre Krankheitsrelevanz, ihr möglicher Beitrag zur Verdauung liegt jedoch bisher weithin im Dunkeln. Unsere Nahrung hält sich dort auch nur wenige Sekunden auf, sodass sie nahezu unverändert im Magen landet.

Dort herrschen bekanntlich sehr unwirtliche Bedingungen, sodass die Stärke spaltenden Enzyme aus unserem Speichel dort ihren Dienst einstellen.

Der Magen übernimmt im Wesentlichen Aufgaben bei dem Zerlegen von Eiweißen und Fetten in ihre Bausteine. Die Verdauung der Kohlenhydrate ruht hier weitestgehend.

Letztere beginnt dann wieder im Dünndarm. Dort zerlegen Enzyme aus der Bauchspeicheldrüse Stärke und Zucker weiter. Unser Körper saugt die Zucker über die Darmschleimhaut auf und transportiert sie über das Blut zu anderen Organen und Geweben, wo sie als wichtige Energielieferanten dienen.

Auch die Mikroorganismen in unserem Dünndarm leisten dabei Hilfestellung. Allerdings weiß man über das Mikrobiom in diesem Abschnitt unseres Verdauungssystems relativ wenig. Das hängt unter anderem mit der Lage des Dünndarms zusammen, die dafür verantwortlich ist, dass sein Inhalt von keiner Seite unseres Körpers leicht zugänglich ist. Deshalb lassen sich Studien nur schlecht in vivo, also am lebenden Organismus Mensch durchführen, und viele Erkenntnisse, die wir bislang über das Mikrobiom im Dünndarm gewonnen haben, stammen aus Experimenten mit Laborkulturen oder aus Tierversuchen.

Der pH-Wert steigt jedenfalls im Verlauf des mehrere Meter langen Dünndarms immer weiter an. Aus dem Magen kommt ein vergleichsweise saurer Nahrungsbrei mit niedrigem pH-Wert. Dieser Wert erhöht sich dann allmählich und nähert sich am Ende des Dünndarms einem neutralen Niveau. Die Spanne des pH-Werts im Dünndarm erstreckt sich so zwischen etwa 5 (leicht sauer) bis zu 7 (neutral).

Während einfache Stärke im Dünndarm nahezu vollständig durch körpereigene Enzyme und durch Mikroorganismen abgebaut wird, passieren Nicht-Stärke-Polysaccharide und resistente Stärke den Dünndarm meist unbeschadet und gelangen in den Dickdarm.

Die Menge dieser Polysaccharide, die wir mit unserer Nahrung zu uns nehmen, ist deshalb so wichtig, weil sich die nützlichen Mikroorganismen in unserem Dickdarm zu großen Teilen genau davon ernähren.

Der Anteil dieser vom Mund bis zum Dünndarm weitgehend unverdaulichen Stärke hängt nicht nur vom Lebensmittel selbst ab, sondern auch von seiner Zubereitung. So variiert beispielsweise der Gehalt resistenter Stärke in Kartoffeln, die im rohen Zustand viel mehr resistente Stärke enthalten als frisch gekocht. Kocht man die Knollen und kühlt sie anschließend wieder ab, erhöht sich der Gehalt an resistenter Stärke im Vergleich zu den heißen Kartoffeln wieder.

Resistente Stärke lässt sich, wie in Tabelle 6 dargestellt, in vier Gruppen einteilen.

Typ	Grund der Resistenz	Vorkommen	Wird zugänglich durch
RS1	physikalisch unzugänglich	unvollständig zermahlenes Getreide	Mahlen oder Kauen
RS2	Struktur der Stärke	rohe Kartoffeln, grüne Bananen, Gemüse	Kochen
RS3	entsteht durch Erhitzen und anschließendes Abkühlen	gekochte und abgekühlte Kartoffeln, Brot, Cornflakes	erneutes Erhitzen
RS4	chemisch modifiziert	Fertiggerichte beziehungsweise industriell bearbeitete Lebensmittel	generell unzugänglich

Tabelle 6: Typen resistenter Stärke (RS)

Beim Typ RS3 spricht man auch von retrogradierter Stärke. Für den Typ RS4 existiert keine natürliche Quelle. Diese Stärke entsteht ausschließlich durch Modifizierung im Labor von Lebensmittelchemikern.

Neben resistenter Stärke enthält unsere Nahrung noch eine weitere Form der Polysaccharide, die unseren Dünndarm weitgehend unverdaut passiert: die Nicht-Stärke-Polysaccharide. Zu diesen zählen beispielsweise Pektine, Cellulose oder Lignin.

Pektine kommen in allen höheren Landpflanzen vor. Am bekanntesten dürften die des Apfels sein, obwohl beispielsweise Zitrusfrüchte häufig mehr Pektine enthalten.

Cellulose ist auf der Erde das häufigste Polysaccharid. Sie ist Hauptbestandteil der pflanzlichen Zellwände. Trotz ihrer weiten Verbreitung in der Natur besitzt kein höheres Lebewesen Enzyme, mit deren Hilfe es Cellulose abbauen könnte. Pflanzenfresser wie Rinder oder Schafe benötigen dazu Mikroorganismen.

Lignin rangiert nach Cellulose auf Platz zwei der häufigsten organischen Verbindungen auf unserem Planeten. Lignine sorgen unter anderem für die Festigkeit von Pflanzengeweben. Ohne sie könnten Bäume ihre Wipfel niemals in Höhen von mehr als 120 Metern recken. Auch Lignine sind wie Cellulose für höhere Lebewesen nicht zu verdauen. Aber selbst das Billionenheer der Mikroben im Verdauungstrakt der Wirbeltiere, sei es im Menschen, in Elefanten oder in Wiederkäuern wie Rindern oder Antilopen, kann die Verbindung nur schwer knacken. Für Menschen ist Lignin deshalb unverdaulich. Einige Pflanzenfresser wie Rinder oder Kaninchen können über Mikroben im Verdauungstrakt zumindest einen Teil der Substanz für sich nutzen.

Sowohl resistente Stärke als auch Nicht-Stärke-Polysaccharide wandern zum allergrößten Teil unbeschadet durch den Dünndarm und landen im Dickdarm. Hier wartet bereits eine ganz eigene hungrige Mikrobengemeinschaft. Was ihre einzellige Verwandtschaft vom Mund bis zum Ende des Dünndarms achtlos an sich vorbeigleiten ließ, avanciert im Dickdarm zum begehrten Bakterienfutter.

Die Mikroorganismen, die hier leben, sind Anaerobier. Für sie ist der Sauerstoff, den wir zum Leben benötigen, tödlich. Deshalb verarbeiten sie ihre Nahrung auch auf anderen Stoffwechselwegen. Sie führen verschiedene Arten der Gärung durch, als deren Ausgangsstoff sie resistente Stärke und Nicht-

Stärke-Polysaccharide nutzen. Endprodukte dieser Gärungen sind unter anderem Fettsäuren, vor allem kurzkettige Fettsäuren wie Essigsäure, Propionsäure und Buttersäure.

Am Eingang unseres Dickdarms enthält der Nahrungsbrei noch die meisten Nährstoffe, vor allem die erwähnten Polysaccharide. Deshalb finden die Mikroben hier die beste Nahrung und können auch am besten ihre Gärungen durchführen. Hier fallen also auch besonders viele Säuren als Abfallprodukt an. Aus diesem Grund fällt der pH-Wert wieder in den sauren Bereich und kann Werte um 5 annehmen. Je weiter die Nahrung durch den Darm wandert, desto weniger Nahrung finden die Einzeller und umso stärker steigt der pH-Wert wieder an, bis er sich am Ende wieder dem neutralen Bereich um 7 annähert.

Immer mehr Studien weisen darauf hin, dass die kurzkettigen Fettsäuren, die im Dickdarm von Mikroorganismen produziert werden, wichtige Aufgaben für die menschliche Gesundheit übernehmen. So dient Buttersäure den Zellen der Darmschleimhaut als wesentliche Energiequelle. Sie ernähren sich demnach vom Abfallprodukt der bakteriellen Gärung. Ein verminderter Buttersäuregehalt im Dickdarm wurde unter anderem im Zusammenhang mit verschiedenen Erkrankungen wie Krebs oder chronischen Entzündungen festgestellt.

Die kurzkettigen Fettsäuren, die das Mikrobiom im Dickdarm absondert, stimulieren außerdem die Muskulatur des Verdauungsschlauchs und verbessern die Aufnahme bestimmter Mineralien wie Calcium und Eisen. Allein schon deshalb ist es so wichtig, unsere Untermieter entsprechend zu füttern. Dazu eignen sich vor allem die bereits mehrfach erwähnten

Ballaststoffe (siehe Seite 112 ff.), also eigentlich für den Körper unverdauliche Bestandteile wie eben resistente Stärke und andere Polysaccharide.

Die Wirkung unserer Flora im Dickdarm reicht dabei weit über die Produktion der kurzkettigen Fettsäuren hinaus und nicht immer zeitigt sie angenehme Folgen. So entstehen im Dickdarm die meisten Verdauungsgase, die als hör- und vor allem riechbare Abluft unseren Darm verlassen.

Auch diese Flatulenz hängt davon ab, was wir essen. In der Regel entstehen Blähungen dann, wenn zu viele Nahrungsbestandteile den Dünndarm passieren und erst im Dickdarm durch die dortige Darmflora verwertet werden. Das kann geschehen, wenn wir bestimmte Nahrungsmittel essen, die solche Verbindungen gehäuft enthalten. Dazu zählen unter anderem Hülsenfrüchte mit ihrem hohen Gehalt an dünndarmunverdaulichen Zuckern wie Rhamnose oder Stachyose. Auch Zwiebeln oder Kohl enthalten viel von diesen Kohlenhydraten. Blähungen können aber auch als Begleiterscheinungen verschiedener Erkrankungen auftreten, vor allem bei Unverträglichkeiten zum Beispiel von Milchzucker oder Getreideproteinen wie Gluten.

Der Großteil der Gase, die unsere Darmflora produziert, wandert übrigens direkt ins Blut und wird über die Atmung abgegeben. Trotzdem hängt schlechter Mundgeruch damit fast nie zusammen, sondern stammt tatsächlich von Bakterien im Mund. Nur wenn zu viele Gase im Darm anfallen, dann genügt der Abtransport durch das Blut nicht mehr und der Gasdruck sucht andere Auswege.

Im Wesentlichen bestehen Flatulenzen aus Stickstoff, Kohlendioxid, Methan und Wasserstoff. Für den unangenehmen Geruch der Abwinde sorgen dagegen meist Schwefelverbindungen, die zwar in viel geringerer Konzentration vorkommen, für die unsere Nase aber besonders empfindlich ist. Vor allem Schwefelwasserstoff, der auch den Geruch von faulen Eiern bestimmt, reizt unser Riechorgan bereits in winzigen Konzentrationen. Wahrscheinlich hat sich die geschärfte Wahrnehmung für dieses Giftgas als Relikt unserer Vergangenheit bei uns erhalten, um uns rechtzeitig zu warnen.

Dass es sich dabei auch heute noch um eine reale Gefahr handelt, musste ein 28-jähriger Reiter im Jahr 2009 an der Küste der Bretagne erfahren. Dieser versank mit seinem Pferd bei einem Ausritt in der Nähe des kleinen Badeorts Saint-Michel-en-Grève in giftigem, schwarzem Schlamm. Der tödliche Glibber stammte von verrottenden Algen, die das Meer in riesigen Mengen angespült hatte.

Vor immer mehr Küsten der Erde gedeihen Algen mittlerweile so fabelhaft, dass sie zur Plage werden. Der Grund für dieses fatale Wachstum liegt in den Abwässern von Landwirtschaft, Haushalten und Industrie, die zu viele Nährstoffe ins Meer tragen. Deshalb kommt es auch vor der Küste der Bretagne jedes Jahr zu dieser fatalen Algenblüte.

Spült die Brandung das Meeresgrün an Land, beginnen Mikroorganismen sofort mit dem Abbau des Festmahls. Ein Abfallprodukt ihrer Verdauung ist eben jener Schwefelwasserstoff, den auch die Bakterien in unserem Dickdarm produzieren.

Das Pferd des französischen Reiters erlag den Konzentrationen des Giftgases sofort. Es verlor augenblicklich das Bewusstsein und starb binnen Sekunden. Auch der Reiter wurde ohnmächtig und nur, weil ein Spaziergänger Alarm schlug, konnte er gerettet werden. Mit einer Baggerschaufel wurde der Reiter aus dem Schlamm geborgen.

Andere schwefelhaltige Dämpfe, die uns nach einem Furz zwar unangenehm, aber immerhin ungefährlich in die Nase stechen, sind Dimethylsulfid oder Methanthiol. Den Gestank von Letzterem verwenden wir wiederum für eine nützliche Anwendung, denn Methanthiol wird Erd- und Propangas zugesetzt, damit eventuelle Leckagen in Leitungen oder Druckflaschen möglichst schnell auffallen.

Die Flora unseres Dickdarms hat allerdings noch weitere Funktionen. Sie produziert Vitamine wie B_{12} und K, auch wenn derzeit noch nicht geklärt ist, wie viel die Mikroben zur tatsächlichen Vitaminversorgung beitragen.

Hat unsere Nahrung endlich auch diesen letzten Abschnitt unserer Verdauung passiert, verlässt sie uns wieder. Wenn wir auf dem stillen Örtchen unser Geschäft erledigen, dann besteht das, was wir dort hinterlassen, bis zu 80 Prozent aus Mikroorganismen. So betrachtet sind wir selbst auf der Toilette mehr Mikrobe als Mensch.

Damit unser Körper Fette aus der Nahrung nutzen kann, muss er sie wie die Kohlenhydrate mithilfe von Enzymen zunächst in ihre Bausteine aufspalten. Die Fettverdauung beginnt bereits im Mund mit der Freisetzung des Enzyms Zungengrundlipase. Sie arbeitet am besten, wenn der pH-Wert möglichst niedrig ist, also ihre Umgebung besonders sauer ist. Das ist im Mund zwar nicht der Fall, allerdings rutscht unsere Nahrung von dort ja bald abwärts in den Magen, wo es bekanntlich sehr sauer zugeht. Dort entfaltet die Zungengrundlipase ihre volle Wirkung.

Der Fettabbau findet jedoch hauptsächlich im Dünndarm statt. Dabei helfen die Gallensäuren aus der Leber und Lipaseenzyme aus dem Verdauungssaft der Bauchspeicheldrüse.

Durch die Gallensäuren werden die Fette emulgiert, das heißt, sie werden in kleine Tröpfchen zerlegt. Diese besitzen eine viel größere Oberfläche als ein zusammenhängender Fettklumpen. Dadurch können die Fett verdauenden Enzyme aus der Bauchspeicheldrüse viel besser angreifen und einzelne Bausteine herauslösen.

Die Enzyme spalten das Fett in seine Grundbausteine auf: Glycerin und Fettsäuren. Diese Bausteine bilden kleine Kügelchen, sogenannte Mizellen, die von der Dünndarmschleimhaut aufgenommen werden.

Nur die kurzen und mittellangen Fettsäureketten gelangen durch die Darmzotten ins Blut. Dieses transportiert die Bausteine weiter zur Leber. Dort wandelt sie unser Körper entweder wieder in Fett um oder verbrennt sie sofort zur Energiegewinnung.

Langkettige Fettsäuren werden in den Darmzotten wieder zu Fettmolekülen zusammengesetzt und mit einer Proteinhülle umschlossen. Sie gelangen dann über das Lymphsystem in den Blutkreislauf.

Die Gallensäuren, die das Fett zu kleinen Tröpfchen emulgieren, funktionieren dabei ähnlich wie Spülmittel oder Dispersionsmittel, die bei Ölkatastrophen eingesetzt werden. Neben zahlreichen anderen Funktionen vor allem bei der Regulation des Stoffwechsels ist das Emulgieren des Fetts zur besseren Verdauung die wesentliche Aufgabe der Gallensäuren.

Die menschlichen Gallensäuren besitzen alle einen ähnlichen Aufbau. In der schematischen Darstellung, mit der Chemiker gerne die Grundstruktur von Molekülen zeichnen, erinnern Gallensäuren an vier aneinandergefügte Bienenwaben. Unser Körper gewinnt dieses wichtige Grundgerüst aus dem fälschlicherweise allgemein als ungesund geltenden Cholesterin. Zwar besitzt Cholesterin im Körper noch weitere wichtige Funktionen, jedoch soll hier nur seine Bedeutung im Zusammenhang mit den Gallensäuren behandelt werden.

Der menschliche Organismus kann Cholesterin entweder selbst aufbauen oder aus der Nahrung gewinnen. Je nachdem, wie viel Cholesterin durch Lebensmittel in den Darm gelangt, wird die körpereigene Produktion bei einem gesunden Menschen entweder gesteigert oder gedrosselt, sodass sich meist ein verträgliches Gleichgewicht zwischen beiden Vorgängen einstellt. Dadurch kann die Leber, in der unter anderem die Gallensäuren aufgebaut werden, ständig auf ein ausreichendes Ausgangsmaterial zur Herstellung dieser für den Fettabbau wichtigen Substanzen zurückgreifen.

Die Mikroorganismen in unserem Darm besitzen nun ihrerseits Enzyme, mit denen sie die Gallensäuren verändern können. Noch ist nicht klar, weshalb sie das tun. Manche Forscher vermuten, dass die Mikroben damit schädliche Wirkungen der Gallensäuren auf ihre Zellen verhindern wollen. Zumindest wachsen Bakterien, die ein spezielles Enzym zur Spaltung der Gallensäuren besitzen, in Anwesenheit des Gallensekrets besser als andere Einzeller.

Da die wichtigen Gallensäuren bei einer ungestörten Verdauung vom Dünndarm wieder aufgenommen werden, beeinflussen die Mikroorganismen durch ihr Enzym diesen Kreislauf. Das bakterielle Enzym verändert die Gallensäuren nämlich derart, dass unser Körper sie nicht mehr absorbieren kann. Ohne Bakterien würden am Ende des Dünndarms nahezu alle Gallensäuren vom Körper wieder resorbiert. So aber gehen etwa fünf Prozent der zuvor ausgeschütteten Gallensäuren täglich verloren.

Unsere Darmflora verarbeitet aber nicht nur die Gallensäuren, sondern auch deren Ausgangssubstanz Cholesterin. Einerseits benötigen die Einzeller Cholesterin, um damit – wie der Mensch übrigens auch – ihre Zellmembranen aufzubauen. Andererseits können sie es zu Coprostanol abbauen, eine Verbindung, die der Mensch mit dem Kot ausscheidet.

Getreu dem Motto, dass alles für etwas gut sein kann, ließ sich der Geowissenschaftler Robert D'Anjou von der Massachusetts University von der Hinterlassenschaft des *Homo sapiens* zu einer interessanten Untersuchung inspirieren. Er nutzte Coprostanol, um die Siedlungsgeschichte in der Region um den Lililand-See auf der Inselgruppe der Lofoten nachzuvollziehen.

Dazu analysierte er Sedimentschichten des Sees und ermittelte deren Coprostanolgehalt. Fand D'Anjou viel Coprostanol, führte er das auf eine rege Siedlungstätigkeit und eine hohe Bevölkerungsdichte zurück. Wenig Coprostanol deutete eher auf weniger Menschen und Viehhaltung hin. Demnach begann die Besiedelung des Gebiets im Norden Norwegens erst vor etwa 2250 Jahren. Seither schwankt die Bevölkerungsdichte des Archipels immer wieder stark, vor allem in Abhängigkeit von den jeweiligen Sommertemperaturen. Demzufolge nimmt die Zahl der Bewohner in der untersuchten Region derzeit einen mittleren Wert ein.

Die bakterielle Umwandlung von Cholesterin zu Coprostanol in unserem Darm hinterlässt aber nicht nur ihren Fußabdruck in der Geschichte unserer Spezies, sie kann dem Einzelnen dabei auch helfen, den Cholesterinspiegel im Blut auf niedrigerem Niveau zu halten. Coprostanol kann nämlich nicht mehr vom Körper aufgenommen werden, womit ein möglicher Vorläufer von Cholesterin ausgeschieden wird.

Diese Fähigkeit unterscheidet sich von Mensch zu Mensch. Manche sind sogar sogenannte Zero-Converter. Zu dieser Gruppe gehören etwa zehn Prozent aller Menschen. In ihrem Darm wird überhaupt kein Cholesterin umgewandelt. Üblicherweise verändern die Mikroben im Darm eines Menschen zwischen 50 und 75 Prozent des Cholesterins zu Coprostanol. Inwieweit das Ausbleiben dieses molekularen Umbaus die Gesundheit der Betroffenen schädigt, muss allerdings erst noch untersucht werden.

Die dritte Hauptkomponente eigentlich jeder Mahlzeit, die wir zu uns nehmen, sind neben den Kohlenhydraten und Fetten die Eiweiße. Sie bestehen aus langen Ketten von Aminosäuren. Auch diese Ketten müssen bei der Verdauung, ähnlich wie bei den Kohlenhydraten, zunächst einmal zerteilt werden. Damit beginnen die körpereigenen Enzyme bereits im Magen. Dort sucht das Enzym Pepsin, das im sauren Milieu des Magens hervorragend funktioniert, nach Eiweißen, um sie zu zerlegen. Gelangt der Speisebrei dann in den Dünndarm, setzen dort weitere eiweißabbauende Enzyme, die sogenannten Peptidasen, die Arbeit fort. Die Bruchstücke, die dadurch entstehen, werden nahezu vollständig vom Dünndarm resorbiert.

Über den Anteil des Darmmikrobioms an der Verdauung der Eiweiße in unserer Nahrung ist im Vergleich zum Abbau der Kohlenhydrate und Fette wenig bekannt. Sicher ist, dass auch Bakterien Eiweiße für den Aufbau ihrer Zellen benötigen und Aminosäuren als Energiequelle nutzen können. Zwei Bakterienarten, die als Proteinabbauer im menschlichen Darm identifiziert wurden, heißen jedenfalls *Bacteroides acidifaciens* und *Akkermansia muciniphila.* Besonders auf die letzte Gattung werden wir noch im Zusammenhang mit der Entstehung von Diabetes stoßen.

Das Mikrobiom des Verdauungstraktes erfüllt drei wesentliche Aufgaben: **Verdauung, Modulation des Immunsystems, Schutz vor schädlichen Keimen**.

Vor allem für die Mikroflora im Dickdarm ist eine ausreichende Zufuhr von **resistenter Stärke** und **Nicht-Stärke-Polysacchariden** wichtig. Die Konzentration dieser Polysaccharide hängt von der **Art des Lebensmittels und seiner Zubereitung** ab.

Kohlenhydrate, Fette, Eiweiße, die drei mengenmäßig bedeutendsten Bestandteile unsere Nahrung werden vor allem im Dünndarm verdaut und erreichen den Dickdarm nicht.

Verdauungs- und Resorptionsraten im Dünndarm:
Kohlenhydrate: 85 Prozent
Fette: nahezu 100 Prozent
Eiweiße: 66 bis 95 Prozent

Endprodukt der mikrobiellen Verdauung von Kohlenhydraten im Dickdarm sind **kurzkettige Fettsäuren**. Vor allem **Buttersäure** fördert die Gesundheit, unter anderem weil die Zellen der Darmwand sie als Hauptenergielieferant nutzen.

Blähungen entstehen meist im Dickdarm, wenn zu viele Nährstoffe den Dünndarm passieren. Die Gase bestehen aus Stickstoff, Kohlendioxid, Methan und Wasserstoff. Für den **unangenehmen Geruch** sind Schwefelverbindungen wie **Schwefelwasserstoff** verantwortlich. Der Großteil der Darmgase verlässt den menschlichen Körper nicht über den Anus, sondern über die **Atmung der Lunge.**

Teilen und herrschen

Wie am Anfang des vorhergehenden Kapitels bereits angeführt, hat das Mikrobiom unseres Verdauungstraktes noch weit mehr Aufgaben als nur die der Hilfestellung beim Zerlegen der Nahrung. Daneben fungieren die Bakterien in unserem Darm auch als wichtige Trainingspartner für unser Immunsystem. Dabei handelt es sich tatsächlich um ein Wechselspiel: Die Bakterien wirken auf unser Immunsystem und das Immunsystem wirkt seinerseits auf das Mikrobiom des Darms ein. Der erste Kontakt im Darm zwischen den Mikroorganismen und unserem Körper findet an der Grenze zwischen dem Inneren des Darms und der obersten Schleimschicht der Darmwand statt. Diese auch als Mucus bezeichnete Schutzschicht ist die vorderste Abwehrfront des Verdauungstraktes gegen mögliche Eindringlinge. Sie wird durch die oberste Zellschicht in der Darmwand produziert und ist durchschnittlich 150 Mikrometer dick.

Zur Erinnerung: Die Länge einer üblichen Bakterienzelle beträgt nur wenige Mikrometer, sodass die Dicke dieser Schicht leicht das 20- bis 50-fache der Größe einer üblichen Mikrobe beträgt.

Interessanterweise zeigt der Mucus im Dickdarm eine Schichtung mit einer äußeren Lage, in der sich zahlreiche Bakterien tummeln, und einer inneren Schicht, die dem Eindringen von Einzellern widersteht. Im Dünndarm lässt sich diese Schichtung nicht feststellen. Denn hier sorgt unser Immunsystem aktiv dafür, dass sich für gewöhnlich keine oder kaum Bakterien bis zur oberen Zellschicht der Darmwand durchschlagen können. Deshalb sind die letzten 50 Mikrometer des Mucus keimfrei.

Um diese Verteidigung aufrechtzuerhalten, bombardiert unser Körper mögliche Eindringlinge unter anderem mit zwei speziellen Geschossen, die letztendlich zur Zerstörung der Einzeller führen. Beide Projektile sind Eiweiße.

Das erste bezeichnen Wissenschaftler mit dem komplizierten Namen Regenerating islet-derived protein 3 gamma, kurz REGIIIγ. Dieses Protein zählt zu den sogenannten Lektinen, einer Stoffklasse, die bereits seit Ende des 19. Jahrhunderts erforscht wird.

Lektine kommen häufig in der Natur vor und dienen vor allem Pflanzen zur Abwehr von Feinden. Eines der bekanntesten Beispiele dürfte das des Rizinusstrauchs sein. In der Schale seiner Samen sammelt dieses Gewächs Rizin, ein hochwirksames Gift. Das Toxin macht immer wieder Schlagzeilen, weil es in Briefen an Prominente verschickt wird, so wie erst 2013 an den amerikanischen Präsidenten Barack Obama. Theoretisch könnte bereits das Einatmen des Gifts tödlich enden. Aber auch andere Pflanzen wie Hülsenfrüchte oder Weizenkeime enthalten vergleichsweise hohe Konzentrationen an Lektinen.

Der Mensch selbst produziert ebenfalls eigene Lektine. Sie dienen der Bekämpfung von Mikroben. Dazu gehört auch das REGIIIγ. Dieses Abwehrprotein stellen die Paneth-Zellen der Darmschleimhaut her. Sie sitzen am Grund der Vertiefung zwischen zwei Zotten des Dünndarms und registrieren mit spezifischen Sensoren die Anwesenheit von Bakterien.

Das aktiviert wiederum ein ganzes Arsenal von Abwehrstoffen, die Einzeller töten können – darunter auch REGIIIγ.

Dieses Lektin ist so gebaut, dass es mit einer Art Greifhand bestimmte Strukturen in der Bakterienzellwand packen kann. Hat das Protein daran angedockt, klammert es sich fest an diese Strukturen. Das führt letztendlich dazu, dass sich die Zellwand auflöst und die Bakterienzelle stirbt.

Der Hagel an Abwehrgeschossen, den die Paneth-Zellen aus der Darmschleimhaut abfeuern, baut in eben jenen letzten 50 Mikrometern des Mucus einen beinahe unüberwindlichen Schutzwall gegen Keime auf, sodass sie meist nicht bis zur obersten Zellschicht der Darmschleimhaut vordringen können.

Der zweite Verteidigungsmechanismus verläuft komplizierter, denn an ihm ist unser Immunsystem entscheidend beteiligt. Während die Paneth-Zellen tief unten ihre Abwehrgeschosse auf die anrückende Schar der Mikroben loslassen, beginnt die Immunreaktion an den Spitzen der Zotten.

Die Abwehrstoffe der Paneth-Zellen verringern die Zahl der Bakterien, die bis zu den äußeren Zellen der Darmschleimhaut vordringen, gewaltig. Dennoch schaffen es einige, so weit durchzukommen. Da die Paneth-Zellen in der Einbuchtung zwischen zwei Darmzotten sitzen, gelingt das naturgemäß besonders vielen Mikroben an den Stellen, die am weitesten vom Geschosshagel der Abwehrzellen entfernt liegen, also an den Spitzen der Darmzotten.

Hier springt das Immunsystem in die Bresche, denn dort lauern bewegliche dendritische Zellen auf die Eindringlinge (von lateinisch »dentriticus« = verzweigt). Diese Zellen strecken lange, schmale Ausstülpungen in ihre Umgebung, daher der Name. Wie Fühler suchen sie damit nach Eindringlingen.

Solche dendritischen Zellen können sich mit einer Geschwindigkeit von bis zu sieben Mikrometern pro Minute fortbewegen. Sie halten sich bevorzugt an den Zottenspitzen unseres Dünndarms auf und schaffen es dort, ihre feinen Fortsätze wie Tentakeln zwischen den Zellen der Darmwand hindurchzuquetschen. Im Mucus angeln sie dann nach Bakterien, die es doch bis zur obersten Zellschicht geschafft haben.

Die Tentakeln der dendritischen Zellen saugen die Mikroben auf und transportieren sie ins Zellinnere. Sobald das passiert ist, machen sich die Zellen auf den Weg. Ihr Ziel sind spezielle Lymphknoten des Darms.

Diese Lymphknoten dienen quasi als Kommunikationszentrale des Immunsystems, denn in ihrem Gewebe treffen sich die dendritischen Zellen mit anderen Immunzellen und präsentieren ihnen die Eindringlinge. Ähnlich einem Kundschafter klären also die dendritischen Zellen die Verteidiger über Art und Aussehen der Angreifer auf.

Die Verteidiger sind in diesem Fall sogenannte B-Zellen. Sie gehören zu den weißen Blutkörperchen und produzieren Antikörper. Das sind Eiweiße, die grob betrachtet das Aussehen eines Y besitzen. Die beiden Arme des Y sind an ihren Spitzen so geformt, dass sie wie spezialisierte Greifer besonders gut bestimmte Formen auf der Oberfläche von eindringenden Keimen packen können. Die Produktion dieser Antikörper ist so flexibel gestaltet, dass B-Zellen ihren Antikörpern ein nahezu unerschöpfliches Repertoire an Greifern verpassen können.

Die Präsentation der Bakterien durch die dendritischen Zellen dient der Auswahl der geeigneten Greifer. Danach aktivieren die B-Zellen die Produktion eben jener Antikörper,

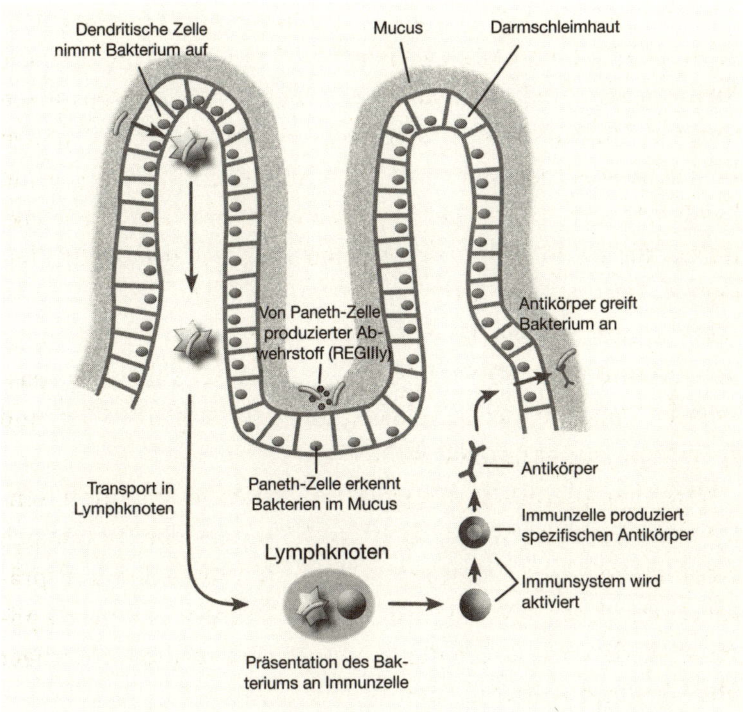

Abbildung 4: Übliche Abwehrreaktionen des Körpers im Darm gegen Bakterien. a) Paneth-Zellen am Grund der Darmschleimhaut zwischen zwei Zotten sondern bakterizide Substanz ab (REGIIIγ). b) Dendritische Zellen (DC) transportieren Bakterien in Lymphknoten (MLN) und präsentieren sie B-Zelle. Diese stellen spezifische Antikörper (MAMP) her, die Mikroben bekämpfen.

die genau auf die Eindringlinge abgestimmt sind. Diese Verteidigungseiweiße geben sie in den Mucus der Darmschleimhaut ab, wo sie die entsprechenden Bakterien bekämpfen können.

Dazu klammert sich jeder Antikörper an die Oberflächenstruktur der Bakterien und hält sie eisern fest, wodurch dem Einzeller das Eindringen in die Darmschleimhaut unmöglich gemacht wird. Da jeder Antikörper zwei Greifer besitzt, kann er auch zwei Bakterienzellen aneinanderketten, was sie zusätzlich unbeweglich macht. Geschieht das gleich mehrfach, entsteht ein schwerfälliger Bakterienklumpen, der zu einem Angriff auf den Körper nicht mehr in der Lage ist.

Auf diese Weise lernt das Immunsystem auch, welche Mikroorganismen üblicherweise den Darm besiedeln. So vermeidet es Überreaktionen, die zu schweren Erkrankungen führen können. An vielen Krankheiten ist das Immunsystem nämlich beteiligt, obwohl es uns doch eigentlich davor schützen sollte. Denn wenn die Immunreaktion zu heftig ausfällt oder chronisch wird, kann das den Körper schädigen.

Dadurch wird auch deutlich, dass es sich bei der Auseinandersetzung zwischen unserem Körper und seinem Mikrobiom letztlich nicht um einen Kampf auf Leben und Tod handelt. Potenziell könnten uns zwar viele der Bakterien in unserem Darm töten, wenn sie die Darmwand durchbrechen und in unsere Bauchhöhle vordringen würden, zum Beispiel indem sie Organe angreifen und schädigen oder zu lebensgefährlichen Entzündungen führen würden. Im Zusammenspiel zwischen Körper und Darmmikroben handelt es sich allerdings vielmehr darum, dass unser Körper ein Gleichgewicht zwischen sich und dem Mikrobiom in seinem Darm aufrechterhält. Die beiden oben aufgeführten Verteidigungsmechanismen sind nur zwei von vielen, die unser Körper anwendet, um die mikrobiologische Bombe in unserem Bauch in Schach zu halten. Viele der Vorgänge, mit denen unser Darm das wichtige Gleichgewicht zwischen dem Körper und seinem Mikrobiom ausbalanciert, sind noch nicht ausreichend ergründet. Ein Beispiel, dessen einzelne Komponenten Forscher mittlerweile gut verstehen, ist dagegen das Zusammenspiel von Immunsystem und zwei Bakterien. Einer der Einzeller ist dabei der Gute und einer der Böse.

Der Gute heißt in diesem Fall *Bacteroides fragilis* und lebt unter anderem im Dünndarm. Dieses Bakterium produziert als Abfallprodukt seines Stoffwechsels sogenanntes Polysaccharid A (PSA), das nicht mit dem für die Diagnose von Prostata-Erkrankungen verwendeten prostataspezifischen Antigen, das ebenfalls so abgekürzt wird, zu verwechseln ist. Dendritische Zellen, die mit ihren Fangarmen nach möglichen Angreifern angeln, schnappen sich dieses PSA und transportieren es in Lymphknoten. Dort präsentieren sie es speziellen Zellen des Immunsystems, sogenannten T-Helfer-Zellen. Diese aktivieren wiederum regulatorische T-Zellen. Diese Immunzellen stellen bestimmte Botenstoffe her, die eine Immunreaktion dämpfen können, zum Beispiel Interleukin-10. Damit verhindern die regulatorischen T-Zellen, dass eine Immunreaktion zu heftig ausfällt oder überhaupt abläuft. Denn häufig schadet eine derart überschießende Reaktion dem Körper mehr als sie ihm nutzt.

Um im Bild einer Verteidigungsanlage zu bleiben: Bei einer überschießenden Immunreaktion kämpfen die Verteidiger so heftig gegen mögliche Angreifer an, dass sie die Festungsmauer beschädigen und so die eigene Stellung schwächen. Das kann beispielsweise dazu führen, dass sich Zellen der Darmwand auflösen. Geschieht dies reihenweise, dann klaffen in der vordersten Abwehrmauer bald gewaltige Löcher.

Durch das Polysaccharid A von *Bacteroides fragilis* entsteht dagegen eine Art Gleichgewicht. Einige Verteidiger dämpfen die Kampfbereitschaft ihrer Mitstreiter, sodass sie Eindringlinge zwar noch abwehren können, aber die Verteidigungsanlagen nicht in Mitleidenschaft gezogen werden.

Gerät dieses fein eingespielte System aus der Balance, kann es zu gefährlichen Immunreaktionen, sprich Entzündungen im Darm kommen. Die Verteidiger schwächen dabei ihre eigene Stellung. Ein solches Ungleichgewicht kann dadurch entstehen, dass die *Bacteroides-fragilis*-Population schrumpft – sei es durch ein bestimmtes Medikament wie ein Antibiotikum oder durch eine einseitige Ernährung. Auch andere Mikroben können zu einer derartigen Imbalance führen.

Dringt nun ein fremdes Bakterium in den Darm ein, kann es eine überschießende Immunreaktion auslösen. Ein solches Bakterium ist beispielsweise *Helicobacter hepaticus*, ein Verwandter von *Helicobacter pylori*, dem bereits mehrfach erwähnten Bewohner unseres Magens.

In unserem Fall ist *Helicobacter hepaticus* der Böse und der Gegenspieler zu *Bacteroides fragilis*, weil er das Immunsystem zu heftigen Reaktionen veranlassen kann. Eine vorherige Besiedelung mit *Bacteroides fragilis* verhindert dies jedoch, indem der gute Keim zuvor bereits über das Polysaccharid A die Produktion von Interleukin-10 stimuliert hat.

Diese Erkenntnisse hat man unter anderem an Mäusen gewonnen, deren Darm von Mikroben unbesiedelt war. Bei ihnen konnte *Helicobacter hepaticus* eine Entzündung auslösen. Tiere, die zuvor mit Polysaccharid A gefüttert wurden, zeigten dagegen weniger heftige Immunreaktionen.

Das Immunsystem jedes einzelnen Menschen muss individuell lernen, welche Bakterien zur Standardbesetzung des Darms gehören. Im Laufe der Evolution hat unser Körper aber auch verstanden, wie er bestimmte, ihm nützliche Mikroben fördern kann.

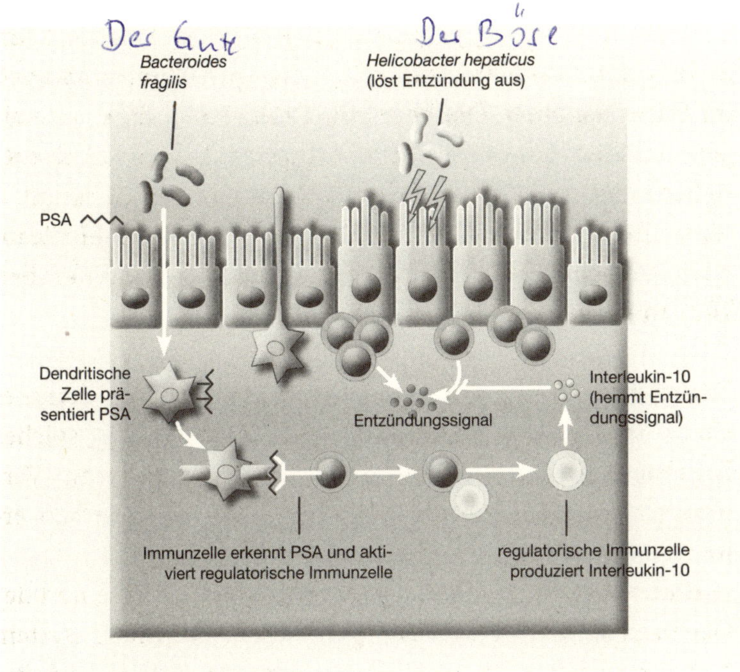

Abbildung 5: Immunmodulation durch *Bacteroides fragilis*

Am Beispiel des FUT2-Gens haben wir erfahren, dass die Darmschleimhaut die Ansiedelung spezifischer Bakterienarten fördert. Dazu produziert sie Substanzen, an die sich nützliche Bakterien anheften können. Allein durch die Besiedelung mit ungefährlichen Keimen verhindert unser Körper bereits, dass sich Krankheitserreger prächtig entwickeln können. Wissenschaftler sprechen dabei von der sogenannten Kolonisationsresistenz, also der Resistenz durch Kolonisation mit ungefährlichen Keimen.

Die schützende Wirkung unserer üblichen Untermieter im Darm konnte ein amerikanisches Forscherteam Anfang 2013 in einem Versuch mit Mäusen nachweisen. Dabei untersuchten sie Tiere, die entweder keine Bakterien im Darm enthielten oder mit einer üblichen Mikrobengemeinschaft aus einem menschlichen Darm angeimpft worden waren. Infizierten sie die Mäuse anschließend mit EHEC-Bakterien – gefürchteten Krankheitserregern, die unter anderem während einer Epidemie im Jahr 2011 in Deutschland 53 Menschen töteten –, dann unterscheiden sich die Ergebnisse zwischen den beiden Untersuchungsgruppen deutlich. Die Nager, die zuvor menschliche Mikroben erhalten hatten, blieben gesund. Mäuse ohne vorherige Besiedelung mit den humanen Darmmikrobiota erkrankten alle innerhalb einer Woche schwer.

Doch das evolutionäre Lernen hat in unserem Darm bereits eine weitere Stufe erreicht. Unser Verdauungstrakt bietet nämlich nicht nur hervorragende Ankerplätze für jene Einzeller, die Krankmachern den Platz wegnehmen. Die Darmschleimhaut lockt sogar die Feinde der Bakterien an. Dazu gehören vor allem Phagen (von altgriechisch »phagein« = fressen) genannte Viren, die Einzeller befallen. Diese Mikroben suchen sich gezielt Bakterien und führen oft zum Tod der Zelle.

Anfang 2013 veröffentlichte der amerikanische Mikrobiologe Jeremy Barr das erstaunliche Ergebnis einer bahnbrechenden Studie. Er hatte zahlreiche Lebewesen untersucht, um herauszubekommen, ob sich in ihrem Schleim gezielt Phagen ansiedeln. Tatsächlich fand er in jedem seiner Untersuchungsobjekte, von der Seeanemone über die Maus bis zur Darmschleimhaut des Menschen, eine vielfach höhere Konzentration von Phagen als im umgebenden Milieu.

Die Bakterienkiller heften sich genauso an bestimmte Ankermoleküle im Schleim ihrer Wirte wie andere Mikroben.

Diese Rastplätze für Phagen produziert auch der Mensch offenbar gezielt, weil es sich im Laufe der Evolution als sinnvoll herausgestellt hat, auch auf diese Weise die Besiedelung des Darms zu kontrollieren.

Der Einfallsreichtum der Natur ist damit aber noch nicht zu Ende. In unserem Darm lebt nämlich ein Untermieter, der sich die Phagen ebenfalls zunutze macht. *Enterococcus faecalis* ist ein üblicher Vertreter unter den Einzellern unseres Darms.

Ein ganz besonderer Typ dieses Bakteriums mit der Zusatzbezeichnung V583 greift zu einer perfiden Strategie im Kampf um Nahrung. Er produziert kontrolliert einen Phagen, der andere *Enterococcus*-Typen befällt. Der Einzeller selbst bleibt von dem Bazillenkiller verschont. Damit verschwendet das Bakterium zwar wertvolle Ressourcen, die es andernfalls für die eigene Fortpflanzung nutzen könnte. Andererseits schafft es sich lästige Nahrungskonkurrenten vom Hals und kann in Ruhe verdauen. Offensichtlich hat sich diese Strategie bewährt, denn ansonsten wäre die Mikrobe ausgestorben.

Enterococcus faecalis ist nicht der einzige Mitstreiter, der uns dabei hilft, die Billionen Keime unseres Verdauungstraktes in Schach zu halten. Bereits im Darm von Säuglingen kämpft ein anderer Einzeller für unsere Gesundheit. So produzieren einige Arten des Mikroorganismus *Bifidobacterium* bestimmte Stoffe, die anderen Bakterien schaden, zum Beispiel dem Durchfallkeim *Salmonella typhimurium*. Das Gen FUT2 wiederum stellt die Blaupause für Ankerplätze, an denen eben jene Bifidobakterien andocken. Außerdem fördert Stillen die Besiedelung des Säuglingsdarms mit diesen Mikroben.

Besonders das letzte Beispiel macht deutlich, wie eng Genetik, Verhalten und Ernährung des Menschen mit seinem Mikrobiom und seiner Gesundheit verflochten sind. Im Darm kommt das Prinzip »Teilen und herrschen« also auf vielfältige Weise zum Tragen. Mithilfe von Enzymen und Bakterien zerteilen wir unsere Nahrung in Einzelbestandteile und machen sie so für unseren Körper so beherrschbar, dass er wiederum eigene Fette, Proteine oder Kohlenhydrate daraus aufbauen kann. Zellen des Darms und des Immunsystems teilen die Bakterien im Verdauungstrakt dagegen in Gute und Böse und ringen um das Gleichgewicht zwischen Körper und Mikrobiom. Nicht zuletzt versucht der Darm seine Untermieter dadurch zu beherrschen, dass er einerseits nützlichen Bakterien Ankerplätze zum Verweilen anbietet und andererseits die Ansiedelung von Bakterienkillern fördert, die Einzellern den Garaus machen können.

Der Ausspruch »Teile und herrsche«, der Ludwig XI. von Frankreich wegen seiner klugen und berechnenden Politik zugesprochen wird, trifft also besonders auf das Reich der Mikroben und das Zusammenspiel mit dem menschlichen Immunsystem zu.

Die Mikroflora im Darm **trainiert unser Immunsystem**, sodass überschießende Reaktionen ausbleiben.

Das Wechselspiel zwischen Köper und Mikrobiom muss im **Gleichgewicht** bleiben. Bei Verlust der Balance können **Krankheiten** auftreten.

Die Darmschleimhaut bietet unschädlichen Bakterien Ankerplätze. Die Besiedelung mit guten Keimen lässt Krankheitserregern keinen Platz **(Kolonisationsresistenz)**.

Manche **Bakterien bekämpfen andere Mikroorganismen aktiv**, entweder durch Phagen oder durch Gifte. So können manche Bifidobakterien, die durch Stillen im Säuglingsdarm gefördert werden, vor Durchfallkeimen schützen.

Zusätzlich lockt die Darmschleimhaut Phagen durch Ankerplätze an. Diese **Bakterien befallenden Viren** regulieren die Darmflora zusätzlich.

Jetzt kommt's dicke

Am 20. April 2010 ereignete sich ein folgenschweres Unglück, bei dem die Ölplattform »Deep Water Horizon« in Brand geriet. Eigentlich sollte sie im Golf von Mexiko mit einer Bohrung im 1500 Meter tief gelegenen Meeresgrund nach ergiebigen Erdölfeldern suchen, aber eine Kette von fahrlässigen Versäumnissen der Betreiber ließ die Bohrstelle explodieren. Die Detonation tötete elf Menschen und war der Ausgangspunkt für die bis dahin schwerste Umweltkatastrophe der USA.

Erst am 15. Juli 2010 gelang es, das Bohrloch so zu verschließen, dass kein Öl mehr austrat. Bis dahin waren geschätzte 700 Millionen Liter des Schwarzen Goldes ins Meer geströmt. Der Ölteppich, der sich dadurch auf der Meeresoberfläche bildete, betrug teilweise mehr als 9000 Quadratkilometer, mehr als dreimal so groß wie die Fläche des Saarlandes.

Zu Bekämpfung der Ölpest versprühten Flugzeuge sogenannte Dispersionsmittel, die im Prinzip wie Spülmittel funktionieren. Sie lösen den zusammenhängenden Ölteppich auf und formen winzige Öltröpfchen. Dieser Effekt ist zunächst ein kosmetischer, denn der Ölteppich verschwindet. Durch den Einsatz der Chemikalien und die Tröpfchenbildung vergrößert sich außerdem die Oberfläche des Öls, sodass Mikroorganismen besser angreifen und zumindest einen Teil der schwarzen Pest abbauen können. Allerdings können dadurch auch Gifte, die ebenfalls im Öl gelöst sind, leichter ins Wasser übertreten und in die Nahrungskette gelangen. Mehr als fünf Millionen Liter des Dispersionsmittels COREXCIT 9500 wurden über dem Meer versprüht. Welche Auswirkungen das auf die Anrainer des Golfs hat, weiß niemand.

Eine Frage, die sich Forscher stellen: Ändert sich durch das Chemikaliengemisch in der Umwelt das Mikrobiom der Menschen, die an der Küste des Golfs von Mexiko leben? Um eine Antwort auf diese Frage zu bekommen, wurden Bakterien aus dem menschlichen Darm mit eben jener Mischung aus Öl und Dispersionsmittel traktiert.

Die unfreundliche Behandlung im Labor zeigte Wirkung, denn die ursprüngliche Mikrobengemeinschaft veränderte sich deutlich. Vor allem sogenannte Fäkalkeime wie *Escherichia coli* gewannen die Oberhand. Verschiebt sich die Verteilung der einzelnen Bakterienarten innerhalb unseres Darmmikrobioms derart, zieht das häufig Erkrankungen wie Entzündungen nach sich.

Zwar setzten die Forscher bei ihren Laborversuchen Konzentrationen des Chemikaliengemischs ein, die derzeit noch nicht in Meeresfrüchten oder Fischen aus dem Golf von Mexiko zu finden sind. Das Ergebnis belegt allerdings eindrucksvoll, wie vielschichtig die Einflüsse auf das Mikrobiom des menschlichen Verdauungstraktes sein können.

Dieses Ergebnis ist deshalb so interessant, weil es zur Lösung eines großen Problems der Menschheit beitragen könnte: dem Übergewicht. Die Weltgesundheitsorganisation (WHO) spricht bei Übergewicht und Fettleibigkeit sogar von einer Art Epidemie, die sich wie eine Seuche unter den Menschen verbreitet. Weltweit sind mehr als 1,4 Milliarden Erwachsene davon betroffen. Dabei leiden unter diesem Phänomen beileibe nicht nur Menschen in den Industrieländern. Mittlerweile schleppen auch immer mehr Menschen in Entwicklungsländern zu viel Körpergewicht mit sich herum.

Übergewicht und Fettleibigkeit sowie die körperlichen Folgeerscheinungen wie Bluthochdruck oder Diabetes Typ 2 zählen zu den weltweit fünf häufigsten Todesursachen. Demnach sterben mehr Menschen an Übergewicht als an Unterernährung. Das macht klar, weshalb sich so viele Forscher für dieses Problem interessieren – und nicht nur Menschen, bei denen das eine oder andere Fettpölsterchen über den Rand der Badehose oder des Bikinis lugt.

Bislang scheiterten jedoch alle Versuche, die übermäßige Gewichtszunahme der Menschen ausschließlich mittels der Ernährungs- und Lebensgewohnheiten oder der Genetik zu erklären. Das nährt die Hoffnung, mit den Darmmikroben nun eine wichtige Ursache für das grassierende Übergewicht dingfest zu machen. Fünf Mechanismen stehen im Verdacht, den Menschen fett werden zu lassen:

1. Mikroorganismen im Darm zerlegen für den Menschen unverdauliche Bestandteile der Nahrung und steigern dadurch die Energieausbeute.
2. Die Darmbakterien manipulieren unseren Körper so, dass er vermehrt Fett in Zellen einlagert.
3. Die Besiedelung des Darms mit Bakterien macht das Verdauungsorgan träge. Dadurch verlängert sich die Aufenthaltsdauer des Nahrungsbreis und der Körper hat mehr Zeit, Energie zu absorbieren.
4. Das Immunsystem reagiert auf bestimmte Bestandteile der Einzeller. Es entwickelt sich eine chronische, wenn auch subakute Entzündung.

5. Die Mikrobengemeinschaft im Darm beeinflusst unser Sättigungsgefühl.

Dass Bakterien unserem Verdauungstrakt bei seiner Arbeit helfen, haben wir bereits an einigen Beispielen gesehen. Im Dickdarm schließen die Einzeller vor allem jene Teile der Nahrung auf, die den Dünndarm unbeschadet passiert haben. Dazu zählen besonders Ballaststoffe wie Cellulose oder resistente Stärke.

An dieser Stelle muss ein weitverbreitetes Missverständnis aufgeklärt werden: Da im Englischen Ballaststoffe mit dem Wort »fibre« bezeichnet werden und dieses Wort auch mit dem deutschen »Faser« übersetzt werden kann, hat sich in den Medien ein diffuses Bild verfestigt. Ballaststoffe werden dabei mit besonders faserreicher Kost gleichgesetzt. Überspitzt gesagt wäre es demnach am gesündesten, täglich ein Stück von einer Kokosfußmatte zu verputzen, um dem Darm etwas Gutes zu tun. Das ist allerdings Unsinn, denn bei Ballaststoffen handelt es sich vor allem um Polysaccharide, die beispielsweise auch in Mehl enthalten sind. Vor allem Vollkornmehl ist reich an diesen Ballaststoffen. Das muss allerdings nicht dazu führen, dass ein Vollkornbrot sich zwingend wie zusammengeklebtes Vogelfutter anfühlen oder so schmecken muss.

Einige segensreiche Wirkungen der Ballaststoffe haben wir bereits kennengelernt. In puncto Übergewicht spielen sie allerdings keine uneingeschränkt positive Rolle, denn sie füttern die Bakterien im Dickdarm. Diese wandeln sie wiederum zu Zuckern und vor allem kurzkettigen Fettsäuren um, die zur Energieversorgung des menschlichen Organismus beitragen. Das Plus an zusätzlichen Kalorien kann sich auf bis zu 100 bis 150 Kilokalorien pro Tag summieren. Das mutet zunächst nicht besonders viel an. Schätzt man den durchschnittlichen Energiegehalt von Äpfeln auf etwa 50 Kilokalorien pro 100 Gramm entspricht das immerhin bis zu 300 Gramm Apfel zusätzlich pro Tag. Wohlgemerkt, es handelt sich hierbei um eine zusätzliche Energiezufuhr.

Langfristig kann das zu Übergewicht führen. Das wird deutlich, wenn man berechnet, wie viel zusätzliche Energie dadurch in unseren Körper gelangt: Geht man von täglich 100 Kilokalorien mehr aus, dann summiert sich das im Laufe eines Jahres auf 36 500 Kilokalorien. Den durchschnittlichen Tagesbedarf eines Menschen kann man grob mit etwa 2500 Kilokalorien ansetzen. Demnach versorgen uns die Mikroben im Dickdarm mit so viel zusätzlicher Energie aus Ballaststoffen, dass wir damit zwei Wochen überstehen könnten, ohne auch nur einen Krümel zu essen. In 26 Jahren stopfen uns die Einzeller also mit dem Brennstoff für ein volles Jahr.

Die Fahndung nach den spezifischen Keimen, die dafür verantwortlich sind, läuft derzeit auf vollen Touren. Die Mikrobendetektive konnten den Täterkreis bereits einengen. So deuten zahlreiche Experimente darauf hin, dass die Übeltäter in der Gruppe der Firmicutes zu finden sind. Sowohl im Tierexperiment als auch bei Versuchen mit Freiwilligen ließ sich feststellen, dass diese Gruppe von Bakterien gehäuft bei Übergewichtigen vorkam. Normalgewichtige wiesen dagegen eine höhere Konzentration an Bacteroidetes auf. Der Zusammenhang zwischen einer bestimmten Zusammensetzung des Darmmikrobioms und Übergewicht ist sogar so deutlich, dass sich Fettleibigkeit quasi bakteriell übertragen lässt. So neigen mutierte Mäuse mit der Genkombination ob/ob (ob steht für das englische »obese« = übergewichtig) dazu, fett zu werden. Sie tragen in ihrem Darm 50 Prozent weniger Bacteroidetes als ihre normalgewichtigen Artgenossen mit der natürlichen Genkombination +/+. Dieser Unterschied in der Zusammensetzung des Darmmikrobioms ändert sich auch nicht mit der Ernährung. Überträgt man nun die Darmflora von fettleibigen oder normalgewichtigen Mäusen auf keimfreie Nager, dann werden – bei gleicher Ernährung – nur diejenigen dick, die ein ob/ob-Mikrobiom erhalten.

Die im Tierversuch gewonnen Ergebnisse konnten in kleinen Versuchsreihen an freiwilligen menschlichen Probanden teilweise bestätigt werden. Dazu wurden zwölf übergewichtige Personen untersucht. Auch sie wiesen eine geringere Konzentration an Bacteroidetes im Vergleich zu Normalgewichtigen auf. Hielten sich die Fettleibigen an eine strikte fett- oder kohlenhydratreduzierte Diät, dann veränderte sich die Zusammensetzung ihrer Darmflora und in ihren Stuhlproben tauchten plötzlich mehr der Bacteroidetes auf.

Wie sehr das Gefüge unserer Darmflora unser Körpergewicht bestimmen kann, belegen zwei weitere spannende Untersuchungen. So ist für die mikrobielle Energiegewinnung im Dickdarm nicht nur entscheidend, wer beispielsweise Ballaststoffe abbaut. Ebenso wichtig sind andere Keime, die wiederum Abfallprodukte dieses Stoffwechsels entsorgen. So verwertet beispielsweise das Bakterium *Methanobrevibacter smithii* Wasserstoff. Dieser entsteht seinerseits beim Abbau der Ballaststoffe durch die Firmicutes. Wenn *Methanobrevibacter* den Wasserstoff nicht nutzt, dann entsteht eine Art Rückstau, da die Konzentration des Elements im Darm steigt. Die Abflussleitung der Firmicutes ist quasi verstopft, sodass ihr Stoffwechsel nur noch langsam abläuft. Erst wenn der Kanalarbeiter *Methanobrevibacter* seine Arbeit wieder aufnimmt, können auch die Firmicutes wieder auf vollen Touren verdauen – und das versorgt in letzter Konsequenz den menschlichen Körper mit Zusatzenergie.

Ein zweiter Befund verdeutlicht, wie weitreichend und langfristig sich die Zusammensetzung unsere Darmflora auswirken kann. In Finnland beobachteten Mikrobiologen 49 Kinder von der Geburt an jeweils sieben Jahre lang. Sie verfolgten die individuelle Entwicklung der Darmflora und glichen sie mit Gesundheitsdaten wie dem Körpergewicht ab. Die erforderlichen Stuhlproben nahmen die Wissenschaftler jeweils nach sechs und zwölf Monaten. Das Ergebnis war eindeutig: Kinder, die mit sieben Jahren übergewichtig waren, wiesen deutlich weniger Bifidobakterien in ihrem Darm auf als normalgewichtige. Umgekehrt verhielt es sich mit dem Keim *Staphylococcus aureus*. Er trat gehäuft bei Kindern auf, die im Alter von sieben Jahren zu dick waren.

Bifidobakterien entfalten demnach eine gewisse Schutzwirkung vor Übergewicht. Das stimmt mit dem Befund überein, dass gestillte Babys deutlich seltener zu Übergewicht neigen als Altersgenossen, die anders ernährt werden. Muttermilch wiederum lässt Bifidobakterien im Darm von Säuglingen besonders gut gedeihen. Wie die Mikrobe uns allerdings lästige Pfunde vom Leibe hält, muss noch erforscht werden.

Mikroorganismen können dem menschlichen Körper aber nicht nur dabei helfen, mehr Energie aus der Nahrung herauszuholen, sie beeinflussen auch die Speicherung der Nahrungsenergie. Der menschliche Körper besitzt prinzipiell drei Depots, in denen er vorübergehend Brennstoff für Notzeiten bunkern kann. Das erste sind die Muskeln. Hungern wir, baut der Körper sehr schnell Eiweiß ab – vor allem wenn wir uns nicht bewegen. Eine Diät ohne entsprechenden Sport ist also keine gute Idee, denn dann verlieren wir auch an Muskelmasse.

Auf den zweiten Energiespeicher kann der Körper noch kurzfristiger zugreifen. In den Muskeln lagert nämlich zusätzlich noch ein Kohlenhydrat, das sogenannte Glycogen. Auch die Leber speichert große Mengen davon. Dieses Polysaccharid baut der Körper aus dem Zucker Glucose auf. Die Bildung von Glycogen wird durch das Hormon Insulin gefördert, zum Beispiel nach einer reichhaltigen Mahlzeit, wenn große Mengen Zucker durch die Blutbahnen strömen. Dann sorgt Insulin dafür, dass die Zellen die Glucose aus dem Blutkreislauf abfangen und daraus Glycogen bilden.

Umgekehrt fördert Adrenalin den Abbau des Glycogens. Die Konzentration des Erregungshormons im Blut steigt beispielsweise, wenn wir gereizt werden. Adrenalin regt Zellen dazu an, Glycogen zu zerlegen und Glucose ins Blut abzugeben. Der Zucker wird sowohl vom Gehirn als auch von den Muskeln als Energielieferant dringend benötigt. Üblicherweise ist dieser Regelkreis aus Glycogen, Glucose, Insulin, Adrenalin und einigen anderen Botenstoffen fein austariert. Wird er gestört, kann es zu Krankheiten wie Diabetes Typ 2 kommen.

Die dritte Variante, einen Energiespeicher anzulegen, heißt Fett. Dieses Depot kann unseren Körper auch längerfristig versorgen. Spezielle Zellen, die sogenannten Adipozyten, horten Fett. Angespornt werden sie dazu ebenfalls durch Insulin. Adrenalin fördert dagegen den Fettabbau. In diesen Regelkreis greifen ebenfalls weitere Faktoren ein, beispielsweise der sogenannte Fasting-induced adipocyte factor (Fiaf) – ein durch Hunger aktiviertes Protein. Es führt dazu, dass die Fettzellen vermehrt Energiereserven zur Verfügung stellen. Fett wird in der Gegenwart von Fiaf also abgebaut.

Unter anderem produzieren die Zellen unserer Darmwand das dafür nötige Signalprotein. Wenn der Darm allerdings durch Mikroben besiedelt wird, dann hemmt das die Produktion von Fiaf. Wie die Keime das bewerkstelligen, ist noch nicht bekannt. Dass sie es aber in irgendeiner Weise tun, steht fest. Das Darmmikrobiom lässt dadurch letztlich die Speckröllchen über den Hosenbund quellen.

Die dritte Möglichkeit, wie Mikroben die Gewichtszunahme fördern können, ist ihr Einfluss auf die Darmaktivität. Mit einem eigenen Muskelsystem schiebt der Darm gewöhnlich den Nahrungsbrei immer weiter Richtung Ausgang. Die Aktivität dieser Muskeln variiert dabei ständig. Das hängt unter anderem von der Nahrungszufuhr ab und ob im Darm überhaupt Bakterien leben oder nicht. Keimfreie Mäuse haben jedenfalls einen deutlich aktiveren Darm als besiedelte Tiere. Unabhängig von der Art der Ernährung ziehen sich die Darmmuskeln bei keimfreien Mäusen wesentlich häufiger zusammen und transportieren die Nahrung schneller weiter als bei Nagern mit einem Darmmikrobiom. Bei Letzteren führt die Trägheit des Verdauungstraktes zu einem längeren Aufenthalt der Nahrung im Körper. Dieser hat folglich mehr Zeit, Energie daraus zu gewinnen, wobei ihn die Darmmikroben auch noch unterstützen und die Mäuse dick werden lassen. Das Gleiche gilt für uns.

Figurprobleme könnten die Untermieter im Darm auch verursachen, weil sie beziehungsweise Bestandteile ihrer Zellhülle ständig subakute Entzündungen in uns auslösen. Das passiert, weil die Darmwand keine hundertprozentig dichte Barriere darstellt. Sie kann es allein schon deshalb nicht sein, weil im Darm Nährstoffe aufgenommen werden sollen. Zwischen den Zellen der Darmwand brechen aber auch immer wieder Lücken auf, sei es durch Verletzungen beispielsweise durch scharfkantige Nahrung oder weil sich der Zellverband auflockert. Das geschieht beispielsweise, wenn wir fetthaltige Nahrung zu uns nehmen. Eine solche Mahlzeit verändert nicht nur die Zusammensetzung der Darmflora, sondern schwächt auch das Bollwerk der Darmwand. Dadurch gelangen vermehrt Lipopolysaccharide (LPS) ins Blut. Das sind Verbindungen, die normalerweise auf der Außenhülle von Bakterien sitzen. Treten sie im Blut auf, werden sie von Zellen des Immunsystems erkannt. Diese lösen sofort Bazillenalarm aus und es entsteht eine Entzündung.

Durch die Adern jedes Menschen strömen immer einige dieser LPS. Bis zu einer gewissen Konzentration bleibt das allerdings ohne Folgen. Fettreiche Kost kann aber dazu führen, dass zwei- bis dreimal so viele LPS durch die Darmwand gelangen wie üblich. Treten diese Bestandteile von Bakterien im Blut gehäuft auf, reagiert der Körper immer stärker darauf. Meist bleibt die ausgelöste Entzündungsreaktion so schwach, dass wir davon nichts spüren. Wir bekommen kein Fieber und leiden auch nicht unter Schmerzen. Trotzdem schaden diese Entzündungsreaktionen unserem Körper dauerhaft. Unter anderen können sie an der Entstehung von Diabetes Typ 2 oder Herz-Kreislauf-Erkrankungen beteiligt sein – und sie machen uns dick.

Dabei spielen Substanzen eine Rolle, die Wissenschaftler als Endocannabinoide bezeichnen. Wer jetzt an Cannabis beziehungsweise Haschisch denkt, liegt richtig. Diese Verbindungen sind nämlich ganz ähnlich aufgebaut wie diese Droge. Unser Gehirn besitzt eigene Andockstellen für Endocannabinoide. Kommen die körpereigenen Drogen dort an, beruhigen wir uns, fühlen uns gut und verspüren keinen Hunger.

Aber nicht nur das Gehirn besitzt entsprechende Rezeptoren. Auch unser Darm ist damit übersät.

Endocannabinoide werden in Nervenzellen produziert und ausgeschüttet. Anders als viele andere Botenstoffe speichern die Zellen diese Signalmoleküle nicht, sondern stellen sie bei Bedarf sofort her und schütten sie aus. Das geschieht beispielsweise, wenn wir fette Nahrung essen. Die Endocannabinoide docken dann an spezielle Rezeptoren im Gehirn und am Darm an und sorgen für das wohlige Gefühl der Zufriedenheit, das uns befällt, wenn wir gut gegessen haben. Davon wollen wir meist mehr.

In der grauen Vorzeit unserer Evolution ließ das den *Homo sapiens* eben jene Nahrungsquellen aufsuchen beziehungsweise jagen, die ihm dieses Wohlgefühl versprachen. Ein hoher Energiegehalt, sprich viel Fett, war für unsere Vorfahren überlebenswichtig.

In der modernen Zivilisation, in der an jeder Ecke Chipstüten, Pommes frites und andere Fettverlockungen lauern, wirkt sich das allerdings fatal aus. Auch jetzt sind wir noch auf der Jagd nach dem Wohlgefühl, das uns die Endocannabinoide verschaffen, mit dem Unterschied, dass uns diese Jagd nicht mehr abverlangt als ausreichende Zahlungsmittel. Der einfache Griff zum Knabbergebäck befriedigt also unsere geheimen Süchte, macht uns aber dick, weil wir nicht davon ablassen können. Jeder, der schon einmal eine Chipstüte oder eine Erdnussdose restlos bis auf den Boden geplündert hat, kennt das. Erst wenn der letzte Krümel verputzt ist, kann man aufhören.

Die Bakterien in unserem Verdauungstrakt fördern diesen Mechanismus. Sie fungieren als eine Art Drogendealer im Darm und lassen uns zusätzlich zunehmen. Das ist jedenfalls die Schlussfolgerung, die belgische Molekularbiologen aus

Experimenten mit Mäusen ziehen. Nager, deren Darm von Mikroben besiedelt ist, weisen eine viel größere Zahl an Rezeptoren für Endocannabinoide auf als keimfreie Tiere. Das Mikrobiom steigert also die Empfänglichkeit für den fettbedingten Rausch. Unglücklicherweise erhöht sich dadurch auch die Durchlässigkeit der Darmwand, was wiederum das Eindringen der Bakterien-LPS erleichtert – mit den bereits erwähnten Folgen.

Die Reaktionskette nach einer schönen Portion Pommes frites mit Mayonnaise läuft demnach folgendermaßen ab: Nach der Mahlzeit gelangt die fette Nahrung in den Darm. Im Blut und im Darmgewebe steigt die Konzentration an Endocannabinoiden und die Zahl der Rezeptoren für die körpereigene Droge. Das schwächt die Abwehrfunktion der Darmschleimhaut. Bestandteile von Bakterienzellen dringen vermehrt in den Körper ein. Das Immunsystem schlägt Alarm und es entstehen subakute Entzündungsreaktionen, die unter anderem zu Übergewicht führen.

Neben der süchtig machenden, wohligen Empfindung der Zufriedenheit und Behaglichkeit beeinflusst das Darmmikrobiom zusätzlich unser Sättigungsgefühl. Der menschliche Körper hat mehrere Möglichkeiten, sich über seinen Ernährungszustand zu informieren. Fällt beispielsweise der Zuckerspiegel in den Zellen beziehungsweise im Blut, dann schütten vor allem spezielle Zellen der Magenschleimhaut das Hormon Ghrelin aus. Die auch als Hungerhormon bezeichnete Substanz gelangt über die Blutbahn zum Gehirn und aktiviert dort die Bereiche, die uns Hunger verspüren lassen. Unwillkürlich spornt uns das dazu an, nach Nahrung zu suchen.

Wie wir bereits erfahren haben, können die Ernährungsgewohnheiten die Darmflora entscheidend beeinflussen. So verändert sich die Zusammensetzung der Mikrobengemeinschaft im Verdauungstrakt bei einer fettreichen Ernährung in ganz bestimmter Weise. Diese Verschiebung innerhalb der mikrobiellen Bevölkerung könnte dazu führen, dass sich der Ghrelinspiegel in unserem Blut erhöht und damit das Hungergefühl verstärkt. Einen umgekehrten Effekt kann man jedenfalls erzielen, wenn man bestimmte Nahrungsergänzungsmittel zu sich nimmt und dadurch die Produktion an kurzkettigen Fettsäuren im Dickdarm ankurbelt. Das funktioniert zum Beispiel mit Ballaststoffen oder auch mit Präbiotika, also Substanzen, die sich vornehmlich positiv auf die Dickdarmflora auswirken. Zu ihnen zählt unter anderem Inulin. Dieser Zucker hat etwa die halbe Süßkraft von herkömmlichem Haushaltszucker und wird beispielsweise zum Süßen von Joghurts eingesetzt.

Inulin stabilisiert eine gesunde Dickdarmflora. Im Tierversuch konnte gezeigt werden, dass der Zucker die Produktion kurzkettiger Fettsäuren steigert. Parallel nimmt die Blutkonzentration des Hungerhormons Ghrelin ab und das Sättigungsgefühl nimmt zu.

Tatsächlich belegte ein Versuch mit zehn normalgewichtigen Personen die sättigende Wirkung des Inulins. Die Versuchsteilnehmer mussten zwei Wochen lang jeweils zum Frühstück und Abendessen acht Gramm dieses Präbiotikums zu sich nehmen. Anschließend, nach einer zweiwöchigen Phase mit normaler Ernährung, verzehrten sie wiederum zwei Wochen lang jeweils acht Gramm herkömmlichen Fruchtzucker zum Frühstück und Abendessen. Während sie das Präbiotikum bekamen, fühlten sich die Teilnehmer nach den Mahlzeiten satter und nahmen etwa fünf Prozent weniger Energie zu sich als während der Furchtzuckerphase. Eine

Inulin = aus Fruchtzucker aufgebautes Polysaccharid (als Diätkost für Diabetiker geeignet)

weiterführende Versuchsreihe bestätigte den Zusammenhang zwischen Inulineinnahme, geringerem Ghrelinspiegel, verbessertem Sättigungsgefühl und daraus resultierender Gewichtsreduktion.

Nahrungsergänzungsmittel sind beileibe nicht die einzige Möglichkeit, die Darmflora zu beeinflussen und für eine Gewichtsreduktion zu nutzen. Die drastischste Methode, um schlanker zu werden, kommt bei extrem Übergewichtigen zum Einsatz, bei denen alle anderen Maßnahmen versagen. Sie unterziehen sich einer Operation. Allein in Deutschland taten dies seit dem Jahr 2005 etwa 14 000 Personen.

Die sogenannte bariatrische Chirurgie dient dazu, die Menge der Nahrung zu reduzieren, die man aufnehmen kann. Dazu verkleinert sie entweder den Magen durch Abnähen eines Stücks, durch das Zusammenschnüren des Magens mithilfe eines Bandes oder durch Einsetzen eines Ballons in den Magen. Der schwerwiegendste Eingriff ist der Magenbypass. Dabei wird ein kleines Stück des Magens mit einem tiefer liegenden Teil des Dünndarms verbunden. Dadurch verringert sich die Aufnahmekapazität für Nahrung erheblich. Außerdem verkürzt diese Operation die Passage durch den Dünndarm, wo ja ein Großteil der Nährstoffe aufgenommen wird. Dieser auch als Roux-en-Y-Magenbypass bezeichnete Eingriff zeitigt meist gute Erfolge bei der Gewichtsreduktion, verändert allerdings auch die Mikrobengemeinschaft im Darm. So steigt die Zahl der Bakterien aus den Gattungen *Escherichia* und *Akkermansia* stark an. Diese Verschiebung innerhalb der Darmflora ist stabil und bleibt unabhängig von der Ernährung erhalten, ist also eine direkte Folge der Magenbypass-Operation.

Inwieweit die veränderte Zusammensetzung der Bakterienbesiedelung auch ursächlich mit einer Gewichtsabnahme verknüpft ist, müssen Forscher erst noch klären. Dass dies aber höchstwahrscheinlich so ist, belegt ein spannendes Experiment, dessen Ergebnisse im Frühjahr 2013 veröffentlicht wurden. Dabei erhielten übergewichtige Mäuse einen Magenbypass. Wie erwartet verringerte sich ihr Gewicht deutlich und ihre Darmflora änderte sich ähnlich wie bei Menschen, die sich demselben chirurgischen Eingriff unterziehen. Doch dann geschah das wirklich Erstaunliche: Wenn man die Bakterien aus dem Darm operierter Mäuse auf keimfreie, übergewichtige Artgenossen übertrug, dann nahmen auch diese Tiere deutlich ab. Das geschah, obwohl sich ihre Ernährung nicht veränderte. Die diätetische Wirkung der postoperativen Darmflora ließ sich also regelrecht infektiös übertragen.

Auch die ansteckende Wirkung von Übergewicht lässt sich mit Darmfloren demonstrieren. Allerdings wurden diese im vorliegenden Experiment nicht durch Chirurgie verändert, sondern durch einfache Diäten. Ernährt man Mäuse wahlweise fett- oder kohlenhydratreich, bildet sich eine jeweils spezifische Besiedelung ihres Verdauungstraktes aus. So nimmt bei einer fettreichen Kost vor allem die Zahl der Firmicutes im Verhältnis zur Anzahl an Bacteroidetes zu. Eine kohlenhydratreiche Ernährung fördert andere Bakterien, zum Beispiele Ruminokokken oder Eubakterien. Überträgt man nun diese spezifischen Darmfloren auf keimfreie Mäuse, dann nehmen diejenigen Nager besonders stark zu, die Bakterien von fettreich ernährten Tieren bekommen.

Schließlich ergab eine Untersuchung an 36 übergewichtigen Teenagern, dass man zumindest diese jeweils einer von zwei Gruppen zuordnen konnte. Während eines zehnwöchigen Diät- und Sportprogramms nahmen nämlich einige bis zu vier Kilogramm ab, andere brachten es auf weniger als zwei

Kilogramm Gewichtsreduktion. Die »guten« und die »schlechten« Abnehmer unterschieden sich auch in ihrer Darmflora. Zwar entwickelten sich die Mikrobengemeinschaften aller Studienteilnehmer in dieselbe Richtung und es traten vor allem vermehrt Einzeller wie *Bacteroides fragilis* oder Lactobacillen auf. Bei den guten Abnehmern war dieser Trend allerdings weitaus stärker ausgeprägt. Wenn es mit dem Abnehmen also einmal nicht so klappen sollte wie gewünscht, könnten daran auch die Untermieter im Verdauungstrakt ihren Anteil haben.

Die Bakterien in unserem Darm können also nicht nur dazu beitragen, dass wir übergewichtig werden. Mit besserem Verständnis und den richtigen Ergänzungsstoffen in unserer Nahrung können wir sie vielleicht bald nutzen, damit wir eine gute Figur machen – und vor allem behalten. Bis eine gezielte Manipulation der Darmflora möglich ist, sollte man sich vorerst an die Empfehlungen der Deutschen Gesellschaft für Ernährung (DGE) halten. Die bisherigen mikrobiologischen Erkenntnisse über die Verdauung stützen diese Empfehlungen jedenfalls weitgehend.

Das Mikrobiom im Darm kann **Übergewicht** verursachen.

Fünf mögliche Mechanismen sind bereits bekannt beziehungsweise stehen unter Verdacht:

1. Mikroorganismen **erhöhen die Energieausbeute** aus der Nahrung, da sie unverdauliche Bestandteile zerlegen.
2. Darmbakterien können zu **verstärkter Fetteinlagerung** in Zellen führen.

3. Das mit Bakterien besiedelte **Verdauungsorgan wird träge**. Längere Aufenthaltsdauer der Nahrung erhöht die Energieausbeute.
4. Chronische, subakute **Entzündungen** verursachen Übergewicht.
5. Eine ungesunde Zusammensetzung der Mikrobengemeinschaft im Darm beeinflusst unser **Sättigungsgefühl** über einen erhöhten Spiegel des Hungerhormons Ghrelin.

Die zehn Regeln der DGE zur Ernährung

1. **Vielseitig essen**
   Genießen Sie die Lebensmittelvielfalt. Merkmale einer ausgewogenen Ernährung sind abwechslungsreiche Auswahl, geeignete Kombination und angemessene Menge nährstoffreicher und energiearmer Lebensmittel.

2. **Reichlich Getreideprodukte und Kartoffeln**
   Brot, Nudeln, Reis, Getreideflocken, am besten aus Vollkorn, sowie Kartoffeln enthalten kaum Fett, aber reichlich Vitamine, Mineralstoffe sowie Ballaststoffe und sekundäre Pflanzenstoffe. Verzehren Sie diese Lebensmittel mit möglichst fettarmen Zutaten. Mindestens 30 Gramm Ballaststoffe, vor allem aus Vollkornprodukten, sollten es täglich sein. Eine hohe Zufuhr senkt die Risiken für verschiedene, teilweise ernährungsbedingte Krankheiten.

3. **Gemüse und Obst: Nimm fünf am Tag**
   Genießen Sie fünf Portionen Gemüse und Obst am Tag, möglichst frisch, nur kurz gegart, oder auch eine Portion als Saft idealerweise zu jeder Hauptmahlzeit und auch als Zwischenmahlzeit: Damit werden Sie reichlich mit Vitaminen, Mineralstoffen sowie Ballaststoffen und sekundären Pflanzenstoffen (zum Beispiel Carotinoiden, Flavonoiden) versorgt.

4. **Täglich Milch und Milchprodukte; ein- bis zweimal in der Woche Fisch; Fleisch, Wurstwaren sowie Eier in Maßen**
   Diese Lebensmittel enthalten wertvolle Nährstoffe, zum Beispiel Calcium in Milch, Jod, Selen und Omega-3-Fettsäuren in Seefisch.

Fleisch ist Lieferant von Mineralstoffen und Vitaminen (B_1, B_6 und B_{12}). Mehr als 300 bis 600 Gramm Fleisch und Wurst pro Woche sollten es nicht sein. Bevorzugen Sie fettarme Produkte, vor allem bei Fleischerzeugnissen und Milchprodukten.

5. **Wenig Fett und fettreiche Lebensmittel**
   Fett liefert lebensnotwendige (essenzielle) Fettsäuren und fetthaltige Lebensmittel enthalten auch fettlösliche Vitamine. Fett ist besonders energiereich, daher kann zu viel Nahrungsfett Übergewicht fördern. Zu viele gesättigte Fettsäuren erhöhen das Risiko für Fettstoffwechselstörungen, mit der möglichen Folge von Herz-Kreislauf-Krankheiten. Bevorzugen Sie pflanzliche Öle und Fette (zum Beispiel Raps- und Sojaöl und daraus hergestellte Streichfette). Achten Sie auf unsichtbares Fett, das in Fleischerzeugnissen, Milchprodukten, Gebäck und Süßwaren sowie in Fast-Food- und Fertigprodukten meist enthalten ist. Insgesamt 60 bis 80 Gramm Fett pro Tag reichen aus.

6. **Zucker und Salz in Maßen**
   Verzehren Sie Zucker und Lebensmittel beziehungsweise Getränke, die mit verschiedenen Zuckerarten (zum Beispiel Glucosesirup) hergestellt wurden, nur gelegentlich. Würzen Sie kreativ mit Kräutern und Gewürzen und wenig Salz. Verwenden Sie Salz mit Jod und Fluorid.

7. **Reichlich Flüssigkeit**
   Wasser ist absolut lebensnotwendig. Trinken Sie rund 1,5 Liter Flüssigkeit jeden Tag. Bevorzugen Sie Wasser ohne oder mit Kohlensäure und andere energiearme Getränke. Alkoholische Getränke sollten nur gelegentlich und nur in kleinen Mengen konsumiert werden.

8. **Schmackhaft und schonend zubereiten**
   Garen Sie die jeweiligen Speisen bei möglichst niedrigen Temperaturen, soweit es geht, kurz, mit wenig Wasser und wenig Fett. Das erhält den natürlichen Geschmack, schont die Nährstoffe und verhindert die Bildung schädlicher Verbindungen.

9. **Sich Zeit nehmen und genießen**
   Essen Sie nicht nebenbei! Lassen Sie sich Zeit beim Essen. Das fördert Ihr Sättigungsempfinden.

10. **Auf das Gewicht achten und in Bewegung bleiben**
    Ausgewogene Ernährung, viel körperliche Bewegung und Sport (30 bis 60 Minuten pro Tag) gehören zusammen. Mit dem richtigen Körpergewicht fühlen Sie sich wohl und fördern Ihre Gesundheit.

Kamikaze hinterm Nabel

Am 19. März 1907 klopfte der Sanitätstechniker George Soper an die Tür eines Hauses in der Park Avenue Nähe East 60th Street in New York City. Er war in Begleitung der Amtsärztin Josephine Baker und fünf Polizisten. Die Eingangstür öffnete sich einen Spalt und es erschien das Gesicht von Mary Mallon, der Köchin des Hauses. Sie hielt eine lange Küchengabel als Waffe in der Hand und stieß sie drohend nach vorne. Josephine Baker erschrak, taumelte zurück und rempelte einen der Uniformierten an. Der fing sie auf, während sich die anderen Männer in dem Tumult Zutritt zum Gebäude verschafften. Die Köchin Mary Mallon war allerdings verschwunden.

Es begann eine mehrstündige Suche nach der Bediensteten. Schließlich zerrten die Beamten die Gesuchte aus einer kleinen Toilette, die sich im Durchgang zur Haustür befand. Ein Stofffetzen ihres Kattunrocks, der im Türspalt eingeklemmt gewesen war, hatte sie verraten. Trotz wüster Beschimpfungen und heftiger Gegenwehr seitens der Köchin gelang es den Polizisten schließlich, die erregte Frau ruhigzustellen und abzutransportieren. Sie brachten ihre Gefangene in den Internierungsblock des Willard Parker Hospitals in New York. Dort wurde die Ursache für die ganze Aufregung bestätigt: Mary Mallon war Überträgerin des Typhus – ohne selbst zu erkranken.

Die 1869 in Irland geborene Immigrantin hatte von 1900 bis 1907 als Köchin für wohlhabende Familien gearbeitet. Beinahe in jedem Haushalt, in dem sie ihren Dienst antrat, erkrankten wenig später zahlreiche Haushaltsangehörige an Typhus. Dieser merkwürdige Zusammenhang war selbst Mary aufgefallen. Dass sie selbst die Ursache dafür sein könnte, kam ihr allerdings nicht in den Sinn. Also verbreitete sie die Seuche weiter.

1906 stieß Sanitätstechniker Soper auf ihre Spur, als er zum Sommerhaus eines New Yorker Bankiers gerufen wurde. Dort waren sechs der elf Haushaltsangehörigen an Typhus erkannt. Nachdem Soper in detektivischer Kleinarbeit alle anderen möglichen Infektionsquellen ausgeschlossen hatte, blieb nur noch die irische Köchin als Hauptverdächtige übrig, da sie kurz vor der Epidemie ins Haus gekommen war. Leider hatte sie ihren Dienst bereits wieder quittiert und keine Nachsendeadresse angegeben.

Doch davon ließ sich Soper nicht entmutigen. Er rekonstruierte so gut als möglich die Arbeitsstationen seiner Verdächtigen, bis er sie schließlich im Februar 1907 als Angestellte in einem New Yorker Haushalt wiederfand. Auch hier waren bereits zwei Personen erkrankt, unter anderen eine Tochter des Hausbesitzers, die an den Folgen der Infektion im Krankenhaus starb.

Obwohl Soper der Köchin den Fall erklärte und sie bat, ihm Urin, Stuhl- und Blutproben von sich zu geben, um zu überprüfen, ob sie die Ursache für die Erkrankungen sein könne, weigerte sich Mary Mallon beharrlich. Nach mehreren Versuchen, sie zu überzeugen, griffen Soper und das New Yorker Gesundheitsamt am 19. März schließlich zu drastischeren Maßnahmen.

Mary Mallon wurde auf North Brother Island, einer Insel im East River, isoliert. Immer wieder fanden Ärzte große Mengen an Typhusbakterien in ihrem Stuhl. Bald wurde sie von den Medien nur noch »Typhoid Mary« genannt und avancierte schließlich zur angeblich gefährlichsten Frau Amerikas.

Die Rekonstruktion ihrer Arbeitsstationen als Köchin hatte ergeben, dass sie mindestens 22 Personen mit Typhus infiziert hatte, von denen eine starb. Trotzdem weigerte sich Mary, anzuerkennen, dass sie mit hoher Wahrscheinlichkeit tatsächlich eine Gefahr für ihre Mitmenschen darstellte. Unter anderem deshalb hielt sie die Stadt New York bis 1910 unter Quarantäne und setzte sie erst nach der Zusage, dass sie nie wieder als Köchin arbeiten werde, auf freien Fuß. Zunächst hielt sich die Frau an ihr Versprechen, kehrte aber 1915 wieder zu ihrer angestammten Profession zurück. Während sie im Sloane Hospital for Women arbeitete, infizierte sie weitere 25 Menschen, von denen zwei starben. Als die Behörden sie schließlich entdeckten, floh Mary zwar, wurde aber erneut im März 1915 auf Long Island verhaftet und lebenslang unter Quarantäne gestellt. Zeitlebens war sie der festen Überzeugung, dass die Behörden sie zu Unrecht verfolgten, weil sie selbst ja nie an Typhus erkrankte. Mary Mallon starb 1938 an einer Lungenentzündung. Vor ihrer Einäscherung unterzog man sie einer Autopsie und entdeckte, dass ihre Gallenblase voll mit Typhus auslösenden Bakterien war.

Typhoid Mary erregte vor allem deshalb so viel Aufmerksamkeit, weil zur damaligen Zeit kaum bekannt war, dass manche Menschen zwar einen Krankheitserreger in sich tragen und damit letztlich auch gefährliche Überträger von Seuchen sein können, aber selbst nicht unbedingt erkranken müssen. Diese Tatsache ist mittlerweile unbestritten. Die Mechanismen, die ihr zugrunde liegen, sind dagegen noch weithin unbekannt.

Um wenigstens den Sinn dieses Phänomens zu erklären, stellen Forscher eine evolutionäre Hypothese auf: Besonders das Mikrobiom im Darm dient unserem Immunsystem als Trainingspartner. Unsere körpereigene Abwehr lernt dabei unter anderem, dass es nicht immer die beste Option ist, sofort mit dem ganzen Arsenal an Geschützen auf einen möglichen Eindringling zu schießen. Dabei entstehen nämlich zwangsläufig auch Schäden am betroffenen Gewebe. Im Militärjargon würde man sie Kollateralschäden nennen, also eigentlich nicht beabsichtigte Zerstörungen durch den Einsatz von Kriegsgerät. Genauso verhält es sich mit unserem Körper. So kann eine durch Mikroben ausgelöste Entzündungsreaktion schlimmere Verwüstungen nach sich ziehen, als sie der Keim selbst jemals anrichten könnte. Die Abwägung erfolgt also anhand einer Kosten-Nutzen-Analyse. Selbstverständlich erfolgt diese Kalkulation nicht mithilfe eines Taschenrechners. Ihr Ergebnis zeigt sich letztlich im Fortpflanzungserfolg der Individuen, die entweder die eine oder die andere Strategie verfolgen. So können sich jene Artgenossen, die einen Eindringling nicht sofort mit heftigen Entzündungen bekämpfen, als besser angepasst erweisen und setzen sich nach und nach durch. Das muss allerdings nicht dazu führen, dass die anderen Varianten vollkommen verschwinden. Die Evolution malt auch hier nicht nur schwarz oder weiß. Sie kennt unendlich viele Grautöne, was in unserem Beispiel heißt, dass sich lediglich ein gewisses Verhältnis zwischen den beiden Varianten einstellt, also beide dauerhaft weiterexistieren. So gibt es eben

Menschen, die nicht an Typhus erkranken, obwohl sie den Erreger in sich tragen.

Typhus ist eine schwere Infektionskrankheit, die jährlich etwa 20 Millionen Menschen befällt und für 200 000 bis 600 000 Todesfälle pro Jahr verantwortlich ist. Auslöser der Krankheit ist das Bakterium *Salmonella typhi*. Gewöhnlich wird es mit kontaminierten Speisen oder Getränken aufgenommen. Die Inkubationszeit, also die Spanne zwischen der Infektion und den ersten Krankheitssymptomen, beträgt wenige Tage bis mehrere Wochen. Dann treten unter anderem Fieber, Ermattung und Kopfschmerzen auf. Entgegen der landläufigen Annahme muss Typhus nicht zwangsläufig mit Durchfall verbunden sein. Auf jeden Fall gehen schwere Entzündungsreaktionen mit der Krankheit einher, die potenziell lebensgefährlich sind. Patienten, die durch eigene Robustheit oder wegen einer angemessenen medizinischen Behandlung, in der Regel mit Antibiotika, die Krankheit überstehen, scheiden noch einige Woche danach Keime aus. Manche Personen, so wie Mary Mallon, geben die Bakterien ab, ohne jemals selbst zu erkranken. Der Körper dieser Menschen entscheidet sich dafür, die Eindringlinge zu ignorieren, anstatt mit einer heftigen Antwort des Immunsystems zu reagieren. Offensichtlich leben diese Menschen gut damit.

Am Beispiel eines sehr nahen Verwandten des Typhuskeims *Salmonella typhi* lässt sich gut demonstrieren, weshalb eine Immunreaktion auch schädlich für den Körper sein kann.

Auch *Salmonella typhimurium* gelangt üblicherweise mit der Nahrung in den menschlichen Körper. Andernfalls hätte der Einzeller auch nur schlechte Chancen, in den Darm, seiner eigentlichen Wirkungsstätte, vorzudringen. Denn vorher müssen die Bakterien durch den Magen, wo ja bekanntlich ein sehr niedriger pH-Wert herrscht, die Umgebung also sehr säurehaltig ist. In diesem Milieu würde *Salmonella typhimurium* eigentlich sofort sterben. Gelangt das Bakterium aber zusammen mit Nahrung in den Magen, dann steigen seine Überlebenschancen deutlich. Vor allem Fleisch, am besten gehackt, lässt viele der Erreger heil durch den Magen kommen, denn erstens kann sich die Mikrobe zwischen den Fleischbröckchen vor dem Säureangriff verstecken und zweitens erhöht Fleisch den pH-Wert in seiner Umgebung, verringert also den Säuregehalt. Drittens scheinen Proteine allgemein das Überleben des Einzellers zu sichern, denn auch das Eiweiß von Eiern lässt *Salmonella* den Magen passieren. Anders sieht es bei gekochtem Reis aus. Er schützt den Keim viel weniger. Wissenschaftler vermuten, dass die Proteine in Fleisch oder Eiweiß bestimmte Aminosäuren liefern, die *Salmonella* für das Überleben im Säureinferno des Magens unbedingt benötigt.

Gelangt das Bakterium schließlich in den Darm, trifft es auf seinen nächsten Gegner – die menschliche Darmflora. In Versuchen konnten die Mikroben, die üblicherweise in unserem Verdauungstrakt leben, *Salmonella* inaktivieren, sprich seine Vermehrungsfähigkeit unterdrücken. Das gelang den Bakterien aber nur, wenn sie direkten Zellkontakt hatten. Hielt man die Einzeller zwar im selben Medium, trennte sie aber durch eine durchlässige Membran voneinander, dann vermehrte sich *Salmonella* wieder prächtig. Dass unsere Darmbakterien uns also vor einer Salmonelleninfektion schützen können, steht damit außer Frage. Wie sie das allerdings bewerkstelligen, ist leider immer noch unklar.

Hat *Salmonella* auch diesen Gegner erfolgreich ausgeschaltet beziehungsweise umgangen, beginnt der Kampf mit dem

Körper des Wirts erst richtig. Oberstes Ziel der Bazille ist es, in die Zellen des Menschen einzudringen, um sich dort zu vermehren. Der Ort ihrer Vermehrung sind die sogenannten Lysosomen, kleine, von Membranen umhüllte Bläschen innerhalb der Körperzellen.

Üblicherweise dienen diese Lysosomen zum Verdauen überflüssiger Zellbestandteile, aber auch zum Umschließen von eindringenden Erregern und deren anschließender Vernichtung. Zu diesem Zweck sind die Lysosomen üblicherweise prall mit Enzymen gefüllt, die diese Arbeit verrichten. *Salmonella* umgeht die Abwehr, indem das Bakterium den Nachschub an Enzymen blockiert. Diese werden nämlich von spezialisierten Transportverbindungen zu den Lysosomen gebracht und genau diesen Nachschubweg legt *Salmonella* lahm, indem es die Transportverbindung so verändert, dass sie die Verdauungsenzyme nicht mehr zu den Lysosomen bringt, sondern sie aus der Zelle herausbugsiert. Anschließend kann sich *Salmonella* über die Nährstoffe in den Lysosomen hermachen und sich munter vermehren.

Das ist nicht der einzige Trick, mit dem *Salmonella* die Verteidigung unseres Körpers überlistet. Zunächst muss der Keim die Kolonisationsresistenz überwinden, also den Widerstand, den ihm allein schon die Bakterien entgegensetzen, die üblicherweise unseren Darm bewohnen. Auch dafür hat sich die Evolution eine Lösung einfallen lassen, denn nicht alle Zellen einer *Salmonella*-Population sind identisch. Manche von ihnen tragen das genetische Potenzial in sich, zu Kamikazekeimen zu werden. Diese speziellen Bakterien stürzen sich auf die Darmwände und greifen mit einer selbstmörderischen Attacke deren Zellen an. Der Körper erkennt diesen Angriff, das Immunsystem schlägt Alarm und reagiert mit einer Entzündung. Die heftige Immunantwort ist allerdings kontraproduktiv für unseren Körper, denn sie verringert die Zahl der üblichen Darmkeime, die uns ja vor *Salmonella* schützen würden. Damit haben die übrigen Angreifer freie Bahn, befallen das durch die Entzündung geschädigte Gewebe und besiedeln schließlich den gesamten Darm. In diesem Fall wäre es also besser gewesen, wenn der Wirt den Keim ignoriert hätte – so wie das wohl auch der Körper von Typhoid Mary mit dem Thyphuserreger tat.

Schweizer Biologen haben übrigens ein mathematisches Modell für dieses ungewöhnliche, für ein Bakterium doch zu altruistisch wirkende Verhalten aufgestellt. Wenn in einer Bakterienpopulation ein bestimmter Prozentsatz an Keimen das genetische Potenzial in sich trägt, zu Kamikazemikroben zu werden, dann kann sich das für das Überleben der Gesamtpopulation positiv auswirken. Bezeichnet man den entsprechenden Kamikazetypus als K^+-Bakterie und alle anderen als K^--Bakterie, dann stellt sich die Überlegung wie folgt dar: Wenn sich ein Kamikazebakterium opfert, dann kann es sich selbst nicht mehr vermehren. Seine Gene sind also aus dem evolutionären Spiel ausgeschieden. Demzufolge müssten im Laufe der Zeit alle Kamikazebakterien verschwinden. Das geschieht aber nur dann, wenn sich alle K^+-Bakterien in ein Selbstmordkommando stürzen. Tut das dagegen nur ein Teil der K^+-Bakterien, dann ist ihr Genom zwar auch raus aus dem Spiel, die restlichen K^+-Bakterien profitieren dann aber von der Kamikazeaktion ihrer Gengenossen. Selbstverständlich sind auch alle K^--Bakterien Nutznießer der vermeintlich selbstlosen Mikroben. Deshalb bleiben sie auch in der Überzahl. Da aber die restlichen K^+-Bakterien ebenfalls einen Vorteil aus der Situation ziehen, pendelt sich ihr Anteil unter

Salmonellen auf relativ stabilem Niveau ein, bei einigen *Salmonella*-Stämmen beispielsweise auf etwa 15 Prozent.

Gelingt es *Salmonella* auf diese Weise das Darmmikrobiom zu überwältigen und sich prächtig zu vermehren, dann löst der Keim oft Durchfall aus. Wieder befindet sich unser Körper in einem Dilemma. Dringen Salmonellen in die Darmzellen ein, sondern diese unter anderem ein Protein ab, das eine ganze Kaskade von Signalen auslöst. Dadurch werden sogenannte Makrophagen angelockt. Das sind Immunzellen, die darauf spezialisiert sind, Eindringlinge einfach aufzufressen. Diese töten zwar die Salmonellen, die es geschafft haben, sich in den Darmzellen einzunisten. Sie aktivieren aber auch weitere Immunreaktionen, sodass es schließlich zum Durchfall kommt.

Auch hier scheint es zunächst besser zu sein, wenn der Körper nicht derart heftig auf einen Angriff reagieren würde. Allerdings erfüllen die Verbindungen, die zur Auslösung dieser Reaktion führen, noch wichtige andere Funktionen. Würde die Zelle diese Verbindungen inaktivieren und damit die entsprechenden Funktionen abschalten, wäre anderen Krankheitserregern und Parasiten Tür und Tor geöffnet. Der Körper wählt also das kleinere Übel – und das ist in diesem Fall der Durchfall.

Der eilige Stuhl spült dann zwar Wasser, Nährstoffe und Elektrolyte aus dem Körper, reißt aber auch Keime aus dem Darm. Das erleichtert den angestammten Mikroorganismen unseres Verdauungstraktes die Zurückeroberung des verlorenen Terrains. Ohne diese freundlichen Keime gelingt es unserem Körper nur schwer, *Salmonella* endgültig zu vertreiben. Einige Mikrobiologen glauben deshalb auch, dass dies ein Sinn des Wurmfortsatzes am Blinddarm sein könnte. Dieses eigentlich als nutzlos angesehen Anhängsel könnte als wichtiges Reservoir für nützliche Darmkeime dienen. In diesem Rückzugsraum könnten die Bakterien ruhig die Flut des Durchfalls abwarten und sich nach deren Abklingen erneut im Darm ausbreiten.

Salmonellen sind beileibe nicht die einzigen Bakterien, die Durchfallerkrankungen auslösen können. Einer der gefährlichsten Erreger ist sicher der Cholerakeim *Vibrio cholerae.* Weitere Arten gehören zur Gattung *Clostridium* oder *Shigella.* Bei Letzteren wurde ein natürliches Thermometer entdeckt, mit dem der Einzeller überhaupt erst feststellt, dass er sich in einem Wirt befindet. Shigellen verursachen üble Durchfälle und befallen das Darmgewebe. Um wachsen zu können, benötigen sie unter anderem Eisen, dass sie sich aus Hämoglobin beschaffen, dem Farbstoff der roten Blutkörperchen. Dafür produziert das Bakterium ein spezielles Protein, ohne das es Hämoglobin nicht aufnehmen kann. Die Produktion dieses Proteins hat aber nur dann einen Sinn, wenn sich das Bakterium in einem Organismus mit Hämoglobin befindet. In einer Pfütze dürfte der Einzeller jedenfalls weitgehend erfolglos danach fischen. Deshalb hat *Shigella* großes Interesse daran, die Produktion des Spezialproteins erst dann anzukurbeln, wenn es sich in einem potenziellen Wirt befindet.

Dazu stellt das Bakterium üblicherweise eine Verbindung her, die die Produktion des Hämoglobin fangenden Proteins unterdrückt. Diese Verbindung ist allerdings nur bis zu einer Temperatur von 25 Grad Celsius stabil. Die Körpertemperatur von Säugetieren, die *Shigella* gern befällt, liegt in der Regel oberhalb dieser Grenze. Gelangt der Keim also in einen Wirt, wird es wärmer und die hemmende Verbindung schmilzt quasi dahin. Die Produktion des Hämoglobinfängers läuft an und *Shigella* hat genügend Nachschub an lebenswichtigem Eisen.

Ein weiterer Keim, der zunehmend schwere Durchfallerkrankungen hervorruft, ist *Clostridium difficile.* Wie sein Namensbestandteil *difficile* bereits andeutet, ist dieses Bakterium ein schwieriger Zeitgenosse. Es ist am häufigsten für Durchfallerkrankungen verantwortlich, die Patienten in Krankenhäusern erleiden. Oft infiziert die Mikrobe den Darm von Menschen, die zuvor mit Breitbandantibiotika behandelt wurden und deren Darmflora dadurch aus dem Gleichgewicht gebracht wurde. Zwischen 2008 und 2012 hat sich die Zahl der gemeldeten schweren Fälle in Deutschland auf fast 800 pro Jahr mehr als verdoppelt. Allein im Jahr 2012 endeten mehr als 500 dieser gemeldeten schweren Fälle tödlich. Besonders gefährdet sind Menschen ab einem Alter von 69 Jahren, was man daran erkennen kann, dass diese Personengruppe mit Abstand am stärksten von dieser Infektion betroffen ist. Es könnte sein, dass dies mit den bereits erwähnten Veränderungen unserer Darmflora im Laufe des Lebens zusammenhängt. Eventuell ist die Mikrobengemeinschaft im Darm von Senioren nicht mehr so widerstandsfähig wie die der jüngeren.

Erschwerend kommt bei einer Infektion mit *Clostridium difficile* hinzu, dass sich der Keim oft nicht völlig mit Antibiotika vertreiben lässt. Zwar tritt nach der Einnahme der gängigen Wirkstoffe Vancomycin oder Metronidazol meist eine Besserung ein. Diese ist jedoch häufig nicht von Dauer und der Durchfallkeim gewinnt erneut die Oberhand. Bis zu einem Viertel der Behandelten erleidet einen Rückfall.

Deshalb suchen Forscher angestrengt nach möglichen Alternativtherapien. Fündig wurden sie bei einer zunächst merkwürdig oder sogar abstoßend wirkenden Behandlungsmethode, die bereits seit Mitte der 1950er-Jahre angewendet wird: der Stuhl- oder Fäkaltransplantation.

Dieser Therapie liegt der Gedanke zugrunde, dass es einer Wiederherstellung einer gesunden Darmflora bedarf, um *Clostridium difficile* endgültig zu verdrängen. Um das zu erreichen, verpflanzt man die Darmflora eines Gesunden in den Verdauungstrakt eines Betroffenen. Dazu sucht man zunächst nach einem geeigneten Spender und untersucht diesen sowie seinen Stuhl auf mögliche Krankheiten beziehungsweise Erreger. Falls danach nichts gegen die Transplantation spricht, kann die Therapie beginnen.

Meist wählt man als Spender Personen aus der näheren Verwandtschaft. Neben dem rein wissenschaftlichen Grund, dass die Darmfloren nahe verwandter Menschen ähnlicher sind als die nicht verwandter Personen, ist diese Vorgehensweise auch emotional begründet. Eine Stuhlspende von einem nahen Verwandten zu akzeptieren, fällt den meisten Menschen leichter als von einem Fremden.

Der Kot des Spenders wird mit sterilem, destilliertem Wasser oder mit Kochsalzlösung aufgelöst und anschließend mehrfach durch Gaze gefiltert. Dieses Filtrat wird dann mit einem Schlauch entweder durch die Nase oder rektal in den Darm gebracht.

Weltweit sind etwa 400 Fälle dokumentiert, bei denen sich Patienten dieser Prozedur unterzogen haben. Die Erfolgsaussichten liegen bei etwa 85 bis 90 Prozent, also deutlich über den Behandlungserfolgen, die mit ausschließlicher Antibiotikagabe erzielt werden. Auch wenn diese Form der Behandlung auf manchen skurril, widerlich oder abschreckend wirken mag, für Patienten, die an einer Infektion mit *Clostridium difficile* leiden und deren Leben eventuell bedroht ist, stellt sie eine letzte Alternative zu den herkömmlichen Behandlungsformen dar.

Manche Mediziner warnen zwar davor, dass die langfristigen Folgen einer Stuhltransplantation überhaupt nicht absehbar sind. So wäre es denkbar, dass dadurch die Darmflora in einer Weise beeinflusst wird, die erst nach Jahren zu einer Folgeerkrankung führt. Schließlich wird das Mikrobiom im Verdauungstrakt mittlerweile mit zahlreichen Krankheiten in Verbindung gebracht. Allerdings sind diese Hinweise im Vergleich zu den bislang erzielten deutlich positiven Ergebnissen bei der Stuhltransplantation eher schwach. Menschen, die unter einer schwerwiegenden, schlecht behandelbaren Infektion mit *Clostridium difficile* leiden und deren Leben eventuell akut in Gefahr ist, haben wohl weniger Bedenken, zu dieser Erfolg versprechenden Therapie zu greifen. Dafür gelten allerdings folgende Grundsätze: Alle erprobten und bewährten Verfahren der Schulmedizin sollten vorab von fachkundigen Ärzten angewendet und auf Erfolglosigkeit überprüft worden sein. Auch die Wahl eines Spenders und die Stuhltransplantation selbst sollten nur Ärzte mit entsprechender Sachkunde ausführen. Auf jeden Fall gehört eine Stuhltransplantation in die Hände eines erfahrenen Gastroenterologen, der sie nach den Grundsätzen ausführt, die Ulmer Mediziner im *Deutschen Ärzteblatt* skizziert haben (siehe Seite 177).

Um die Risiken einer Übertragung einer zwar gesunden, aber nicht näher spezifizierten Darmflora zu umgehen, analysierten britische Mediziner in Versuchen mit Mäusen, ob sich nicht eine standardisierte Bakteriengemeinschaft finden lässt, die ebenfalls Heilung verspricht. Und tatsächlich identifizierten sie eine Mischung aus sechs Bakterien, die *Clostridium dif-*

ficile zumindest aus den Versuchsmäusen sicher verdrängte. Sie bestand aus drei bekannten Stämmen: *Staphylococcus warneri, Enterococcus hirae* und *Lactobacillus reuteri.* Außerdem enthielt die Mixtur drei bisher unbekannte Stämme der Gattungen *Anaerostipes,* Bacteroidetes sowie *Enterorhabdus.* Bis eine derartige Therapie aber in der Praxis eingesetzt werden kann, vergehen leider für gewöhnlich noch mehrere Jahre.

Neben solchen neuen Formen der Therapie entwickeln Mediziner auch neue Arten der Diagnose. So dauert es mit herkömmlichen Feststellungsverfahren für eine *Clostridium-difficile*-Infektion zwischen drei und acht Tagen von den ersten Symptomen bis zum Beginn der Behandlung. Eine lange Zeit für das Bakterium, um bereits großen Schaden zu verursachen. Deshalb wären neue Diagnoseverfahren wichtig, um den Einsatz von Medikamenten oder anderer Therapien zu beschleunigen. Niederländischen Forschern ist es gelungen, in einer Pilotstudie zu belegen, dass es diese Möglichkeit gäbe, und zwar mithilfe von Hunden.

Die Wissenschaftler trainierten zunächst einen zweijährigen Beagle-Rüden über zwei Monate hinweg, den Stuhl von Menschen zu erschnüffeln, die mit *Clostridium difficile* befallen waren, und vom Stuhl gesunder Personen zu unterscheiden. Anschließend ließ man den Hund die Stuhlproben von 300 Menschen überprüfen. 30 der Proben stammten von Infizierten. Der Hund erkannte immerhin 25 davon sicher und identifizierte ebenso 265 der 270 gesunden Proben als solche. Diese Treffsicherheit in Verbindung mit dem Vorteil einer quasi sofortigen Diagnose würde Schnüffelhunde in Krankenhäusern zu einer möglichen Alternative, zumindest zu einer guten Ergänzung herkömmlicher Diagnoseverfahren machen. Letztlich ließe sich damit auch Geld sparen, denn *Clostridium-difficile*-Infektionen erhöhen die Behandlungskosten in Krankenhäusern erheblich. Allein in den USA beziffern sich die Kosten durch derartige Infektionen auf jährlich 3,2 Milliarden Dollar und in Europa werden die durch *Clostridium difficile* verursachten Kosten auf mindestens drei Milliarden Euro jährlich geschätzt. Könnte man davon einen gewissen Prozentsatz durch den Einsatz entsprechend trainierter Hunde und einem schnelleren Beginn einer Therapie einsparen, würden sich Bello und Co. beinahe die sprichwörtliche goldene Nase verdienen.

Stuhltransplantation – Prinzipien und Protokoll

Prinzipien

- Wiederaufbau einer physiologischen Darmflora durch Gabe einer Fäzes-Suspension (Anmerkung des Autors: stuhlhaltigen Flüssigkeit) eines gesunden Spenders
- Verhinderung eines Rezidivs (Anmerkung des Autors: Rückfall) einer *Clostridium-difficile*-Infektion

Voraussetzungen

- Identifizierung eines geeigneten Spenders
- nach Möglichkeit weniger als drei Stuhlgänge pro Tag zum Zeitpunkt der Transplantation
- Absetzen der antibiotischen Therapie, wenn möglich zwei Tage vor der Stuhltransplantation
- schriftliche Einverständniserklärung

Durchführung

Spenderidentifzierung

- Ausschluss von Infektionserkrankungen
- Ausschluss von gastrointestinalen Erkrankungen, insbesondere chronisch entzündlichen Darmerkrankungen oder Reizdarmsyndrom

- Ausschluss einer antibiotischen Therapie in den letzten drei Monaten
- am Abend vor der geplanten Transplantation gegebenenfalls Gabe eines osmotischen Laxans (Anmerkung des Autors: Abführmittel)

Materialpräparation

- frischen (< sechs Stunden) Spenderstuhl wiegen
- für die koloskopische Applikation (Anmerkung des Autors: Verabreichung direkt in den Darm) kann die gesamte Stuhlmenge verwendet werden
- für die nasogastrale Applikation (Anmerkung des Autors: Verabreichung über die Nase und die Speiseröhre) Verwenden von etwa 30 bis 50 Gramm Stuhl
- Auflösen des Spenderstuhls in 250 bis 500 Milliliter (koloskopische Applikation) beziehungsweise 25 bis 100 Milliliter (nasogastrale Applikation) sterilem Wasser oder physiologischer Kochsalzlösung
- Homogenisieren der Lösung durch Rühren oder Schütteln
- Filtrieren der Suspension über Gaze oder Kaffeefilter oder 0,25-Millimeter-Laborsiebe, um feste Bestandteile zu entfernen (insgesamt zwei- bis dreimal)
- Aufziehen der Suspension in 50-Milliliter-Spritzen und Aufbewahrung bei Raumtemperatur bis zur Applikation

Patientenvorbereitung

- antibiotische Therapie mit *Clostridium-difficile*-wirksamem Präparat bis 48 Stunden vor der geplanten Stuhltransplantation
- bei Applikation über nasogastrale Sonde Gabe eines Protonenpumpenhemmers am Abend vor und am Morgen des Tags der Applikation der Stuhlsuspension
- bei koloskopischer Applikation Darmreinigung mit Polyethylen-Glycol-Elyte-(PEG)-Lösungen oder nach lokalem »Standard Operation Procedure« ([SOP]/Standard)

Applikation über nasogastrale Sonde

- Legen einer nasogastralen Sonde am Morgen der Transplantation und anschließende Lagekontrolle
- Applikation der Stuhlsuspension über die Sonde
- Spülen mit 25 Millilitern physiologischer Kochsalzlösung
- Entfernen der Sonde
- Nahrungsaufnahme direkt im Anschluss möglich

Koloskopische Applikation

- Koloskopie nach lokalen (SOP)/Standard
- Vorspiegeln bis zum terminalen Ileum (Anmerkung des Autors: Ende des Dünndarms)
- Applikation des Stuhls beim Rückzug, vorzugsweise die Hauptmenge im terminalen Ileum sowie im Colon ascendens (Anmerkung des Autors: Anfang des Dickdarms)
- fakultativ Gabe von Loperamid (Anmerkung des Autors: Mittel gegen Durchfall) direkt nach dem Eingriff und sechs Stunden danach

Nachsorge

- regelmäßige klinische Kontrollen und Stuhluntersuchung auf *Clostridium-difficile*-Toxin in Woche zwei und vier sowie Monat drei und sechs

Gefahren

- übliche Risiken nach Applikationsart: Perforation, Blutung etc.
- mikrobielle Translokation (Anmerkung des Autors: Eindringen von Keimen in die Bauchhöhle) und Sepsis (Anmerkung des Autors: schwere allgemeine Entzündung), insbesondere bei schwerer Kolitis (Anmerkung des Autors: Entzündung des Dickdarms)

Feuer im Darm

Die amerikanische Nation war beunruhigt. Dwight David Eisenhower, 34. Präsident der USA, lag am 9. Juni 1956 um 20 Minuten nach zwei Uhr nachts auf dem Operationstisch des Walter Reed Hospitals in Washington, D. C. und wurde anästhesiert. In der Nacht zuvor waren Ärzte ins Weiße Haus gerufen worden, da der Präsident unter starken Bauchschmerzen litt. Das war nichts Neues für ihn, hatte ihn diese Malaise bereits in den vergangenen Jahrzehnten treu begleitet. Doch diesmal waren die Schmerzen so heftig, dass die Gesundheit und das Leben des 65-Jährigen ernsthaft in Gefahr schienen. Schließlich hatte er wenige Monate zuvor einen Herzinfarkt erlitten. Da Einläufe und Erbrechen keine Linderung brachten, entschlossen sich die Mediziner schließlich, den ehemaligen Fünf-Sterne-General und Oberkommandierenden der Alliierten Streitkräfte im Zweiten Weltkrieg in ein Krankenhaus zu bringen. Kaum zwölf Stunden später begann die Operation. In knapp zwei Stunden entfernten die Chirurgen ein etwa 40 Zentimeter langes Stück des Dünndarms, das offensichtlich von einer schweren Entzündung betroffen war. Die Operation verlief ohne Komplikationen. Der Patient erholte sich prächtig und nach 21 Tagen verließ ein gesunder Präsident das Krankenhaus. Vor ihm lagen seine Wiederwahl und insgesamt noch fünf weitere Amtsjahre.

Während der Operation und des Krankenhausaufenthalts von Eisenhower diente ein Mediziner als gefragter Ansprechpartner, obwohl er weder zum Ärzte- noch zum Operationsteam des Präsidenten gehörte. Burrill Bernard Crohn, Mediziner am Mount Sinai Hospital in New York, versicherte der Öffentlichkeit immer wieder, dass es sich um eine einfache Operation handelte und der Präsident vollkommen genesen würde. Die Medien schrieben Crohn deshalb eine gewisse Kompetenz zu, da er der Namensgeber der präsidialen Erkrankung war: Morbus Crohn.

Crohn war nicht der Erste und Einzige, der dieses Krankheitsbild entdeckt beziehungsweise wissenschaftlich beschrieben hatte. Bereits 1761 hatte Giovanni Battista Morgagni, italienischer Arzt und Begründer der modernen Pathologie, einen Patienten mit einer Darmentzündung untersucht, dessen Symptome sehr gut zum Krankheitsbild des Morbus Crohn passen. Auch in den folgenden gut 170 Jahren schilderten weitere Ärzte ähnliche Fälle, zum Beispiel 1898 John Berg in Schweden, 1904 Antoni Leśniowski in Polen, 1913 Kennedy Dalziel in England oder 1923 Eli Moschcowitz in den USA. Selbst die entscheidende Publikation, die Crohn 1932 im *Journal of American Medical Association* veröffentlicht hatte, trug nicht nur seinen Namen. Die genaue wissenschaftliche Beschreibung der chronischen Darmentzündung unter dem Titel »Regional ileitis: a pathologic and clinical entity« trug drei Autorennamen: Burrill Bernard Crohn, Leon Ginzburg und Gordon David Oppenheimer. Crohn war sogar als dritter Autor erst später hinzugezogen worden und stand nur wegen der alphabetischen Reihenfolge an erster Stelle. Trotzdem ist sein Name nun wohl für alle Zeiten mit dieser chronischen Darmentzündung verbunden.

Morbus Crohn kann prinzipiell jeden Teil des Verdauungstraktes – vom Mund bis zum After – betreffen, meist jedoch entweder den Dünn- oder den Dickdarm. Die zweite häufige Form der chronisch entzündlichen Darmerkrankung, die Colitis ulcerosa, tritt in der Regel dagegen nur im Dickdarm auf. Bei beiden handelt es sich jedenfalls um Entzündungen, deren Ursache und Entstehung immer noch nicht abschließend geklärt sind. In Deutschland sind mehr als 300 000 Menschen von diesem quälenden Feuer im Darm betroffen.

In der Wissenschaft gelten mittlerweile folgende vier Faktoren unbestritten als verantwortlich für die Erkrankungen: Veränderungen der Umweltbedingungen, genetische Faktoren, erlernte Immunreaktionen – und nicht zuletzt Veränderungen des Mikrobioms.

Bereits diese Aufzählung verdeutlicht, dass es sich bei den beiden chronisch entzündlichen Darmerkrankungen um komplexe Ursachen und Mechanismen handelt. Unter den meisten Forschern und Medizinern herrscht deshalb Einigkeit darüber, dass es nicht einen einzelnen Auslöser für Morbus Crohn beziehungsweise Colitis ulcerosa gibt und dass jeder Verlauf, jede Diagnose und jede Behandlungsform für jeden Patienten individuell ist. So gibt es zwar einige statistische Hinweise darauf, welche Ernährung günstig zur Vorbeugung beziehungsweise Linderung der Symptome sein kann. Dies trifft aber immer nur für eine Teilmenge der Betroffenen zu und jeder muss im mühsamen Trial-and-Error-Verfahren selbst herausfinden, welche Nahrungsmittel ihm bekommen.

Durch Studien in der jüngeren Zeit tritt dagegen immer deutlicher hervor, dass die Mikroben im Darm eine zentrale Rolle bei der Entstehung der Erkrankungen spielen. So leiden Mäuse und Ratten im Labor dann fast nie unter Darmentzündungen, wenn sie steril gehalten werden. Infiziert man ihren Verdauungstrakt mit Einzellern, dann entwickeln sie die entzündlichen Symptome beziehungsweise sie verschlimmern sich deutlich.

Derzeit werden vier mögliche Zusammenhänge zwischen dem Darmmikrobiom und chronisch entzündlichen Darmerkrankungen diskutiert. Zunächst einmal könnten die sonst so nützlichen Bakterien Entzündungsreaktionen auslösen. Das könnten sie beispielsweise tun, indem sie ihre Eigenschaften ändern. So findet man in der Darmschleimhaut von Morbus-Crohn-Patienten gehäuft *Escherichia-coli*-Bakterien. Diese haben offensichtlich eine erhöhte Haftfähigkeit entwickelt und tummeln sich deshalb vermehrt in der Schleimhaut des Verdauungstraktes. Dadurch kommen sie häufiger und enger in Kontakt mit Immunzellen, die wiederum Alarm auslösen und eine Entzündung hervorrufen. Ähnliches könnte passieren, wenn die Darmmikroben, zum Beispiel infolge einer Mutation, plötzlich Toxine produzieren, die eine entsprechende Immunreaktion anstoßen.

Eine weitere Ursache könnte die Unfähigkeit des Immunsystems sein, fremde Zellen zu töten und vollständig zu verdauen. Das würde ebenfalls die Konzentration an bakteriellen, Alarm auslösenden Antigenen erhöhen – also jenen Zellbestandteilen, die unser Immunsystem als fremd erkennt – und somit eine Immunreaktion verstärken.

Dritte Möglichkeit für die mikrobielle Beteiligung an chronischen Darmentzündungen könnte eine generelle Fehlsteuerung des Immunsystems bei der Reaktion auf Mikroorganismen sein.

Schließlich könnten chronische Darmentzündungen auch die Folge eines generellen Ungleichgewichts in der Darmflora sein. Das würde es Krankheitskeimen erleichtern, sich im Darm anzusiedeln und Immunreaktionen auszulösen. Gleichzeitig würde sich durch Verdrängung die Zahl derjenigen Bakterien verringern, die die nützlichen kurzkettigen Fettsäuren produzieren. Diese dienen ja den Zellen des Dickdarms als Nährstoffe und halten die Darmwand gesund. Vor allem Buttersäure erfüllt diese Funktion. Gerät das übliche Gefüge der Mikrobengemeinschaft durcheinander, könnten sich Mikroben vermehren, die vermehrt Schwefelwasserstoff ausscheiden. Dieser hemmt dann zusätzlich die Produktion von Buttersäure. In jedem Fall wird durch diese Vorgänge die Durchlässigkeit der Darmwand erhöht und das ist schlecht. Dadurch können noch mehr unerwünschte Keime in den Körper eindringen. Die Entzündung verschärft sich weiter.

In diesem Zusammenhang wird auch klar, welchen Einfluss die Ernährung unter anderem auf das Krankheitsgeschehen haben kann. Denn die Durchlässigkeit der Darmwand kann sich auch bei entsprechender Ernährung erhöhen, beispielsweise wenn zu viel Fett in den Mahlzeiten enthalten ist. Die Ernährung kann außerdem zu einem Ungleichgewicht in der Darmflora führen.

Welche Veränderungen unter den Darmmikroben zu Entzündungen führen können, zeigt beispielhaft eine Studie aus dem Jahr 2011, für die 68 Morbus-Crohn-Patienten, 84 Verwandte dieser Patienten und 55 gesunde Fremde untersucht wurden. Die Ergebnisse bestätigten teilweise bereits Bekanntes, brachten aber auch interessante neue Einblicke. Demnach existiert wohl eine Art mikrobieller Fingerabdruck der Krankheit. Dieser wird durch fünf Stämme charakterisiert: In geringerer Zahl als üblich treten *Faecalibacterium prausnitzii, Bifidobactrium adolescentis, Dialister invisus* und ein unbekannter

Clostridium-Stamm auf. Vermehrt findet sich bei den Betroffenen dagegen *Ruminococcus gnavus.*

Betrachtet man nun die physiologischen Fähigkeiten der Bakterien, fällt auf, dass im Vergleich zu Gesunden bei Erkrankten weniger Mikroben vorkommen, die Buttersäure produzieren, vor allem *Faecalibacterium prausnitzii.* Außerdem treten bei Kranken vermehrt solche Keime auf, die besonders gut die Substanzen verdauen können, die den schützenden Schleim der Darmwand aufbauen, allen voran *Ruminococcus gnavus.*

Weiterhin fand die Studie heraus, dass sich die Verwandten der Patienten bezüglich ihrer Darmflora sowohl von den Betroffenen als auch von der übrigen Bevölkerung unterschieden. So enthielt ihre Darmflora gehäuft einen nahen Verwandten von *Ruminococcus gnavus,* nämlich *Ruminococcus torques.* Auch dieser Keim greift bevorzugt die Darmschleimhaut an.

Bereits zuvor war bei den Morbus-Crohn-Patienten eine deutlich häufigere Besiedelung des Darms mit der Hefe *Candida albicans* registriert worden. 44 Prozent der Kranken trugen den Spaltpilz in sich, 38 Prozent ihrer Verwandten, aber nur 22 Prozent der gesunden Vergleichsgruppe. Auch *Candida albicans* ist bekannt dafür, den Schutzschleim im Darm zu durchlöchern und so Entzündungen Vorschub zu leisten. Dagegen enthielt der Darm der gesunden Verwandten genauso viele Buttersäurebildner wie derjenige der Vergleichspersonen.

Insgesamt scheinen bei chronisch entzündlichen Darmerkrankungen nicht nur die Bakteriengesellschaften gestört zu sein, sondern auch die Pilzgemeinschaft im Darm. In einer Pilotstudie fanden Forscher mehr verschiedene Arten bei Betroffenen als bei Gesunden. Ob dieser Umstand jedoch ursächlich am Ausbruch der Erkrankungen beteiligt oder nur eine Folge davon ist, muss noch untersucht werden.

Insgesamt lässt sich aus dem Dargestellten folgern, dass Menschen, die unter Morbus Crohn leiden, eine genetische Disposition besitzen. Diese führt unter anderem zu einer speziell ausgeprägten Darmflora, die zwar Buttersäure in ausreichender Menge produziert, aber ein erhöhtes Vermögen zum Angriff auf die Darmschleimhaut besitzt. Bei einer Störung, sei es durch die Ernährung, ein Antibiotikum oder andere Faktoren, driftet die Zusammensetzung der Darmflora weiter in Richtung einer Morbus-Crohn-typischen. Sie produziert weniger Buttersäure als normal, die Durchlässigkeit der Darmwand erhöht sich und die Fähigkeit der Darmkeime, den schützenden Schleim aus dem Weg zu räumen, kommt nun voll zum Tragen. Letztlich flammt die Entzündung im Darm auf.

Dieser Verlauf wäre zumindest eine Erklärung, weshalb gerade in Ländern, deren Bewohner sich vorwiegend mit der sogenannten westlichen Diät ernähren, besonders viele Menschen unter chronischen Darmentzündungen leiden. Denn ihre Ernährung zeichnet sich vor allem durch einen hohen Gehalt an Fett und konzentrierten Kohlenhydraten wie Zucker aus. Dieser fördert eine ungesunde Darmflora und wird schon vor dem Dickdarm verdaut, sodass die hier ansässigen Produzenten von gesunden kurzkettigen Fettsäuren hungern.

In diesem Zusammenhang ist auch eine Studie interessant, die sich mit der Entstehung einer Darmentzündung bei Mäusen beschäftigte. Die Immunreaktion ließ sich im Tierversuch nämlich auch durch die Ernährung mit gesättigtem Milchfett auslösen. Als Folge dieser Diät blühte in den Därmen der Nager das Bakterium *Bilophila wadsworthia* förmlich auf. In Gesunden lässt sich dieser Keim nur selten aufspüren. Bei Erkrankten tritt er dagegen häufig auf und verursacht Darmentzündungen. Die Mikrobe kann sich deshalb so gut entwickeln, weil die gesättigten Fette eine Reaktionskaskade anstoßen, die ihre Lebensbedingungen deutlich verbessern.

Das Bakterium benötigt für seinen Energiestoffwechsel nämlich Schwefel. Diesen verwendet es ähnlich wie wir Sauerstoff. Im übertragenen Sinn könnte man sagen, es atmet Schwefel. *Bilophila wadsworthia* ist die einzige bekannte Mikrobe, die sich diesen Schwefel aus einer speziellen Verbindung in unserem Körper besorgen kann, nämlich aus Taurin. Diese Substanz wurde erstmals Anfang des 19. Jahrhunderts in der Galle von Ochsen entdeckt. Von diesen Tieren, die mit wissenschaftlicher Bezeichnung *Bos taurus* genannt werden, stammt auch der Name.

Ein 70 Kilogramm schwerer Mensch speichert etwa 30 bis 70 Gramm Taurin in seinem Körper, überwiegend in den Muskelzellen. Eine Funktion der Verbindung ist, an Gallensäuren anzudocken und in den Darm ausgeschüttet zu werden. Das geschieht vor allem dann in großen Mengen, wenn viel Fett mit den Gallensäuren emulgiert werden muss. Im Tierversuch lösen diese Reaktion unter anderem gesättigten, Fette in der Nahrung aus. Dadurch verbessert sich auch die Lage für *Bilophila wadsworthia* schlagartig, denn viele gesättigte Fette bedeuten somit auch viel Taurin und damit wiederum viel Schwefel. Der Keim kann buchstäblich durchatmen und gedeihen, da er nun ausreichend Schwefel für seine Energiegewinnung hat.

Dieses Ergebnis ist deswegen so interessant, weil ja auch bekannte Energydrinks mit Taurin hergestellt werden, wobei bewusst auf das kraftstrotzende Image des Bullen gesetzt wird.

250 Milliliter von Red Bull, dem wohl bekanntesten Vertreter der Energielimonaden, enthalten ein Gramm Taurin. Damit bewegt sich der Tauringehalt einer Dose zwar deutlich unterhalb des Gesamtvorkommens in einem Menschen. Da das Getränk aber im Darm landet, wo für gewöhnlich nur ein Bruchteil des gesamten Taurins eines Menschen vorkommt, stellt diese Menge eine erhebliche Steigerung der Taurinkonzentration im Verdauungstrakt dar. Welche mittel- bis langfristigen Auswirkungen dies hat, ist noch nicht untersucht. *Bilophila wadsworthia* verleiht Taurin jedenfalls Flügel – dem menschlichen Darm eher nicht.

Andere Studien fanden im Verdauungstrakt von Personen mit einer chronisch entzündlichen Darmerkrankung eine erhöhte Konzentration an Pilzen, zu denen nicht zuletzt auch die bereits erwähnte *Candida albicans* zählt. Üblicherweise machen sie nur einen kleinen Teil der Darmflora aus, wohl vor allem, weil die meisten nicht gut ohne Sauerstoff gedeihen und ihnen besser an das Darmleben angepasste Bakterien überlegen sind. Bislang konnte aber noch kein spezieller Pilz identifiziert werden, der die Entstehung der Krankheiten begünstigt.

Die bisher gewonnenen Erkenntnisse über das Zusammenspiel von Darmflora und dem Aufflammen von chronischen Entzündungen lassen immerhin auf neue Therapien und vor allem Präventionsmöglichkeiten hoffen. So kann sich der Einsatz von Probiotika, also lebender, der Nahrung zugesetzter nützlicher Bakterien positiv auf das Gleichgewicht der Darmflora auswirken und zu einer Stabilisierung der Darmwand führen. Sie können auch die Symptome eines Ausbruchs lindern und eine schnellere Genesung ermöglichen. Noch haben Forscher allerdings kein einzelnes Bakterium oder eine bestimmte Mischung von probiotischen Bakterien identifiziert, die das sicher bewerkstelligen. Der Großteil der Studien deutet allerdings darauf hin, dass Probiotika eines der meistversprechenden Mittel zur Linderung oder Vermeidung von chronisch entzündlichen Darmerkrankungen sind. In den meisten Studien werden einzelne Stämme oder Mixturen von *Lactobacillus, Bifidobacterium, Saccharomyces* und *Escherichia coli* Nissle verwendet.

Ähnlich verhält es sich bei einem Syndrom, unter dem noch viel mehr Menschen leiden als unter Morbus Crohn oder Colitis ulcerosa. Etwa zehn bis 15 Prozent der Bevölkerung Deutschlands sind vom Reizdarm betroffen. Typische Symptome sind Bauchschmerzen, Verstopfung oder Durchfall. Zwar ist ein Reizdarmsyndrom nicht gefährlich, aber seine Begleiterscheinungen können die Lebensqualität stark beeinträchtigen.

Die Auslöser sind bislang noch nicht eindeutig geklärt. Als mögliche Ursachen gelten überempfindliche Darmnerven, Störungen der Darmmuskulatur und Entzündungen der Darmwand. Zudem finden sich bei manchen Menschen mit einem Reizdarm mehr Bakterien im Dünndarm als bei gesunden. Eine genetische Disposition könnte ebenfalls eine Rolle spielen. Zudem könnten psychische Belastungen, Ernährungsgewohnheiten und Lebensmittelunverträglichkeiten zur Entwicklung eines Reizdarms beitragen. Bei vielen dieser Faktoren ist allerdings unklar, ob sie Ursache oder Folge des Syndroms sind.

Nach der aktuellen Definition der entsprechenden deutschen Fachgesellschaften spricht man dann von einem Reizdarm, wenn

- erstens länger als drei Monate anhaltende Beschwerden wie beispielsweise Bauchschmerzen oder Blähungen auftreten, die auf den Darm zurückzuführen sind und in der Regel mit einem veränderten Stuhlgang einhergehen. Beispielsweise kann sich die Häufigkeit des Stuhlgangs verändern, es kann Durchfall, aber auch Verstopfung auftreten;
- zweitens die Beschwerden zu einer spürbaren Verschlechterung der Lebensqualität führen und es
- drittens keine Hinweise darauf gibt, dass die Beschwerden durch eine andere Erkrankung verursacht werden.

Wenn deutlicher Gewichtsverlust, Blut im Stuhl, Fieber oder Blutarmut hinzukommen, deutet das eher auf eine andere Darmerkrankung hin.

Die Einnahme von Probiotika stellt auch beim Reizdarm eine mögliche Therapiemethode dar. Allerdings helfen sie nicht jedem Patienten. Eine Selbsttherapie sollte man auf jeden Fall vermeiden – gleichgültig ob es sich um Morbus Crohn, Colitis ulcerosa oder um Reizdarm handelt. Den möglichen Einsatz von Probiotika sollte man immer mit einem entsprechend geschulten Facharzt abklären.

Vier grundsätzliche Faktoren sind an der Entstehung von chronisch entzündlichen Darmerkrankungen beteiligt:

- **Veränderungen der Umweltbedingung**
- **genetische Faktoren**
- **erlernte Immunreaktionen**
- **Veränderungen des Mikrobioms**

Die **Darmflora** von Menschen mit Morbus Crohn oder Colitis ulcerosa ist gegenüber der Darmflora Gesunder verändert.

Zu fettreiche Ernährung kann die Darmflora negativ verändern und die **Durchlässigkeit der Darmwand** erhöhen.

Probiotika können manchen Menschen mit chronisch entzündlichen Darmerkrankungen oder Reizdarmsyndrom helfen.

Die Bombe entschärfen

Als der amerikanische Schauspieler Ryan O'Neil am 25. Juni 2009 das Saint John's Health Center im kalifornischen Santa Monica verließ, war geschehen, was sich kein Mime wünscht: Seine vielleicht bekannteste Rolle war tragische Wirklichkeit geworden. 1970 hatte ihm seine Hauptrolle in dem Film *Love Story* eine Oscar-Nominierung eingebracht und ihn weltberühmt gemacht. In dem Streifen heiratet er als Student und lebt mit seiner Frau, abgelehnt von seiner reichen Familie, in ärmlichen Verhältnissen. Die Diagnose einer unheilbaren Krankheit trifft das Paar unvermittelt. Bald darauf stirbt seine Frau in seinen Armen in einem Krankenhausbett.

Der Film hatte eine ganze Generation aufgewühlt. Jetzt, fast 40 Jahre später, war er Realität geworden. O'Neil hatte seine wiedergewonnene Lebensgefährtin Farrah Fawcett verloren. Die Schauspielerin, mit der er einen Sohn hat und der er wenige Tage zuvor einen Heiratsantrag gemacht hatte, war in seinen Armen gestorben.

Fawcett war vor allem durch ihre Rolle in der Fernsehserie *Drei Engel für Charlie* Ende der 1970er Jahre zu weltweitem Ruhm gelangt. Darin löste das blondmähnige Sexsymbol mit zwei nicht minder attraktiven Kolleginnen als Privatdetektivin knifflige und aufregende Fälle.

Im Jahr 2006 erhielt sie dann die schlimme Diagnose: Sie litt an einer seltenen Form des Darmkrebses. Fawcett dokumentierte ihr Martyrium aus Chemotherapien, Hoffnung auf Heilung und Rückschlägen schonungslos offen in einem Film und erregte großes öffentliches Aufsehen. Ihrem Leiden erlag die 62-Jährige in den Morgenstunden des 25. Juni – und ihrem Ehemann in spe blieb die bittere Ironie nicht erspart, seine ehemalige Paraderolle nun wirklich zu durchleben.

Darmkrebs ist eine der häufigsten Tumorarten. In Deutschland erkranken jedes Jahr knapp 40 000 Männer und mehr als 30 000 Frauen daran. Damit ist Darmkrebs bei Männern nach Prostatakrebs die zweithäufigste Tumorerkrankung ebenso wie bei Frauen nach Brustkrebs.

Zwar ist noch immer nicht exakt geklärt, was genau Darmkrebs auslöst. Dennoch sind einige eindeutige Risikofaktoren bekannt. So lässt sich durch tägliche Bewegung das Risiko senken. Bereits 30 bis 60 Minuten Bewegung pro Tag genügen dafür. Dabei unterscheiden Wissenschaftler nicht zwischen Sport oder anstrengender Alltagstätigkeit in Beruf und Freizeit.

Beim Thema Ernährung besteht dagegen weniger Einigkeit unter den Experten. Lediglich in Bezug auf die Rolle pflanzlicher Lebensmittel bei der Vorbeugung von Darmkrebs sind sie sich weitgehend einig: Obst und Gemüse sollten den Hauptanteil der Ernährung darstellen. Als Faustregel wird oft »Fünf am Tag« zitiert, also fünf Portionen Obst oder Gemüse am Tag. Bezüglich des Darmkrebsrisikos kommt Gemüse dabei eine bedeutendere Rolle als Obst zu. Dabei wird die positive Wirkung dieser Nahrungsmittel auf Ballaststoffe zurückgeführt.

Rotes Fleisch, also vor allem Rind- oder Schweinefleisch, wirkt sich möglicherweise über seinen Eisengehalt ungünstig aus und führt zur Ausschüttung höherer Mengen von Gallensäuren, als dies pflanzliche Kost schafft. Den negativen Effekt eines übermäßigen Alkoholkonsums schreiben Wissenschaftler unter anderem dem hohen Kaloriengehalt von alkoholischen Getränken zu. Übergewicht ist einer der wichtigsten Risikofaktoren für Darmkrebs. Auch der Konsum von Tabak steigert das Darmkrebsrisiko.

Eindeutig belegt ist außerdem, dass die Darmflora einen großen Einfluss auf das Darmkrebsrisiko und auf den Verlauf einer Erkrankung haben kann. Die chronisch entzündlichen Darmerkrankungen Morbus Crohn und Colitis ulcerosa erhöhen die Gefahr, einen Darmtumor zu entwickeln. Auch diese Erkrankungen werden ja entscheidend durch die Darmflora beeinflusst. Noch deutlicher tritt der Zusammenhang zwischen Mikroben und Krebs im Tierversuch hervor. Laborratten, die aufgrund ihres Erbmaterials dazu neigen, Darmtumore zu entwickeln, bleiben gesund, solange man sie keimfrei hält. Besiedelt man ihren Darm mit Bakterien, dann erkranken sie sehr schnell.

Da es für Menschen, die ein einigermaßen normales Leben führen wollen, unmöglich ist, sich selbst und ihre Umgebung permanent steril zu halten, fällt diese Form der Prävention aus. Stattdessen muss es das Ziel sein, die eigene Darmflora so zu beeinflussen, dass sie sich in einer günstigen, das Darmkrebsrisiko senkenden Richtung entwickelt. Die Forschung des vergangenen Jahrzehnts hat hierzu bereits spannende Einsichten gewonnen und lässt zumindest erahnen, wie man aus der potenziell tödlichen Fracht im Darm eine nützliche Untermietergemeinschaft macht.

So wie bei den chronisch entzündlichen Darmerkrankungen ändert sich auch bei Menschen mit Darmkrebs meist die Darmflora. Noch ist nicht klar, ob dies lediglich als

Folge der Erkrankung geschieht oder ob diese Veränderungen ursächlich für die Entwicklung eines Tumors sind. Derzeit deuten allerdings zahlreiche Studien auf Letzteres hin.

Darmpolypen gelten als Vorstufe eines möglichen Tumors im Verdauungstrakt. Im Darm von Personen, die darunter leiden, findet man den Keim *Eubacterium ramulus* in großer Zahl. Bakterien der Gattung *Ruminococcus* sind im Vergleich zum Darm Gesunder dagegen sehr selten. Dieser Zusammenhang lässt Mediziner vermuten, dass man die Bakterien sogar zur Frühdiagnose eines möglichen erhöhten Risikos für die Ausbildung eines Tumors verwenden kann. Entsprechende Stuhlproben lassen sich einfach gewinnen und das Verfahren belastet die Menschen sehr viel weniger als beispielsweise eine Darmspiegelung.

Bricht der Krebs tatsächlich aus, lassen sich weitere Veränderungen der Darmflora feststellen. So vermehrt sich die Zahl der Mikroben, die zu den Gattungen *Bacteroides* und *Prevotella* gehören. Besonders ein Keim, *Bacteroides fragilis*, der zwar auch in Gesunden vorkommen kann, besitzt das Potenzial, zur Krebsentstehung beizutragen. Manche der Bakterien produzieren nämlich ein spezielles Enzym, das daran beteiligt ist, die Darmwand und ihren schützenden Schleim löchrig zu machen. Bei den chronisch entzündlichen Krankheiten ist ja bereits deutlich geworden, wie schädlich sich das auswirken kann.

Weitere Keime, die gehäuft in Verbindung mit Tumoren auftreten können, sind Fusobakterien. Sie sind, wie *Bacteroides*, auf den Abbau von Eiweißen spezialisiert, was sie ebenfalls zu einem potenziellen Krankheitserreger macht. Auch Fusobakterien können chronische Entzündungen auslösen.

Man findet sie in fast zwei Dritteln aller Patienten mit chronisch entzündlichen Darmerkrankungen, aber nur bei knapp einem Viertel aller Gesunden.

Sogenannte opportunistische Pathogene, also Keime, die Krankheiten auslösen können, wenn ihr Wirt ohnehin bereits geschwächt oder geschädigt ist, kommen ebenfalls häufiger bei Tumorpatienten als bei Gesunden vor. *Escherichia coli* gehört dazu, *Streptococcus bovis* oder *Enterococcus faecalis*. Letzterer produziert unter anderem Hyperoxid. Das ist besonders reaktionsfreudiger Sauerstoff und zählt zu den sogenannten Radikalen. Diese schädigen die Zellstruktur des Darms und können so zu chronischen Entzündungen und letztlich der Bildung eines Tumors führen.

Andere Keime kommen im Verdauungstrakt von Tumorpatienten viel seltener vor als bei Gesunden. So tritt der Keim *Faecalibacterium prausnitzii* bei Tumoren viel seltener auf. Ebenso verhält es sich mit Stämmen der Gattung *Roseburia*. Beides sind bekannte Buttersäureproduzenten. Diese Verbindung hat große Bedeutung als Energielieferant der Darmzellen und wird meist mit einer positiven gesundheitlichen Wirkung in Verbindung gebracht.

Wenn schon die übliche Darmflora und ihre Stoffwechselprodukte einen Einfluss auf die Krebsentstehung haben können, weshalb sollte es dann nicht möglich sein, die schützende Wirkung des Mikrobioms zu steigern? Was so verführerisch und scheinbar leicht einsetzbar klingt, entpuppt sich in Wirklichkeit als extrem komplex. Es existieren jedoch mittlerweile viele Hinweise, dass bestimmte Bakterien und eine spezielle Ernährung das Krebsrisiko möglicherweise senken. Einige Studien machen sogar Hoffnung, dass es uns einmal gelingen könnte, die mikrobiologische Bombe in unserem

Darm zu entschärfen. So ließen sich in einem Versuch mit 37 Krebspatienten und 43 Personen, die sich einer Polypenoperation unterzogen hatten, bestimmte Risikomarker durch eine spezielle Ernährung senken. Die Probanden erhielten über zwölf Wochen entweder ein Gemisch aus den probiotischen Keimen *Bifidobacterium lactis* und *Lactobacillus delbrueckii* ssp. *rhamnosus* Stamm GG sowie einem Inulinpräparat, das mit Oligofructose angereichert war, oder ein Placebo. Gegenüber der Kontrollgruppe, die das Placebo erhielt, wiesen die anderen Probanden eine deutliche Veränderung ihrer Darmflora auf. Sie trugen mehr Bifidobakterien und Lactobacillen in sich. Bei den Polypenpatienten war außerdem die Population von *Clostridium perfringens* verringert. Beidem wird ein positiver Effekt auf die Darmgesundheit zugeschrieben. Daneben verringerten sich bei den Versuchsteilnehmern, die das Präparat erhielten, auch die gentoxischen Verbindungen im Darmgewebe.

Allerdings fehlt bislang noch der valide Beweis, dass die Gabe bestimmter Nahrungsergänzungsmittel die Entstehung von Darmkrebs beim Menschen tatsächlich verhindert. In Zellkulturen oder im Tierversuch haben einige Bakterienstämme ihre krebsverhütende Wirkung zwar bewiesen. Auch einige Präbiotika wie Inulin versprechen Potenzial für eine Tumorprävention. Es fehlen aber noch große, aussagekräftige Studien am Menschen. Diese sind teuer, zeitaufwendig und werden deshalb selten durchgeführt.

Zumindest in der Theorie existieren bereits Modelle, wie beispielsweise probiotische Bakterien vor Darmkrebs schützen könnten. So kann die Einnahme von Probiotika die physiologischen Eigenschaften der Darmflora verändern. Namentlich die *Lactobacillus-acidophilus*-Stämme NCFM und

N-2 senken die Aktivität dreier bakterieller Enzyme im Darm, die üblicherweise an der Entstehung giftiger, krebsfördernder Substanzen beteiligt sind.

Bestimmte Mikroben können auch das Milieu im Darm so verändern, dass sich andere Bakterien, die im Verdacht stehen, Tumore zu begünstigen, nicht mehr so gut vermehren können. Besonders eine Erhöhung des Säuregehalts gilt dabei als positiv.

Die Darmflora besitzt außerdem das Potenzial, bestimmte krebsfördernde Stoffe zu binden oder unschädlich zu machen, indem sie diese einfach abbaut. Von Milchsäurebakterien ist bekannt, dass sie beispielsweise Genveränderungen auslösende mutagene Stoffe aus rotem Fleisch in der Nahrung binden oder die Konzentration der gefürchteten Nitrosamine im Stuhl senken.

Wie bereits mehrfach erwähnt bewerten viele Forscher Buttersäure als positiv für die Darmgesundheit. Durch bestimmte Nahrungszusätze kann die Darmflora derart beeinflusst werden, dass sie mehr Buttersäure produziert. Das erhöht einerseits die allgemeine Säurekonzentration im Dickdarm und könnte einen weiteren schützenden Effekt vor Krebs entwickeln.

In einigen Experimenten zeigte sich andererseits, dass bestimmte Bakterien die Fähigkeit besitzen, das Wachstum von Tumorzellen zu hemmen. In Zellkulturen konnten das beispielsweise Stämme von *Bifidobacterium* oder *Lactobacillus*. Um Krebszellen zu unterdrücken, müssen dabei keine lebenden Bakterien im Darm vorkommen. Das legt die Vermutung nahe, dass die Mikroben hemmende Substanzen in ihre Umgebung abgeben, die unabhängig von der Anwesenheit von lebensfähigen Zellen wirken.

Die Darmflora kann auch das Immunsystem stärken und so für eine bessere Abwehr entarteter Zellen sorgen. Das Wachstum eines Tumors würde so bereits im Keim erstickt.

Schließlich verändern die Mikroben im Darm auch die Physiologie des Menschen. So erhöht sich durch Milchsäurebakterien die Konzentration eines körpereigenen, entgiftend wirkenden Enzyms im Darm.

Für die Richtigkeit jedes einzelnen Modells sprechen jeweils Versuche. Allerdings handelt es sich dabei in der Regel um Tierversuche oder um Experimente in Reagenzgläsern beziehungsweise Zellkulturen. Derzeit stehen vor allem *Streptococcus bovis,* Stämme von *Bacteroide*s, *Clostridia* und *Helicobacter pylori* unter Verdacht, Krebs im Verdauungstrakt auszulösen. Stämme von *Lactobacillus* und *Bifidobacterium* gelten dagegen eher als tumorunterdrückend. Die Überprüfung, ob und wie sich derartige Mechanismen auch beim Menschen finden lassen, steht noch aus, wobei kaum ein Wissenschaftler anzweifelt, dass das Mikrobiom auch bei der Entstehung und möglicherweise der Verhütung von Darmkrebs eine wichtige Rolle spielt.

Wenn das Mikrobiom im Darm zu Übergewicht und Folgeerkrankungen, zu chronischen Entzündungen oder sogar Darmkrebs führen kann, liegt die Vermutung nahe, dass sich unsere Untermieter auch noch in anderer Weise schädlich oder nützlich auswirken könnten. Tatsächlich entdecken Forscher immer mehr Zusammenhänge zwischen den Einzellern und dem Auftreten bestimmter Krankheiten. Bei derlei Ergebnissen und vor allem ihrer medialen Verbreitung ist allerdings Vorsicht geboten, denn hierbei handelt es sich oft lediglich um eine Korrelation.

Wir erinnern uns: Eine Korrelation gibt einen statistisch nachweisbaren Zusammenhang wieder, wohingegen eine Kausalität einen ursächlichen Zusammenhang herstellt. Häufig lassen sich zwar mikrobielle Veränderungen am menschlichen Körper bei bestimmten Krankheiten feststellen. Ob diese aber für die Entstehung der Erkrankung verantwortlich sind oder nur als deren Folge auftreten, ist damit noch lange nicht entschieden. Darüber hinaus wäre es auch möglich, dass eine bestimmte genetische Veranlagung für eine Krankheit besteht und diese Veranlagung auch die Ausbildung eines spezifischen Mikrobioms begünstig. Dann hinge eine mikrobielle Veränderung lediglich mittelbar mit einer Krankheit zusammen und ließe sich allenfalls zur Prognose einsetzen. Jedenfalls sollte man die Verkündung einer sensationellen Entdeckung im Zusammenhang mit dem Mikrobiom und Erkrankungen immer daraufhin prüfen, ob es sich lediglich um eine Korrelation oder tatsächlich um eine Kausalität handelt.

Egal welche Art Verbindung zwischen beiden besteht, dass sich eine solche überhaupt nachweisen lässt weckt die Hoffnung, einige Krankheiten besser zu verstehen und sie vielleicht eines Tages tatsächlich heilen zu können. Zahlreiche Gebrechen zeichnen sich durch mikrobielle Veränderungen aus. Bei manchen hat man bereits begonnen, den Zusammenhang zwischen Einzellern und Symptomen zu entschlüsseln. Besonders interessant sind dabei die beiden Formen der Diabetes, da allein in Deutschland mehrere Millionen Menschen davon betroffen sind.

Die landläufig auch als Zuckerkrankheit bezeichnete Erkrankung kann zwei Ursachen haben. Diabetes Typ 1 ist eine Autoimmunerkrankung, bei der sich die körpereigene Abwehr gegen die Zellen richtet, die Insulin produzieren. Die Betazellen der Bauchspeicheldrüse stellen dieses Hormon her, das ausgeschüttet wird, wenn zu viel Glucose im Blut vorhanden ist. Dadurch sammeln unter anderem die Muskelzellen vermehrt Blutzucker und lagern ihn ein. Werden die Betazellen durch das Immunsystem zerstört, funktioniert dieser Regelmechanismus nicht mehr. Ein dauerhaft erhöhter Blutzuckerspiegel ist die Folge. Dieser kann schwere Gesundheitsschäden nach sich ziehen, unter anderem Erblinden oder das Zerstören von Gewebe, was bis zur Amputation führen kann, sowie Schädigungen an den Blutgefäßen oder den Nieren.

Gute Nachrichten in Bezug auf Diabetes Typ 1 kommen dabei vom Mikrobiom. In einem Versuch mit Mäusen, die üblicherweise dazu neigen, diese Form des Diabetes zu entwickeln, taten die Tiere das auch, wenn sie keimfrei gehalten wurden. Besiedelte man ihren Darm dagegen mit Mikroben, die auch im menschlichen Verdauungstrakt vorkommen, dann brach die Krankheit nicht aus. Leider ist der exakte Zusammenhang auch hier noch nicht bekannt.

Beim Diabetes Typ 2 handelt es sich im Unterschied zum Typ 1 um eine zumindest teilweise verhaltensbedingte Erkrankung. Dabei ist Übergewicht der größte Risikofaktor, daran zu erkranken. Betroffene zeigen eine erhöhte Resistenz gegen Insulin. Ihre Zellen reagieren nicht mehr auf das Signalmolekül, wenn es ins Blut ausgeschüttet wird, und lagern keine Glucose mehr ein. Dadurch erhöht sich der Blutzuckerspiegel dauerhaft auf krank machende Werte.

Auch beim Typ 2 spielt das Mikrobiom eine Rolle, diesmal allerdings eine eher negative. Jedenfalls konnten Forscher bei europäischen Frauen eine ganz charakteristische Verschiebung innerhalb der Darmflora feststellen, wenn diese unter Diabetes Typ 2 litten. Unter anderem kam der Keim *Clostridium clostridioforme* MGCs gehäuft vor, wohingegen *Rosebu-*

*ria*_272 viel weniger vorhanden war als bei gesunden Vergleichspersonen. Die Veränderungen der Darmflora waren so spezifisch, dass man sie sogar zur Diagnose der Erkrankung heranziehen konnte.

Wie bereits in einem vorhergehenden Kapitel erklärt, kann eine Fehlernährung die Darmflora negativ verändern, die Durchlässigkeit der Darmwand erhöhen und zu chronischen, wenn auch nicht klinischen Entzündungsreaktionen im Organismus führen. Eine Folge dieser Entzündungen kann eine Insulinresistenz sein.

Niederländische Forscher starteten in diesem Zusammenhang einen gewagten Versuch. Sie unternahmen eine Stuhltransplantation an extrem übergewichtigen Probanden. Das Verfahren ähnelt dem im Zusammenhang mit einer akuten *Clostridium-difficile*-Infektion bereits erwähnten. Erst spülten die Wissenschaftler den Darm der Versuchspersonen. Anschließend übertrugen sie die Darmflora von normalgewichtigen Personen auf neun der Teilnehmer. Weiteren neun wurde wieder der eigene Stuhl übertragen.

Obwohl die Ernährung der Testpersonen nach der Operation unverändert blieb, zeigten sich nach sechs Wochen bei denjenigen, die die »schlanke« Darmflora erhalten hatten, positive Effekte. Ihre Insulinresistenz nahm im Vergleich zur Kontrollgruppe deutlich ab. Gleichzeitig zeichnete sich ihre neue Darmflora durch eine Verschiebung innerhalb des Mikrobenspektrums aus. So erhöhte sich der Anteil der *Roseburia*-Keime um den Faktor 2,5. Auch das ebenfalls Buttersäure produzierende Bakterium *Eubacterium hallii* kam bei den Probanden mit »schlanker« Darmflora wesentlich häufiger vor. Insgesamt wies die Mikrobengemeinschaft der Personen, die fremden Stuhl erhalten hatten, eine größere Mikroorganismenvielfalt auf. Trotz dieses hoffnungsvollen Ansatzes bleibt das Experiment gewagt, denn die Langzeitfolgen einer derartigen Stuhltransplantation sind noch vollkommen unklar.

Starkes Übergewicht geht neben Diabetes oft mit Schädigungen des Herz-Kreislauf-Systems einher, unter anderem mit Arteriosklerose, landläufig auch als Arterienverkalkung bezeichnet. Bei dieser verstopfen die Blutgefäße durch Verdickungen der Gefäßwände und Ablagerungen. Daran kann unsere Darmflora auf mehrere Weisen beteiligt sein. Eine besonders fettreiche Ernährung erhöht die Durchlässigkeit der Darmwand. Dadurch können auch bakterielle Bestandteile leichter in die Blutbahn gelangen, unter anderem eine Verbindung aus der Zellmembran, das sogenannte Lipopolysaccharid. Dieses löst eine subakute, chronische Entzündungsreaktion aus, die wiederum zu einem gestörten Fettstoffwechsel führen kann. Die Konzentration an ungesunden Fetten im Blut steigt. Arteriosklerose ist die Folge.

Andererseits tragen die Bakterien im Darm durch ihren Stoffwechsel zu Herz-Kreislauf-Problemen bei. Ausgangsstoff ist Lecithin in der Nahrung. Aus diesem wird während der Verdauung Cholin abgespalten. Diese Substanz wandelt die Darmbakterien zu Trimethylamin um. Gelangt das fischig riechende Gas in die Blutbahn, wird es zur Leber transportiert und dort zu Trimethylamin-N-Oxid umgewandelt. Diese Substanz ist wiederum an der Verstopfung der Blutgefäße durch Arteriosklerose beteiligt.

Deshalb sollte man auch zurückhaltend bei der Nahrungsergänzung mit Lecithin sein, denn Angehörige dieser Substanzklasse werden ohnehin bereits häufig in vielen Lebensmitteln eingesetzt, beispielsweise als Emulgatoren. Wer sich in Europa einigermaßen vollwertig und ausgewogen ernährt, muss jedenfalls nicht zu einer Extraportion Lecithin greifen.

Andererseits kann das Mikrobiom positiv auf das Risiko einer Arteriosklerose wirken, zum Beispiel wenn es Bakterien beherbergt, die besonders viel Provitamin A synthetisieren. Darauf deutet eine Verschiebung hin zu Keimen der Gattungen *Roseburia* und *Eubacterium* hin.

Eine weitere Erkrankung, die in Verbindung mit der Darmflora gebracht wird, ist Rheuma. Forscher der New York University entdeckten, dass sich im Verdauungstrakt von Rheumatikern zu 38 Prozent Bakterien aus der Gattung der *Prevotella* tummeln. Bei Gesunden beträgt der Anteil dieser Mikroben lediglich gut vier Prozent. Ob dieser Unterschied ursächlich mit der Entstehung der Erkrankung zusammenhängt oder lediglich eine Folge davon ist, müssen weitere Studien zeigen.

Auch beim Gelenksrheumatismus können Bakterien im Darm als Auslöser fungieren. So können bestimmte Arten über eine Kaskade von verschiedenen Immunreaktionen rheumatoide Arthritis auslösen.

Ein ganz besonderes Mitglied unseres Mikrobioms im Verdauungstrakt erweist sich hier erneut als janusköpfiger Untermieter. *Helicobacter pylori* ist einerseits als Auslöser von Magenschleimhautentzündungen bis hin zu Magenkrebs gefürchtet. Andererseits geht sein Vorkommen mit einer geringeren Rate an Speiseröhrenkrebs infolge eines chronischen Austritts von Magensäure einher. Offenbar stärkt die Bazille den Schließmuskel des Magens. Außerdem mindert *Helicobacter* das Risiko, einen Schlaganfall zu erleiden, um etwa die Hälfte. Fast genauso weit senkt der Keim das Risiko für Lungenkrebs. Wird er dagegen aus dem Magen des Menschen vertrieben, steigt die Gefahr, an Asthma oder Allergien zu leiden.

Offensichtlich können auch andere Bakterien in unserem Verdauungstrakt vor Allergien und Asthma schützen. Das legen jedenfalls Experimente nahe, bei denen die Darmflora von Mäusen mithilfe von Antibiotika aus dem Gleichgewicht gebracht wurde. Bei ihnen konnte sich nach der Behandlung der Hefepilz *Candida albicans* besser vermehren und trat im Vergleich zu gesunden Tieren viel häufiger auf. Die Nager, die besonders viel Hefe im Bauch trugen, waren viel anfälliger für allergisches Asthma. Überträgt man dieses Ergebnis auf den Menschen, dann scheint es also besser zu sein, mehr Bakterien im Darm zu haben und weniger Hefe.

Eine Malaise kann die Darmflora dagegen hervorrufen, wenn Kinder einer Mangelernährung unterliegen. Die meisten Menschen hierzulande werden Bilder kennen, die afrikanische Kinder mit aufgeblähten Bäuchen zeigen. Diese leiden unter dem sogenannten Kwashiorkor. Dessen Krankheitsbild erzeugt den charakteristischen Hungerbauch, der durch Wassereinlagerungen am ganzen Körper, vor allem aber am Bauch, sowie eine vergrößerte Leber verursacht wird. Kwashiorkor bedeutet übrigens in der ghanaischen Ga-Sprache: »Die Krankheit, die ein Kind bekommt, wenn ein neues Kind geboren wird.« Neuere Studien belegen, dass die Darmflora entscheidend an der Ausprägung der Symptome beteiligt ist. Eine Zwillingsstudie im afrikanischen Staat Malawi konnte dies zeigen. Dazu wurde die Darmflora von Zwillingen, von denen einer unter Kwashiorkor litt und der andere nicht, auf Mäuse übertragen. Diese wurden ähnlich wie die malawischen Kinder ernährt. Nur die Mäuse, die die Mikroben erkrankter Kinder erhalten hatten, entwickelten daraufhin ebenfalls Kwashiorkor-ähnliche Symptome.

Diese Form der Unterernährung spielt in den industrialisierten Ländern nur eine untergeordnete Rolle. Allerdings tickt dort eine andere mikrobiologische Bombe. Die Bakterien in unserem Verdauungstrakt verarbeiten nämlich nicht nur Nahrung, die wir zu uns nehmen, sondern einfach alles, was wir schlucken – auch Medikamente. Manche Arzneistoffe werden dadurch erst in ihre aktive Form gebracht, manchmal kann sich die Umwandlung eines Wirkstoffs aber auch negativ auswirken. Das kann im schlimmsten Fall tödlich enden.

Davon ist auch eines der weltweit am häufigsten verkauften Schmerzmittel betroffen, und zwar Paracetamol. Diese Substanz besitzt neben ihrer schmerzlindernden Wirkung noch einen unerwünschten Nebeneffekt. Sie kann, wie alle Substanzen, in entsprechend hoher Dosierung giftig wirken und muss in der Leber entgiftet werden. Dies geschieht, indem sie dort von Enzymen unter anderem mit Schwefel verbunden wird. Dort arbeiten aber noch weitere Enzyme, die eigentlich auch Gifte entsorgen sollten. Bei Paracetamol erreichen sie allerdings das Gegenteil, denn sie wandeln es in eine sehr reaktionsfreudige, giftige Substanz um. Diese kann Zellen abtöten.

Nimmt man Paracetamol in den empfohlenen Konzentrationen ein, stellt dieser Nebeneffekt in der Regel kein Problem dar. Das können die Bakterien allerdings ändern. Sie produzieren nämlich eine p-Kresol genannte Verbindung, die auf demselben Entgiftungsweg wie Paracetamol vom Körper unschädlich gemacht wird. Strömt viel p-Kresol mit dem Blut durch die Adern, kann unsere Leber nicht so viel Paracetamol abbauen, wie sie eigentlich sollte. Damit steht dann mehr

Ausgangsstoff für die parallel stattfindende Reaktion zur Verfügung, bei der Paracetamol zum Zellgift umgewandelt wird. Im schlechtesten Fall kann das zu Leberschäden, Leberversagen und sogar zum Tod führen. Diese Auswirkung der Darmflora ist auch der Grund dafür, dass eine kleine Gruppe von Menschen eine viel geringere Dosis an Paracetamol benötigt als der Durchschnitt, um die wirksame Konzentration des Arzneimittels im Blut zu erreichen. Ihre Darmflora bildet deutlich mehr p-Kresol, als es bei anderen Menschen der Fall ist. Wegen dieser giftigen Wirkung wird das Medikament in Deutschland seit 2009 nur noch in kleineren Packungen abgegeben. In Großbritannien hatte man festgestellt, dass die Zahl der Suizide mit Paracetamol abnahm, nachdem man die Packungsgrößen verkleinert hatte. Das Mikrobiom ist jedenfalls ein weiterer Grund, das Medikament nicht über die empfohlene Dosis hinaus einzunehmen.

Andere Arzneistoffe, die auf demselben Weg wie Paracetamol in der Leber entgiftet werden, sind das Antihaarausfallmittel Minoxidil, das Antikrebsmittel Tamoxifen oder das Parkinsonmedikament Apomorphin. Auch bei diesen Pharmazeutika sollte man auf die Wirkung der Darmflora achten.

Tragisch wirkte sich die Missachtung der Wechselwirkungen zwischen Medikamenten und dem Mikrobiom in Japan aus. Dort starben in den 1990er Jahren 18 Menschen, weil sie zwei Arzneimittel gleichzeitig einnahmen. Sie erhielten einerseits das Krebsmedikament 5-Fluoruracil und zusätzlich das neue Mittel Sorivudin gegen das Herpes-Zoster-Virus. Die gleichzeitige Verabreichung beider Medikamente war leider nicht auf ihre Unschädlichkeit überprüft worden.

5-Fluoruracil wird zu etwa 85 Prozent in der Leber umgebaut und dadurch inaktiviert. Es kann intravenös oder oral verabreicht werden. Sorivudin wird oral genommen. Erst im Darm wandeln Bakterien die Arznei in ihre wirksame Form um. Diese wird in den Körper aufgenommen und in der Leber durch dasselbe Enzym wie 5-Fluoruracil umgebaut. Allerdings inaktiviert die Substanz, die dadurch entsteht, genau dieses Enzym dauerhaft. Deshalb kann die Leber bei gleichzeitiger Gabe von 5-Fluoruracil und Sorivudin das Krebsmedikament nicht mehr unschädlich machen. Es kommt zur Anhäufung des Mittels im Körper und schließlich zum Tod des Patienten. Sorivudin wurde wegen der Todesfälle vom Markt genommen. Ähnliche Präparate sind allerdings noch in der Anwendung, in Deutschland zum Beispiel das Antivirusmedikament Brivudin.

Deshalb mahnt das Bundesinstitut für die Sicherheit der Arzneimittel und Medizinalprodukte auch, Brivudin dürfe nicht zusammen mit 5-Fluoruracil angewendet werden. Das gilt für alle Substanzen dieser Stoffklasse, die sogenannten antineoplastischen 5-Fluoropyrimidine. Dazu gehören 5-Fluorouracil, einschließlich Darreichungsformen zur lokalen Anwendung, seine Vorläuferverbindungen wie Capecitabin, Fluoxuridin, Tegafur, andere 5-Fluoropyrimidine wie Flucytosin oder Kombinationsarzneimittel mit diesen Wirkstoffen. Bei aufeinanderfolgender Anwendung ist unbedingt eine vierwöchige Karenzzeit einzuhalten. Präparate, die nicht zusammen mit Brivudin eingesetzt werden dürfen, sind demnach 5-Benzyloxybenzyluracil, Capecitabin, 2,6-Dihydroxypyridin, Eniluracil (5-Ethynyluracil), Floxuridin, 5-Flucytosin, 5-Fluorouracil, Gimeracil, Uracil, PR-350, Ridaforolimus, Ro 09-4889, Sirolimus, Sorivudin, Tegafur und Uridin.

Ein weiteres Beispiel für die negative Auswirkung der Darmflora auf den Stoffwechsel von Medikamenten ist das

Antibiotikum Chloramphenicol. Manche Personen, die diesen Wirkstoff schlucken, haben besonders viele Bakterien im Darm, die das Pharmazeutikum zu einer schädlichen Verbindung umwandeln. Diese Substanz beeinträchtigt dann das Knochenmark, manchmal sogar irreversibel.

Die Darmflora muss sich aber nicht unbedingt schädlich bei der Einnahme von Medikamenten auswirken. Sie kann vielmehr auch dazu dienen, dass eine Arznei überhaupt erst aktiviert wird. Das geschieht beispielsweise bei dem Antibiotikum Sulfonamid. Wird es in einer seiner Vorstufen, beispielsweise als Prontosil oder Neoprontosil, verabreicht, wandelt es erst die Flora im Dickdarm zur wirksamen Arznei um.

Insgesamt ist die Studienlage zur Wechselwirkung zwischen dem Mikrobiom und einzelnen Medikamenten oder Kombinationspräparaten als dürftig einzuschätzen. Das mag daran liegen, dass die weitreichenden Auswirkungen des Mikrobioms in ihrer Vielfältigkeit noch nicht sehr lange bekannt sind. Das wird sich in naher Zukunft aber mit Sicherheit ändern.

Die **Wechselwirkungen** zwischen der Darmflora und dem menschlichen Organismus können zu verschiedenen Krankheiten führen. Dazu gehören Krebs, Diabetes Typ 2, Arteriosklerose und Rheuma.

Die Mikroorganismen können andererseits auch **vor Erkrankungen schützen**, zum Beispiel vor Schlaganfall, Asthma, Allergien, Krebs, Diabetes Typ 1 und Typ 2 sowie Arteriosklerose.

Die Darmflora verarbeitet nicht nur Nahrungsmittel, sondern auch **Medikamente**. Dadurch können schädliche Verbindungen entstehen. Manche Arzneimittel können dagegen erst wirken, wenn sie durch Bakterien umgewandelt wurden.

Die Mikrobe der menschlichen Dummheit

Als am 20. März 1849 ein 26-jähriger Ire das Segelschiff *Washington Irving* im Hafen von Liverpool bestieg, tat er das nicht freiwillig. Letztlich hatte ihn ein Mikroorganismus dazu gezwungen. Vor dem jungen Mann lag eine wochenlange Überfahrt im Zwischendeck des Schiffs Richtung Neue Welt. Er war bereit, diese Mühsal zu ertragen – eingezwängt zwischen Hunderten Leibern, die Luft zum Schneiden dick und stickig, schimmeligen Käse und feuchten Zwieback als Nahrung, gerade so viel Wasser, dass es knapp ausreichte, damit er nicht verdurstete. Dieser Aufenthaltsort war mehr Sarg als Behausung. Für mehr reichten aber die 70 Shilling nicht, die er für die Überfahrt zusammengekratzt hatte. Bei einem damals gebräuchlichen Wochenlohn von sechs bis sieben Shilling war bereits das eine gewaltige Summe.

Was den Mann antrieb, war die Hoffnung auf ein besseres Leben und die Angst vor dem Tod in seiner irischen Heimat. Dort litten die Menschen unter einer grausamen Hungersnot.

Bereits im Sommer 1845 waren die ersten Kartoffelpflanzen auf dem europäischen Festland massenhaft eingegangen. Ihre Blätter wurden gelb und die Pflanzen verkümmerten. Die Knollen blieben klein und waren wässrig. Im Herbst zeigten sich dieselben Symptome auch in Großbritannien. Da sich ein Großteil der irischen Bevölkerung beinahe ausschließlich von selbst angebauten Kartoffeln ernährte, schlug die Krankheit dort mit voller Wucht zu. Niemand wusste, dass es ein Pilz war, der die Pflanzen befiel, und so blühten die Spekulationen und obskurste Theorien wurden verbreitet. Von der Strafe Gottes wurde geredet, oder dass die schnell fahrende Eisenbahn ungünstige elektromagnetische Strahlen über die Felder sende. In der Zeit der großen Hungersnot zwischen 1845 und etwa 1850 verlor die Insel fast zweieinhalb Millionen Menschen. Eine Million war verhungert oder an Seuchen gestorben, eineinhalb Millionen waren in die USA oder nach Kanada und Australien ausgewandert.

Auch der junge Mann, der an jenem Tag im März 1849 sein Überfahrtsschiff bestieg, floh vor der Katastrophe. Er wollte sein Glück in der amerikanischen Stadt Boston an der Ostküste der USA versuchen. Am 22. April landete er dort.

In Boston wartete ein Freund auf ihn. Dieser arbeitete in einer örtlichen Brauerei, und da der junge Ire das Küferhandwerk gelernt hatte, fand auch er eine Anstellung. Bald wanderte dann die Cousine seines Freundes von Irland nach Boston aus und im November heirateten Patrick Kennedy und die geborene Bridget Murphy. Sie bekamen fünf Kinder. Sie konnten nicht ahnen, dass ihr Urenkel 1960 zum ersten und bislang einzigen katholischen Präsidenten der USA gewählt werden sollte. Somit hat der Pilz *Phytophtora infestans*, der, wie wir heute wissen, für die große Hungersnot in Irland verantwortlich war, seinen Anteil an der Präsidentschaft von John F. Kennedy.

Dass ein Mikroorganismus das Schicksal und auch das Verhalten einzelner Menschen oder sogar großer Massen steuert, mag bei diesem Beispiel noch eingängig sein. Schließlich haben vor allem Seuchen zu vielen Einrichtungen und Gewohnheiten geführt, die wir heute für selbstverständlich halten. So liegt ein Ursprung unseres heutigen Passwesens in der im 14. Jahrhundert grassierenden Pest. Während der Schwarze Tod in Europa wütete, führte die Stadtrepublik Venedig den sogenannten Pestbrief ein. Bürger konnten nur mit solch einem Gesundheitsausweis das Territorium der damaligen Handelsgroßmacht betreten. Das Dokument musste bescheinigen, dass sein Inhaber nicht von der Krankheit befallen war. Da immer mehr Fälschungen in Umlauf waren, wurde das Papier um detaillierte Angaben zur Person ergänzt und eine Kopie bei einer Behörde hinterlegt.

Auch unsere heutige Kanalisation verdanken wir wenigstens zum Teil dem Kampf gegen Seuchen. Typhus- und Cholera-Epidemien führten im 18. und vor allem 19. Jahrhundert dazu, dass die Europäer ein eigentlich jahrtausendealtes Wissen um diese Technologie wiederbelebten. Heute können wir uns eine Stadt ohne dieses System gar nicht mehr vorstellen.

Auch das christliche Fronleichnamsfest geht auf eine Mikrobe zurück. So soll der Priester Peter von Prag 1263 während einer Messe in der Kirche Santa Cristina im mittelitalienischen Bolsena das Brot für die Kommunion gebrochen und dabei Blutstropfen darauf entdeckt haben. Der Geistliche hatte zuvor Zweifel daran geäußert, dass sich während der Zeremonie Brot und Wein tatsächlich in den Leib und das Blut von Jesus Christus verwandeln. Während dieses Gottesdienstes sah er nun blutrote Flecken auf dem gebrochenen Brot. Der Priester glaubte selbstverständlich an ein Wunder und veranstaltete eine Prozession nach Orvieto zu Papst Urban IV. Dieser soll zum Anlass des »Wunders von Bolsena« das Fronleichnamsfest eingeführt haben und ließ den Dom zu Orvieto errichten. Heute nimmt man an, dass die Blutstropfen, die Peter von Prag gesehen haben will, rot gefärbte Kolonien des Bakteriums *Serratia marcescens* waren. Dieser auch als Hostienpilz bezeichnete Mikroorganismus gedeiht besonders gut auf Brot und Hostien, wenn sie nicht ausreichend trocken gelagert werden. Der Ausdruck Fronleichnam bezieht sich deshalb auch auf den Leichnam des Herrn. Fron, das vom mittelhochdeutschen »vrôn« für »alles, was den Herrn/die Herrschaft betrifft« abstammt, verwenden wir noch heute, zum Beispiel im Wort Frondienste. Mit froh, wie oft vermutet, hat das Fronleichnamsfest – zumindest sprachlich – also nicht zu tun.

Diese Beispiele beziehen sich auf das Auftreten eines Mikroorganismus in der Umwelt beziehungsweise auf Erreger, die Menschen befallen können. Sie entfalten ihre verhaltenssteuernde Wirkung über die Beeinflussung der Lebensumstände der Menschen. Aber können Mikroben auch direkt Einfluss auf uns und unsere Psyche nehmen? Können sie unser Verhalten gezielt manipulieren?

Die Suche nach einer möglichen Psychomikrobe beginnt in der Katze. In diesen schnurrenden Samtpfoten entwickelt sich der Mikroorganismus *Toxoplasma gondii.* Der Einzeller gehört zu den Protozoen und zählt zu den Eukaryoten, ist also kein Bakterium. In der Katze macht es sich *Toxoplasma* vor allem in den Zellen des Darms gemütlich. Dort produziert er auch seine Fortpflanzungszellen, sogenannte Oozysten, die mit dem Katzenkot ausgeschieden werden. Die Oozysten messen etwa zehn bis elf Mikrometer im Durchmesser. Das ist ungefähr doppelt so lang wie eine Bakterienzelle, aber etwa nur ein Zehntel der Größe einer durchschnittlichen tierischen Zelle. Ein menschliches Haar hat im Schnitt einen Durchmesser von 60 Mikrometern, ist also sechsmal dicker als eine *Toxoplasma*-Oozyste.

Im Erdreich oder auch im Wasser, überall dort, wo Katzenkot landet, können sie lange, teilweise Jahre, überdauern. Sie warten auf einen Wirt, wobei *Toxoplasma* dabei nicht sehr wählerisch ist; Hauptsache, es handelt sich um ein warmblütiges Wirbeltier – bevorzugt allerdings ein Säugetier. Der Mensch ist zwar nicht der eigentliche Zwischenwirt, den der Parasit im Visier hat. Könnte er wählen, wen er über die Luft oder den Boden infiziert, dann würde er sich wohl eine Ratte oder eine Maus aussuchen.

Dennoch kann der Einzeller auch Menschen befallen und ist vor allem für Schwangere und Personen mit geschwächtem Immunsystem gefährlich. Bei immungeschwächten Patienten kann der Erreger schwere neurologische Ausfälle verursachen. Erstinfektionen von Schwangeren können zu schwersten Schädigungen des Fötus führen bis hin zu Fehlgeburten. Neben Verunreinigungen durch Katzenkot gilt rohes Fleisch als zweite Ansteckungsquelle für *Toxoplasma.* Deshalb sollten schwangere Frauen kein rohes Fleisch essen und beim Umgang damit Handschuhe tragen.

Hat der Einzeller eine neue Herberge gefunden, schlüpft er in die Zellen seines neuen Gastgebers, unter anderem in Zellen des Immunsystems. Diese dendritischen Zellen haben üblicherweise die Aufgabe, Eindringlinge aufzuspüren und sie entweder zu verschlucken oder Bestandteile der Angreifer anderen Immunzellen zu präsentieren, damit sie die Abwehr auf den entsprechenden Gegner abstimmen können. *Toxoplasma* dringt in diese Zellen ein und kapert sie. Der Parasit veranlasst die sonst durch Blut und Lymphe flottierenden Zellen zu größerer Aktivität und der Produktion von Gamma-

Amino-Buttersäure, einem der wichtigsten Signalmoleküle im zentralen Nervensystem.

Nach den bisherigen Erkenntnissen führt das wohl dazu, dass *Toxoplasma* vermehrt mittels der dendritischen Zellen in seine Zielgewebe, also das zentrale Nervensystem und die Muskeln, eindringt. Dort bildet der Einzeller Zysten, also Dauerformen, mit denen er sich vor dem Immunsystem des Wirts verbirgt. Dieser Infektionsweg verläuft sowohl in Nagetieren als auch im Menschen ähnlich.

Eine derartige Infektion führt darüber hinaus zu einer Verhaltensänderung, zumindest bei Ratten und Mäusen. Fliehen die Nager normalerweise den Geruch von Katzen, so scheinen sie ihn nach einem Befall mit *Toxoplasma* förmlich zu suchen. Die Tiere verlieren die Scheu vor ihren Fressfeinden. Deshalb werden sie besonders leicht von den Stubentigern gefangen und gefressen.

Das ist ganz im Sinne des Parasiten, landet er so doch wieder in seinem eigentlichen Wirt, in dem er sich wieder sexuell vermehren und erneut Fortpflanzungszellen in dessen Kot abgeben kann. So schließt sich der Lebenszyklus von *Toxoplasma*.

Die Furchtlosigkeit vor Katzen ist aber nicht die einzige Verhaltensänderung, die der Einzeller bei Ratten bewirkt. Üblicherweise verschmähen die intelligenten Nager infizierte Artgenossen. Besonders die Weibchen weisen Paarungsversuche von erkrankten Männchen vehement ab. Nicht so, wenn *Toxoplasma* einen Rattenmann befallen hat. Dieser wirkt sogar anziehender auf weibliche Ratten als nicht infizierte Geschlechtsgenossen. Eventuell hängt das mit dem erhöhten Testosteronspiegel in männlichen Nagern zusammen, die *Toxoplasma* beherbergen.

Dass Mikroorganismen das Verhalten von Tieren steuern ist nicht so ungewöhnlich, wie man zunächst annehmen mag. So paaren sich Fliegen viel lieber mit jenen Artgenossen, die ein ähnliches Mikrobiom tragen wie sie selbst. Reichert man die Nahrung von Labormäusen mit dem Bakterium *Lactobacillus rhamnosus* an, werden sie mutiger als Nager, denen diese Ergänzung in ihren Mahlzeiten fehlt. Hyänen tragen in ihren Duftdrüsen ganz unterschiedliche Bakteriengemeinschaften, je nachdem welcher Gruppe sie angehören. Da die Mikroben jeweils unterschiedliche Geruchsprofile erzeugen, können sich Clanmitglieder untereinander erkennen. Fremde werden oft gnadenlos attackiert und vertrieben oder sogar getötet.

Wenn Mikroben so unterschiedliche Tiere wie Fliegen oder Ratten manipulieren können, gelingt ihnen das auch mit dem Menschen? Die Hinweise mehren sich, dass die Antwort auf diese Frage Ja lauten muss. Befällt beispielweise *Toxoplasma gondii* einen Menschen, verhält sich der Parasit genauso wie in einer Ratte. Er kapert Immunzellen, schleicht sich in unser Gehirn und bildet Zysten. Das wäre nicht weiter schlimm, denn dass wir uns todesverachtend einer Hauskatze zum Fraß vorwerfen, ist ja keine wirkliche Gefahr. Allerdings haben einige Wissenschaftler beunruhigende Zusammenhänge zwischen einer *Toxoplasma*-Infektion und Auffälligkeiten beim Menschen festgestellt.

Auch bei Männern erhöht der Parasit den Testosteronspiegel. Eine Untersuchung an *Toxoplasma*-positiven Studenten ergab außerdem, dass sie im Schnitt drei Zentimeter größer waren als nicht infizierte Kommilitonen und ihre Gesichter von Frauen allgemein als männlicher und markanter eingeschätzt wurden. Körperwuchs und männliche Gesichtszüge sind Eigenschaften, die Testosteron fördert.

Der Parasit manipuliert allerdings noch mehr, so zumindest die derzeitigen Ergebnisse wissenschaftlicher Studien. Er verzögert die Reaktionszeit, zumindest bei Männern. Vielleicht unterliegen Menschen, die mit *Toxoplasma* infiziert sind, deshalb einem höheren Unfallrisiko sowohl im Straßenverkehr als auch am Arbeitsplatz. Der Einzeller im Gehirn lässt Menschen außerdem weniger altruistisch sein als nicht infizierte, macht Männer misstrauischer als gesunde Geschlechtsgenossen und vieles mehr.

Beinahe beängstigend wirken Ergebnisse, nach denen eine *Toxoplasma*-Infektion mit suizidalem Verhalten zusammenhängen könnte. In mehreren Studien konnte gezeigt werden, dass *Toxoplasma*-positive Testpersonen viel häufiger einen Selbstmordversuch unternommen hatten als Vergleichsgruppen. Hoffnung wecken diese Resultate allerdings deshalb, weil es damit einmal möglich sein könnte, gefährdete Personen zu erkennen. Vielleicht lässt sich auch bei jenen, die einen Selbsttötungsversuch überlebt haben, das Wiederholungsrisiko besser einschätzen. Bedenklich sind solche Hinweise jedoch auch deshalb, weil weltweit zwischen zehn und 30 Prozent der Menschen mit *Toxoplasma* infiziert sind. In Deutschland sterben jedes Jahr etwa 10 000 Menschen durch Suizid. Weltweit, so schätzt die Weltgesundheitsorganisation, nehmen sich jährlich etwa eine Million Menschen das Leben. Versuche zur Selbsttötung ereignen sich zehn bis 20 Mal häufiger. Das bedeutet, dass sich alle 40 Sekunden ein Suizid abspielt und alle drei Sekunden ein entsprechender Versuch. Wenn *Toxoplasma* also dazu führte, dass sich das Suizidrisiko erhöht, dann wäre er für Hunderttausende Todesfälle pro Jahr verantwortlich.

Allerdings existiert zwischen diesen Verhaltensänderungen und der Anwesenheit von *Toxoplasma*-Zysten im Gehirn zunächst nur eine Korrelation. Eine Kausalität ist bis jetzt noch nicht bewiesen, nicht bei Tieren und erst recht nicht beim Menschen.

Bei einem bestimmten Symptom sind Forscher mit dem Beleg einer Kausalität zwischen Mikroorganismus und psychischer Veränderung jedoch mittlerweile recht weit entlang der Beweiskette vorgedrungen, wenn auch noch nicht bis zu ihrem Ende. So existiert eine nachweisbare Verbindung zwischen dem Auftreten von *Toxoplasma* und dem Zeitpunkt, an dem eine Schizophrenie ausbricht. Der Einzeller könnte sogar die Ausprägung der Erkrankung beeinflussen. Jedenfalls tritt bei *Toxoplasma*-freien Personen die Krankheit unabhängig vom Geschlecht durchschnittlich im Alter von 23 Jahren zum ersten Mal auf. Schleicht sich *Toxoplasma* allerdings in das Gehirn von Menschen, dann leiden Männer erst durchschnittlich ab 23,5 Jahren an Schizophrenie, Frauen sogar erst im Alter von durchschnittlich 27 Jahren. Der Parasit verstärkt darüber hinaus die Symptome der Erkrankung und verändert die Struktur des Gehirns. Schizophrenie-Patienten ohne *Toxoplasma* weisen eine wesentlich dichtere graue Masse im Gehirn auf als Infizierte.

Wie der Erreger die psychische Erkrankung tatsächlich beeinflussen könnte, haben Versuche mit Mäusen gezeigt. Der Parasit überdauert in seinem Zwischenwirt im Gehirn und dort in Nervenzellen. Untersucht man diese Zellen stellt man fest, dass sie einen deutlich erhöhten Spiegel des Botenstoffs Dopamin aufweisen. Unter anderem produziert *Toxoplasma* nämlich ein Enzym, das seinerseits eine Vorstufe von Dopamin herstellt.

Dopamin ist an der Signalübertragung im Zusammenhang mit Bewegungen beteiligt und verleiht dem Menschen Glücksgefühle. Außerdem gelten ein dauerhaft zu hoher Dopaminspiegel beziehungsweise eine Überaktivität seines Signalwegs als mögliche Auslöser einer Schizophrenie. Wenn dies zutrifft, wäre der erhöhte Dopaminspiegel in Gehirnnerven, die mit *Toxoplasma* infiziert sind, eine mögliche Erklärung dafür, dass der Parasit an der Entstehung der psychischen Erkrankung mitwirken kann.

Toxoplasma gondii zählt als Einzeller zwar zur mikrobiologischen Welt, allerdings gehört er als nur gelegentlich auftretender Parasit per definitionem nicht zum festen Bestandteil unseres Mikrobioms. Kann aber die Gemeinschaft der Winzlinge, die uns üblicherweise bewohnt, ebenfalls unsere Psyche beeinflussen? Die Antwort lautet wieder eindeutig: »Ja.«

Bereits in der Sprache schlägt sich diese Erkenntnis intuitiv nieder. Wir haben ein gutes oder schlechtes Bauchgefühl. Damit drücken wir aus, dass wir unbewusst etwas wahrnehmen, das wir nicht so recht in präzise Worte fassen können. Dennoch legen wir sehr viel Wert auf dieses Bauchgefühl und berücksichtigen es bei unseren Entscheidungen – manche machen sie sogar davon abhängig. In jedem Fall wirkt unser Bauch auf unser Gehirn.

Wenn wir dagegen ängstlich oder nervös sind oder unter starkem Stress stehen, dann schlägt uns etwas sprichwörtlich auf den Magen. Damit beschreiben wir indirekt die zweite entscheidende Interaktion zwischen unserem Verdauungstrakt und dem zentralen Nervensystem, nämlich die Wirkung des Gehirns auf den Darm. Denn nichts anderes ist mit dieser Formulierung gemeint. Eine Regung in unserem Gehirn beeinflusst unseren Verdauungstrakt gezielt.

Wie sich diese Wechselwirkungen zwischen Bauch und Gehirn physiologisch abspielen, entschlüsseln Forscher nun immer besser. Eines der bahnbrechenden Experimente auf diesem Forschungsfeld beschrieb der japanische Mediziner Nobuyuki Sudo im Jahr 2004. Hielt er Mäuse keimfrei, dann reagierten sie besonders empfindlich auf Stress. In ihrem Blut fanden sich vermehrt die Stresshormone Adrenocorticotropin und Corticosteron, an deren Ausschüttung die Hypothalamus-Hypophysen-Nebennierenrinden-Achse (HPA-Achse) entscheidend beteiligt ist.

Der Hypothalamus ist ein Teil des Zwischenhirns und über Hormone zentral an der Steuerung von vegetativen, also unbewusst ablaufenden Funktionen des Körpers beteiligt, zum Beispiel der Körpertemperatur, der Schlafregulation, Hunger, Durst, aber auch des Bindungsverhaltens. Eine entscheidende Aufgabe des Hypothalamus ist die Brückenbildung zwischen Nervensystem und dem System der Hormone in unserem Körper. Dazu steht er in enger Verbindung mit der Hypophyse, auch Hirnanhangdrüse genannt. Diese produziert verschiedene Botenstoffe und schüttet sie aus. Prinzipiell wirken diese auf zwei unterschiedliche Arten von Gewebe. Entweder steuern sie direkt bestimmte Zielorgane an oder sie wirken auf nachgelagerte Drüsen im Körper, die ihrerseits wieder andere Botenstoffe ausschütten.

Bei der HPA-Achse geschieht im Beispiel der gestressten Mäuse Folgendes: Der Hypothalamus regt die Hypophyse dazu an, Adrenocorticotropin ins Blut abzugeben. Das Hormon gelangt zur Nebennierenrinde – Drüsengewebe, das unter anderem Corticosteron produziert. Die Nebennierenrinde schüttet dieses Stresshormon aus und versetzt den Körper damit in die Lage, besonders schnell und viel Energie für etwaige Kampf- oder Fluchtreaktionen zu mobilisieren.

In den Versuchen, die Sudo durchführte, zeigte sich dann, dass die Spiegel der Stresshormone bei steril gehaltenen Mäusen viel höher waren als bei Tieren, deren Darm man mit Mikroben besiedelt hatte. Folglich, so der Wissenschaftler, hatte das Mikrobiom eindeutig Einfluss auf einen wichtigen Signalweg des zentralen Nervensystems. Weitere Experimente konnten zeigen, dass die Besiedelung mit Darmkeimen nur am Beginn des Mäuselebens die Stressreaktion der Tiere dämpfen kann. Kolonisiert man den Darm von bereits erwachsenen Nagern, bleibt dieser Effekt aus. Dieser Wirkmechanismus zeigte sich auch bei anderen Studien, bei denen keimfreie Nager mutiger waren als jene mit Darmmikroben. Auch diese Verhaltensänderung ließ sich bei rechtzeitiger Besiedelung des Darms rückgängig machen. Die kritische Phase liegt dabei zwischen der dritten und zehnten Lebenswoche der Mäuse. Keimfreie Tiere, die nach drei Wochen eine Darmflora erhielten, zeigen später ein normales Angstverhalten. Tiere, die erst nach zehn Wochen eine Darmflora erhalten, bleiben wesentlich mutiger als andere Artgenossen.

Wer jetzt seine Darmflora verflucht, weil er sie für seine Ängstlichkeit verantwortlich macht, reagiert vorschnell. In anderen Experimenten wurden nämlich manche keimfreien Mäuse mutiger, wenn man sie mit Mikroben besiedelte. Es kommt wohl eher auf die Zusammensetzung der Darmflora und ihr Zusammenspiel mit ihrem Träger an. Mikroben im Darm machen jedenfalls nicht von vornherein ängstlich.

Auch im Menschen existiert eine HPA-Achse. Im Unterschied zu Mäusen schüttet unsere Nebennierenrinde hauptsächlich das Stresshormon Cortisol aus anstatt Corticosteron. Ansonsten ähneln sich die beiden Systeme in Nagern und Menschen sehr. Das lässt vermuten, dass sich ähnliche Einflüsse von Mikroben auch in *Homo sapiens* finden lassen. Tatsächlich erhärtet eine Studie, die im Juni 2013 veröffentlicht wurde, diesen Verdacht. Danach sind probiotische Bakterien in der Lage, das menschliche Gehirn zu manipulieren.

Während des Experiments mussten zwölf gesunde Frauen jeweils zweimal am Tag 125 Gramm Joghurt zu sich nehmen. Dieser war mit probiotischen Bakterien angereichert, namentlich mit *Bifidobacterium animalis, Streptococcus thermophiles, Lactobacillus bulgaricus* und *Lactococcus lactis.* Eine Vergleichsgruppe von elf Probandinnen aß dieselbe Menge eines unvergorenen Milchprodukts und eine weitere Gruppe von 13 Frauen erhielt keine besondere Ernährungsergänzung. Vor und nach dem Versuch wurden die Gehirne der Testpersonen mithilfe eines Magnetresonanztomografen untersucht, der es erlaubt, die Aktivität der einzelnen Hirnareale festzustellen. Das Ergebnis: Die Frauen, die Probiotika zu sich genommen hatten, zeigten im Vergleich zu den anderen Probandinnen eine geringere Aktivität in Gehirnbereichen, die körperliche Empfindungen, aber auch Emotionen verarbeiten. Gleichzeitig war bei den Joghurt-Esserinnen ein bestimmter Bereich des Mittelhirns, das periaquäduktale Grau, stärker mit kognitiven Bereichen des Gehirns vernetzt als bei den anderen Testteilnehmerinnen. In diesem Areal entscheidet sich unter anderem, ob das Gehirn Schmerzreize weiterleitet und letztendlich wahrnimmt. Bei den Vergleichsgruppen war dieser Bereich dagegen stärker mit emotionalen und sensorischen Arealen des Gehirns vernetzt. Auch wenn in diesem Experiment kein Verhalten überprüft wurde sondern lediglich die Veränderung in der Aktivität verschiedener Hirnregionen, so belegt diese Studie zumindest, dass Mikroben in unserem Darm einen Einfluss auf unser Gehirn haben.

Diese zunächst erstaunliche Tatsache wirkt bei näherer Betrachtung fast selbstverständlich. Unser Verdauungstrakt wird nämlich von einer gewaltigen Zahl an Nervenzellen umhüllt. Wie ein Netzstrumpf schmiegt sich dieses Geflecht um Speiseröhre, Magen und vor allem Darm. In der Literatur finden sich sehr unterschiedliche Angaben darüber, wie viele Neuronen, also Nervenfasern, dieses als enterisches Nervensystem bezeichnete Gespinst bilden. Zwischen 100 und 600 Millionen sollen es sein. Jedenfalls rangiert das auch Darmhirn genannte System damit in der Größenordnung des Rückenmarks.

Die Ausmaße des enterischen Nervensystems verdeutlichen einerseits die Bedeutung der Verdauung für den Organismus und machen andererseits besser nachvollziehbar, weshalb der Verdauungstrakt Einfluss auf den gesamten Körper und somit auch auf die Psyche entfalten kann. Weil es sogar exakt dieselben Signalstoffe verwendet wie unser Gehirn im Kopf sprechen manche Wissenschaftler auch von einem zweiten Gehirn. Tatsächlich befinden sich beispielsweise etwa 95 Prozent des Hormons Serotonin im menschlichen Körper im enterischen Nervensystem. Serotonin ist an der Regulation vieler Vorgänge beteiligt. Es steuert beispielsweise das An- beziehungsweise Entspannen verschiedener Muskeln, wirkt auf das Herz-Kreislauf-System, ist an der Blutgerinnung beteiligt und findet sich auch in nahezu jedem Bereich des Gehirns. Unter anderem hilft es bei der Wahrnehmung und moduliert Stimmungslagen. Eine Überdosis kann zu Panikattacken führen, ein zu niedriger Spiegel zu Depressionen oder Angstzuständen. Im Verdauungstrakt sorgt Serotonin als wichtiger Botenstoff des enterischen Nervensystems für die konvulsive Kontraktion und Entspannung der Muskulatur, die den Nahrungsbrei immer weiter Richtung After schiebt.

Neben dieser motorischen Funktion erfüllt das Darmhirn vor allem die Aufgabe, das zentrale Nervensystem über den Zustand des Verdauungstraktes zu informieren. Millionenfach regen deshalb feine Neuronen die Schleimhäute von Speiseröhre, Magen und Darm an. Sie machen es beispielsweise möglich, überhaupt erst ein Völlegefühl wahrzunehmen, wenn wir zu viel gegessen haben, oder Schmerzen bei Bauchkrämpfen, Blähungen oder Durchfall.

Erstaunlicherweise sind einige Bakterien in unserem Darm in der Lage, jene Botenstoffe zu produzieren, die auch unser Nervensystem zur Übermittlung von Signalen benutzt. Dazu gehören neben den Glückshormonen Dopamin und Serotonin auch Gamma-Amino-Buttersäure (GABA) oder Acetylcholin. Im zentralen Nervensystem erfüllt GABA beispielsweise die Aufgabe der Beruhigung und der Dämpfung von Ängsten. Acetylcholin ist unter anderem entscheidend an der Befehlsübertragung an die Muskeln beteiligt. Ob und wie diese mikrobiell erzeugten Signalmoleküle auch den Zellen des menschlichen Körpers etwas mitteilen, muss noch erforscht werden. Überraschen würde es mittlerweile jedenfalls nicht mehr.

In einigen Studien haben die winzigen Untermieter bereits unter Beweis gestellt, dass sie auch das können. Ein erster Hinweis darauf ist der bereits erwähnte Effekt, den die präbiotische Verbindung Inulin als Nahrungsergänzungsmittel hat. Sie senkt den Spiegel des Hungerhormons Ghrelin im Blut, was eindeutig zu Verhaltensänderungen führt. Inulin gilt als allgemein förderlich für die Dickdarmflora.

Im Tierversuch zeigt sich der Einfluss der Mikroben noch viel direkter. Keimfreie männliche Mäuse haben eine erhöhte

Konzentration von Tryptophanvorläufern im Gehirn. Diese Aminosäure wirkt stimmungsaufhellend. Auch der Tryptophanspiegel im Blut war im Vergleich zu Mäusen mit Darmmikroben höher. Dieses Gute-Laune-Doping ließ sich durch Besiedelung mit Bakterien nur dann umkehren, wenn sie vor dem Ende des Säugens durchgeführt wurde. Erhielten die männlichen Mäuse dagegen erst eine Darmflora, nachdem die Mutter aufgehört hatte, sie zu säugen, dann nahm zwar der Tryptophangehalt des Bluts ab. Im Gehirn verringerte sich die Konzentration seiner Vorläufersubstanzen dagegen nicht, was einen deutlichen Hinweis auf einen dort höheren Tryptophanspiegel liefert. Dem Körper weiblicher Tieren war das alles vollkommen egal. Bei ihnen zeigten sich diese Veränderungen nicht.

Die Bakterien im Darm beeinflussen aber nicht nur die Konzentration von Botenstoffen im Körper, sie manipulieren auch die Nervenzellen. So sind Neuronen des enterischen Nervensystems von Mäusen viel leichter reizbar, wenn ihr Darm von Mikroben bewohnt wird, als das bei keimfreien Nagern der Fall ist. Das würde erklären, weshalb keimfreie Tiere den Schmerz einer Darmentzündung nicht oder zumindest viel weniger spüren.

Neben der direkten Manipulation der Nerven kann unser Mikrobiom im Verdauungstrakt noch indirekte Wege wählen, um uns zu steuern. Wie beim Übergewicht bereits erwähnt, können die Mikroben im Darm zu entzündlichen Reaktionen des Immunsystems führen. Diese müssen nicht so schwerwiegend sein, dass wir sie bewusst wahrnehmen. Unser Körper bemerkt sie allerdings schon.

Gelangen Bakterien oder Bestandteile ihrer Zellen in den Körper, schlägt das Immunsystem Alarm. Die Signalmoleküle, die dabei freigesetzt werden, wirken auch auf das Nervensystem. Manche der Substanzen können sogar bis ins Gehirn vordringen. Ein wesentliches System, das sie beeinflussen, ist der Nervus vagus. Er entspringt direkt im Gehirn und ist an der Regulation nahezu aller inneren Organe beteiligt. Gleichzeitig überträgt er Signale aus dem Körper ins Gehirn.

Die Signalstoffe des Immunsystems, sogenannte Cytokine, kurbeln die Aktivität des Nervus vagus an. Die bekannten Krankheitssymptome wie Schläfrigkeit, Ermattung, Konzentrations- und Gedächtnisprobleme sind unter anderem darauf zurückzuführen. Nicht zuletzt wird derzeit in der Wissenschaft diskutiert, ob nicht auch die Nachwirkungen eines übermäßigen Alkoholkonsums daher resultieren. Jedenfalls könnten die Bakterien in unserem Darm über Entzündungsreaktionen auch solche Symptome auslösen. Vielleicht verschaffen uns ja miese Mikroben einen üblen Kater nach durchzechter Nacht.

Bei diesen weitreichenden Wirkungen des Mikrobioms auf neuronale Vorgänge liegt die Vermutung nahe, dass zumindest einige neurologische Erkrankungen ebenfalls mit Bakterien im Verdauungstrakt zusammenhängen. Obwohl es derzeit noch sehr wenige Studien dazu gibt, deutet sich bereits jetzt eine mögliche Verbindung zwischen Darmmikrobiom und Autismus an. So zeigen Kinder mit dieser Erkrankung im Vergleich zu gesunden eine veränderte Darmflora. Sie leiden auffällig oft unter Problemen wie Verstopfung, Durchfall, Bauchschmerzen oder Blähungen. Einen indirekten Beleg für den Zusammenhang zwischen Darmflora und Autismus lieferte darüber hinaus eine Studie mit Vancomycin. Dieses Antibiotikum wird im Verdauungstrakt nicht in den Körper aufgenommen. Schluckt man es, entfaltet die Arznei ihre

Wirkung also nur im Inneren des Darms. Die Einnahme des Antibiotikums milderte einige Symptome von Autismus bei den Kindern, die an dem Experiment teilnahmen, leicht.

Auch Depressionen stehen mittlerweile im Verdacht, von Bakterien beeinflusst, wenn nicht gar ausgelöst zu werden. Zumindest lässt sich statistisch eine eindeutige Korrelation zwischen Depressionen und Problemen im Verdauungstrakt belegen. Dazu gehören Morbus Crohn, Colitis ulcerosa und Reizdarm. Allerdings ist damit noch keine Kausalität belegt. Außerdem stellt sich nach wie vor die Frage nach Henne und Ei, sprich, welche Störung zuerst auftritt und welche lediglich eine Begleiterscheinung ist. Gleiches gilt für Spekulationen, dass die Darmflora bei der Entstehung von multipler Sklerose und der Alzheimerkrankheit mitwirkt.

Unser Körper und unsere Psyche sind den Mikroben im Darm allerdings nicht passiv ausgeliefert. So wie das Billionenheer der Winzlinge auf uns wirkt, so beeinflusst auch unser Gehirn das Mikrobiom im Bauch. Mäuse empfinden Stress unterschiedlich, je nachdem, ob sie Bakterien im Darm tragen oder nicht. Umgekehrt wirkt sich Stress aber auch auf die Zusammensetzung der Mikrobengemeinschaft aus. So verändert Stress die Darmflora von Mäusen deutlich; Zahl und Vielfalt der Bakterien nimmt ab. In der Folge sind die Tiere anfälliger für Infektionen. Bei Ratten erhöht Stress die Durchlässigkeit der Darmwand, was auch Bakterien und ihren Bestandteilen das Eindringen in den Körper erleichtert. Dort rufen sie dann wiederum Entzündungsreaktionen hervor.

Stress löst weiterhin die Ausschüttung verschiedener Signalmoleküle durch Nerven- oder Schleimhautzellen in Magen und Darm aus. Vor allem Noradrenalin gilt dabei als bedenklich, denn im Labor konnte der Botenstoff verschiedene Darmkeime vom harmlosen Bewohner zum krank machenden Keim verwandeln, zum Beispiel *Escherichia coli.* Der Einzeller bildet unter Noradrenalinwirkung sogenannte Pili, haarähnliche Anhängsel an der Zelle, und produziert ein Gift. Das Bakterium *Pseudomonas aeruginosa* wird ebenfalls durch Stresshormone zu einem gefährlichen Erreger.

Ein weiteres Beispiel, wie das zentrale Nervensystem auf den Darm wirkt, bezieht sich ebenfalls auf Stress. Er verschlimmert die Symptome von Darmentzündungen, die wiederum einen Einfluss auf das Mikrobiom entfalten. Gleichzeitig erhöht Stress die Ausschüttung von Abwehrstoffen, sogenannten Defensinen, durch die Paneth-Zellen der Darmschleimhaut. Wer unter Depressionen leidet, hat gleichzeitig ein erhöhtes Risiko, an Darmentzündungen zu erkranken.

Die einfachste und am leichtesten nachzuvollziehende Art, wie unser Gehirn die Darmflora beeinflusst, ist die Wahl der richtigen Ernährung. Auch dabei spielt unser Gehirn die entscheidende Rolle. Es nimmt zunächst Reize wahr, beispielsweise Werbung, Lebensmittel auf einem Buffet, im Supermarktregal sowie beim Obsthändler oder auch nur den Text einer Speisekarte. Egal wo, wie und was wir essen, immer trifft unser Gehirn die Entscheidung. Manchmal laufen diese Prozesse unbewusst ab, manchmal entscheiden wir gezielt nach eingehender Überlegung – und das hat letztendlich auch Auswirkungen auf unser Mikrobiom.

Einige Studien belegen sogar, dass wir nicht nur unsere Darmflora damit beeinflussen können, sondern dass unsere Ernährung auch wieder psychologische und neurologische Effekte hat. Wer hauptsächlich verarbeitete Lebensmittel zu sich nimmt, besonders gern fette Speisen und Frittiertes isst, sehr viele Süßigkeiten verputzt und raffinierte Kohlenhydrate verspeist, hat ein deutlich erhöhtes Risiko, an einer Depression zu erkranken. Menschen, die viel Fisch, Gemüse und Obst essen, haben dagegen ein geringeres Risiko. Bei ähnlichen Untersuchungen fand man heraus, dass Personen, die sich mit der sogenannten Mittelmeerdiät ernähren, also viel Fisch, Gemüse, Obst und Pflanzenöle mit reichlich ungesättigten Fettsäuren zu sich nehmen, länger in ihrem Leben gute kognitive Leistungen erbringen als jene, die sich mit der sogenannten westlichen Diät mit viel Fleisch, Fett, Zucker und raffiniertem Mehl ernähren.

Der Beleg dafür, dass zumindest ein Teil dieser Einflüsse über das Mikrobiom gesteuert wird, fehlt zwar noch. Es wäre aber eher erstaunlich, wenn unsere Darmflora dabei keine Rolle spielen würde.

Im Verhältnis zwischen unseren Mikroben und unserem Nervensystem sowie unsere Psyche bleibt noch vieles zu entdecken. Es ist eines der spannendsten Gebiete innerhalb der Mikrobiomforschung. Eines wird aber, trotz aller Bemühungen, auch heutigen Mikrobiologen nicht gelingen. Es wird ihnen ergehen wie dem Dr. med. Hiob Prätorius in der gleichnamigen Komödie des Schriftstellers, Regisseurs und Schauspielers Curt Goetz. In dieser muss sich der Titelheld als menschenfreundlicher Arzt vor einem Ehrengericht gegen allerlei dubiose und neidgetriebene Vorwürfe zur Wehr setzen. Mit Gelassenheit und Humor gelingt ihm das auch. Nur die Mikrobe der menschlichen Dummheit, die er für ansteckend hält, kann er nicht finden. Auf einer Autofahrt hadert er einmal mehr damit und fragt seine Frau, weshalb er sein Ziel nicht erreicht. Daraufhin flüstert sie ihm ins Ohr: »Wahrscheinlich, Liebling, bist du zu dumm.« Das amüsiert den

Mediziner so kolossal, dass er einen Lachanfall bekommt, deshalb mit dem Auto gegen einen Baum fährt und mit seiner Frau tödlich verunglückt.

Was dem Dr. med. Hiob Prätorius nicht gelang, wird auch keinem anderen Forscher glücken. Das, so darf man prophezeien, wird niemandem gelingen.

Der menschliche Verdauungstrakt besitzt ein eigenständiges Nervensystem. Dieses **enterische Nervensystem** besteht aus 100 bis 600 Millionen Zellen. Es steuert Funktionen des Darms und übermittelt Informationen vom Verdauungstrakt zum Gehirn.

Die Darmflora hat **weitreichende Auswirkungen auf das Nervensystem** des Menschen und die menschliche Psyche.

Darmmikroben produzieren **Botenstoffe**, die auch der menschliche Organismus nutzt. Über **Entzündungsreaktionen** können Bakterien ebenfalls die Psyche beeinflussen.

Erkrankungen wie **Schizophrenie, Depression oder Autismus** stehen im Verdacht, durch die Darmflora mit verursacht zu werden.

Die richtige Ernährung kann dazu beitragen, eine gesunde Darmflora zu erhalten und dadurch die geistige Leistungsfähigkeit zu unterstützen und **vor psychischen Erkrankungen zu schützen.**

Weshalb Napoleons Frau sich doch gewaschen hat

Als am 5. Mai 1821 um 17:49 Napoleon Bonaparte in Longwood auf der Insel St. Helena seinen letzten Atemzug getan hatte, endete damit nicht nur eine der unglaublichsten Biografien der Geschichte. Der Todestag des ehemaligen Kaisers der Franzosen, des bewunderten oder gehassten Feldherrn, markiert auch den Beginn einer nicht enden wollenden Legende. Die Engländer, die den Franzosen seit Oktober 1815 auf der mitten im Atlantik gelegenen Insel gefangen hielten, sollen ihren ehemaligen Erzfeind vergiftet haben – und zwar mit Arsen. Die Anhänger dieser Theorie stützen sich unter anderem auf die deutliche Verschlechterung von Napoleons Gesundheitszustand ab Ende 1820. Bereits ab März 1821 war der Gefangene dann bettlägerig geworden und hatte sein Lager nicht mehr verlassen. In der Nacht vor seinem Tod fiel er ins Koma, aus dem heraus er noch die Worte »Kopf … Armee!« gerufen haben soll, woraus die spätere Legendenbildung dann ein beherztes »An die Spitze der Armee!« gemacht hat. Die Vorstellung eines siechen, unbewusst stammelnden Menschen passte wohl zu wenig zu dem einstigen Eroberer.

Um die andauernden Spekulationen über die Vergiftungstheorie zu beenden, untersuchten italienische Physiker Haarproben Napoleons aus seiner Kindheit, aus seinem ersten Exil auf der Mittelmeerinsel Elba und von seinem Todestag auf Spuren des giftigen Elements. Zusätzlich verglichen sie die Messergebnisse mit Proben von Napoleons ehemaliger Gattin Josephine, seinem Sohn und zehn heute Lebenden. Zwar fand sich in den Haaren des Verstorbenen etwa 100 Mal mehr Arsen, als das bei heutigen Personen der Fall ist. Diese hohe Konzentration entspricht aber derjenigen, die andere Zeitgenossen Napoleons aufwiesen. Die Wissenschaftler führen das auf die damaligen Gewohnheiten zurück. Anfang des 19. Jahrhunderts fand Arsen noch vielfältige Verwendung in Pudern, Salben und Arzneimitteln. Das Gift wurde auch zur Schädlingsbekämpfung eingesetzt und in Wandfarben verwendet. Grenzwerte für den Schadstoff waren damals unbekannt. Menschen dieser Zeit hatten also reichlich Gelegenheit, sich mit Arsen zu kontaminieren. Obwohl damit die Mutmaßungen über eine Vergiftung Napoleons beendet werden könnten, werden diese wohl auch weiterhin von Anhängern einer Verschwörung gegen den kleinen Korsen angestellt werden.

Einen weiteren Beweis gegen die Vergiftungstheorie hätte man liefern können, wenn man Hautproben des Franzosen zur Hand gehabt hätte. Denn, so fand eine Studie heraus, eine Arsenvergiftung verändert auch das Mikrobiom auf der Haut eines Menschen in typischer Weise. Bestimmte Bakterien, die uns besiedeln, treten bei einer Vergiftung häufiger auf, vor allem *Escherichia coli* und Arten von *Pseudomonas*. Andere Einzeller kommen dagegen bei Gesunden überhaupt nicht vor, bei Arsenopfern allerdings schon, zum Beispiel Arten von *Neisseria, Klebsiella* oder *Acinetobacter*. Eine mikrobiologische Analyse einer Hautprobe hätte demnach den Spekulationen um Napoleons Todesursache weiter den Boden entziehen können.

Doch sein Tod ist nicht der einzige Anknüpfungspunkt zwischen dem Kaiser der Franzosen und dem Mikrobiom. Schließlich wird ihm nachgesagt, er habe seiner damaligen Gattin Josephine während der Rückkehr von einem Feldzug geschrieben: »Wasche dich nicht! Ich kehre bald zurück.« So oder so ähnlich wird er immer wieder zitiert.

Allerdings lässt sich die Echtheit dieses Zitates schwer belegen, zumindest findet sich in einer Sammlung von 228 Briefen Napoleons an Josephine keine derartige Äußerung. Die Kaisergattin war stattdessen dafür bekannt, dass sie jeden Morgen ein Bad nahm. Gut möglich, dass diese angebliche Anekdote auf englische Propaganda zurückgeht. Gerade zu Zeiten Napoleons ließen die Briten nichts unversucht, ihren Feind in möglichst schlechtem Licht darzustellen. Bis heute pflegen manche Engländer das Vorurteil, gerade Franzosen seien besonders unreinliche Menschen.

Die vorgebliche Aufforderung Napoleons an Josephine, sich nicht zu waschen, erscheint uns heute nicht so erstaunlich, da mittlerweile allgemein bekannt ist, dass Menschen ihre Sexualpartner auch mithilfe des Geruchs auswählen. Wir haben eine feine Nase dafür, ob wir zueinanderpassen oder nicht. Schließlich besagt dies ja schon die Redewendung, dass man jemanden nicht riechen kann. Männer erschnüffeln beispielsweise, ob eine Frau kurz vor ihrem Eisprung steht, also in die fruchtbare Phase im Verlauf des Monatszyklus kommt. Frauen riechen dagegen, ob sich das Immunsystem des angehenden Partners möglichst deutlich von ihrem eigenen unterscheidet. Das verschafft dem Nachwuchs nämlich bessere Abwehrkräfte und erhöht so dessen Überlebenswahrscheinlichkeit. Wie wir duften oder auch stinken, bestimmt allerdings nicht unser Körper allein. Unser Bukett komponieren eher die Mikroben als wir selbst, denn ein Großteil der Moleküle, die von uns in die Nase unseres Gegenübers wabern, stammt von unseren Untermietern. Insofern ist dies auch ein weiteres Beispiel dafür, wie Mikroorganismen unser Verhalten steuern. Sie entscheiden sogar bei der Partnerwahl mit.

Die menschliche Haut stellt mit einer Fläche von eineinhalb bis zwei Quadratmetern und einem Gewicht von bis zu zehn Kilogramm eines der größten Organe des Menschen dar. Sie ist grob in drei Schichten eingeteilt, die Oberhaut (Epidermis), die Lederhaut (Cutis) und die Unterhaut (Subcutis). Die Dicke der Oberhaut ist sehr variabel und beträgt zwischen 0,1 bis vier Millimeter. Sie verhindert einerseits, dass wir austrocknen. Andererseits schützt sie unseren Körper davor, dass fremde Stoffe oder Lebewesen in uns eindringen.

Unsere Haut bildet allein schon dadurch, dass sie nahezu durchgehend geschlossen ist, eine erhebliche Barriere für mögliche Eindringlinge. Darüber hinaus produziert sie ständig einen Schutzfilm aus Schweiß und Talg. Dieser stammt aus den Schweiß- und Talgdrüsen der Haut und weist im Idealfall einen pH-Wert von 5,5 auf. Diese leicht saure Umgebung macht vielen Mikroben das Überleben bereits schwer.

Die menschliche Haut bietet sehr unterschiedliche Lebensräume: Manche Areale wie die Oberschenkel oder der Rücken sind sehr trocken, andere Partien bieten eher ein feuchtes Klima und die Follikel der Haare, also die Einbuchtungen der Haut, in denen die Haare verwurzelt sind, gleichen Höhlen. Manche Stellen sind häufigen Überflutungen ausgesetzt, andere überzieht ein zäher, fettiger Film. Welche Lebensbedingungen an den verschiedenen Orten unserer Körperoberfläche herrschen, bestimmen vor allem die Drüsen der Haut.

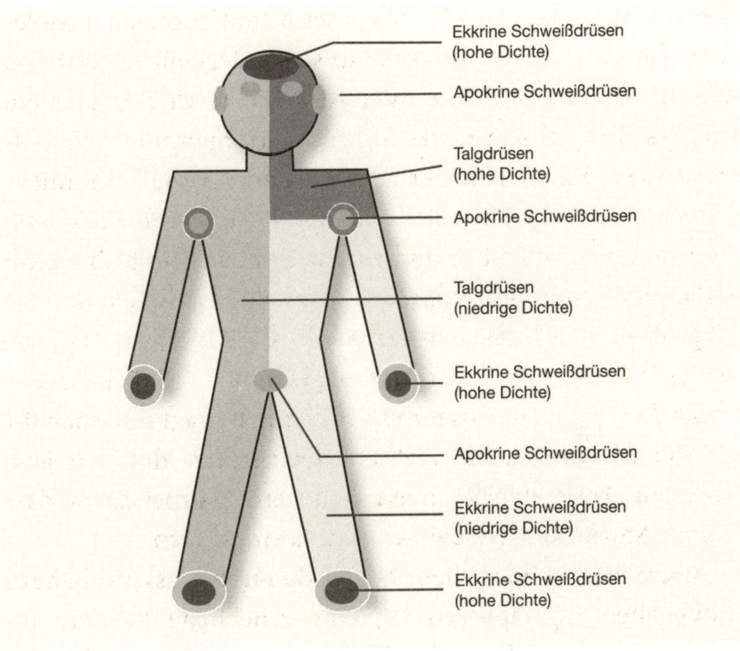

Abbildung 6: Verteilung der Drüsen in der menschlichen Haut

Der Mensch besitzt drei Arten von Schweißdrüsen. Sie unterscheiden sich im Wesentlichen durch die Art, wie sie ihr Sekret abgeben, und durch den Schweiß selbst. Die ekkrinen Schweißdrüsen geben einen dünnflüssigen Schweiß ab, der vor allem die Aufgabe hat, durch Verdunstung zu kühlen. Sie sind also dafür verantwortlich, wenn wir mit klatschnassem T-Shirt vom Sport kommen. Schweiß besteht vor allem aus Wasser. Zusätzlich enthält er noch Elektrolyte, also lösliche Bestandteile wie Natrium, Fettsäuren und antimikrobiell wirkende Proteine, sogenannte Dermicidine. Sie erfüllen auf der Haut die Aufgabe, die im Darm die Defensine übernehmen.

Manchmal kann dieser Schweiß auch stickstoffhaltige Substanzen enthalten, die eigentlich über den Urin entsorgt werden müssten. Das tritt bei Funktionsstörungen der Nieren auf.

Der Mensch besitzt außerordentlich viele ekkrine Schweißdrüsen, insgesamt zwischen zwei bis drei Millionen. Sie sind sehr unterschiedlich verteilt. Die meisten sitzen an den Handflächen und den Fußsohlen, danach folgen der Kopf, der Torso und schließlich die Extremitäten. Zwischen 100 und 600 dieser Drüsen pro Quadratzentimeter durchziehen die Haut, wobei die Angaben in vielen Studien sehr unterschiedlich ausfallen. Sie geben täglich mindestens einen halben Liter Schweiß ab; bei Belastung kann sich die Menge auf bis knapp zwei Liter pro Stunde erhöhen.

Daneben besitzen wir noch apokrine Schweißdrüsen. Sie finden sich bevorzugt in den Achselhöhlen, im Genital- und Analbereich, an den Brustwarzen und am behaarten Kopf. Ihre Zahl ist wesentlich geringer als die der ekkrinen Drüsen. Zwischen acht und 54 Drüsen pro Quadratzentimeter hat der Mensch an den angegebenen Körperpartien. Die Zahl der apokrinen Drüsen steigt während der ersten Lebensjahre deutlich an. Sie nehmen erst mit der Pubertät ihre Arbeit voll auf und geben ihr Sekret in den Kanal der Haarfollikel ab. Da dieses nicht der Kühlung dient, ist es nicht dünnflüssig, sondern eher zäh und leicht getrübt. Es enthält vor allem Fette, Proteine und Pheromone. Letztere fungieren als Botenstoffe zwischen Individuen und beeinflussen zum Beispiel, ob wir jemanden sympathisch finden oder nicht. Die Aufgaben des Sekrets sind der Schutz von Haaren und Haut und die Kommunikation. Das Sekret selbst ist nahezu geruchlos. Erst die Bakterien der Haut wandeln seine Inhaltsstoffe zu unserem mehr oder weniger schmeichelhaften körpereigenen Parfum.

Der dritte Typ Schweißdrüsen ist eine Mischform aus den ersten beiden. Deshalb nennt man sie auch apoekkrine Drüsen. Sie wurden erst in den 1980er Jahren entdeckt.

Neben diesen Drüsen sitzen zusätzlich Talgdrüsen in der Haut. Sie geben Talg in den Gang der Haarfollikel ab. Dieser besteht aus Fetten, Wachsen, Squalen – einer mehrfach ungesättigten organischen Verbindung –, Cholesterin und Proteinen. Der Talg soll die Haut vor allem vor der Austrocknung schützen.

Die Verteilung der Hautdrüsen schafft unterschiedliche Lebensräume für die Mikroorganismen, die uns besiedeln. Ähnlich wie sich Lebensgemeinschaften verschiedener Ökosysteme auf der Erde an die jeweiligen Bedingungen ihrer Umwelt angepasst haben, spezialisieren sich auch die Bakterien und Pilze auf unserer Haut auf die Areale, in denen sie leben wollen. Dennoch wechselt ihre Zusammensetzung so häufig wie in keinem anderen Bereich unseres Körpers. Das hängt unter anderem damit zusammen, dass sich die Bedingungen auf unserer Haut schnell und häufig ändern können.

Täglich verlieren wir bis zu zwei Gramm Hautschuppen. Mit den abgestorbenen Zellverbänden erneuern wir nicht nur die oberste Schicht der Haut, gleichzeitig verlassen uns damit Millionen von Mikroben. Ein Größenvergleich verdeutlicht die Dimensionen: Eine einzelne Hautschuppe von nur einem Zehntelmillimeter Durchmesser ist für ein Bakterium etwa so groß wie eine Eisscholle mit einem Durchmesser von circa 180 Metern für einen Menschen, der 1,80 Meter misst. Wäre diese Scholle kreisrund würde sie etwa die Fläche von

20 Fußballfeldern einnehmen. Allein durch das ununterbrochene Abbrechen der Hautpartikel herrscht ein ständiges Kommen und Gehen unter den Mikroben auf unserer Körperoberfläche.

Zusätzlich ist die Haut häufig wechselnden Einflüssen aus der Umwelt ausgesetzt. Wir waschen, duschen oder baden uns, ziehen uns an oder aus, cremen uns ein, benutzen Parfums oder Deodorants, gehen an die Sonne oder halten uns in niedriger beziehungsweise hoher Luftfeuchtigkeit auf. Daneben beeinflusst die Tätigkeit der Hautdrüsen die Lebensbedingungen auf unserer Haut entscheidend.

Die ohnehin schon zahlreichen unterschiedlichen Lebensräume und die häufig wechselnden Bedingungen auf unserer Außenhülle machen das Mikrobiom der Haut zur illustren Gesellschaft. Keine andere Mikrobengemeinschaft des Menschen ist so vielfältig und abwechslungsreich. Weit mehr als 4500 Bakterienarten haben Forscher bereits entdeckt und es werden sicherlich noch mehr werden.

Zu den typischen Bakterienvertretern gehören beispielsweise Arten von *Propionibacterium, Corynebacterium, Streptococcus* oder *Staphylococcus.* Unter den Pilzen auf der Haut dominiert dagegen nur eine Gruppe, nämlich Arten aus der Gattung *Malessezia.* Bei manchen Menschen stellen sie bis zu 80 Prozent aller Pilze auf der Haut.

Generell gelten die besonders trockenen Areale als artenreich. Vor allem auf Unterarmen und Händen tummeln sich sehr viele verschiedene Spezies. Diese Körperteile kommen am wahrscheinlichsten mit Gegenständen in Berührung, die in den seltensten Fällen keimfrei sein dürften. Selbst wenn sich Neuankömmlinge nicht dauerhaft durchsetzen, bereichern sie doch für eine gewisse Zeit die Flora unserer Haut.

Auch in der Kniekehle und an den Fußsohlen findet sich eine große Artenvielfalt unter den Mikroben. Dagegen besiedeln vergleichsweise wenige Arten die Achselhöhlen, die Stirn, den Nabel, die Eichel des Manns oder die Schamlippen der Frau. Am eintönigsten ist die mikrobielle Zusammensetzung auf der Nase.

Diese Mikrobiota verändern sich allerdings ständig. Am stabilsten ist das Mikrobiom eines Menschen in seiner Nase, im Mund und im Gehörgang. Dies sind vergleichsweise artenarme Areale. An Orten mit größerer Artenvielfalt wechselt deren Zusammensetzung auch schneller. Die Mikrobengemeinschaft auf den Unterarmen, den Händen, der Kniekehle, der Leistenfalte oder der Fußsohle eines Menschen unterscheidet sich daher an zwei Tagen viel mehr voneinander als beispielsweise diejenige im Ohr. Manche Mikrobiota sind extrem variabel. So stimmt selbst die Bakterienzusammensetzung der beiden Hände eines Menschen nur zu 17 Prozent überein. Einige Forscher führen das unter anderem auf die Händigkeit zurück. Ein Rechtshänder greift bevorzugt mit der Rechten zu und bringt sein Mikrobiom dort besonders häufig in direkten Kontakt mit anderen Mikroben. Umgekehrt verhält sich das bei einem Linkshänder.

Auch zwischen verschiedenen Menschen gleicht sich die Zusammensetzung der Bakterien auf den Händen nur zu 13 Prozent. Frauen weisen meist eine höhere Artenvielfalt als Männer auf. Ein Grund mag der unterschiedliche Säuregehalt bei den Geschlechtern sein. Häufig liegt der pH-Wert der männlichen Hautoberfläche niedriger als bei Frauen, das Milieu ist also saurer, was manchen Mikroben nicht bekommt.

Auch im Bauchnabel verschiedener Menschen findet sich eine sehr variable Mikrobengemeinschaft. Im Schnitt hausen bei einem Menschen 67 verschiedene Arten in dieser Grotte. Die Auswahl ist groß, denn mehr als 2300 unterschiedliche Arten fanden Forscher in den Nabeln von 60 Probanden. Bei einer männlichen Testperson fanden sie Überraschendes. Der Mann behauptete, sich mehrere Jahre lang nicht gewaschen zu haben. In seinem Nabel entdeckten die Mikrobiologen sogar Angehörige der Archaeen, jenen Urmikroben, die man zu den ersten Lebewesen auf der Erde rechnet. Zuvor waren sie noch nicht auf Menschen entdeckt worden. Mittlerweile weiß man, dass diese Mikroben bis zu vier Prozent der Hautbewohner ausmachen können.

Die Hautflora von Menschen verändert sich auch, je intensiver zwei Individuen Körperkontakt pflegen. So untersuchten Forscher die Mikroben auf der Haut von Frauen, die Roller Derby betrieben. Bei diesem Vollkontaktsport aus den USA laufen Mannschaften aus je fünf Sportlerinnen mit Rollschuhen auf einem ovalen Rundkurs gegeneinander. Die Läuferinnen dürfen ihre Gegnerinnen dabei blockieren. Körperkontakt ist also ein fester Bestandteil dieses Sports.

Neben Blessuren bleibt das auch nicht ohne Folgen für das Mikrobiom. Die Mitglieder einer Mannschaft teilten sich vor und nach einem Rennen viele Mikroben auf ihrer Haut, während sich die Hautfloren unterschiedlicher Mannschaften vor dem Rennen eindeutig unterschieden. Nach dem Wettkampf hatten sich die Mikrobengemeinschaften auf der Haut aller Läuferinnen deutlich angenähert. In rasender Fahrt waren offensichtlich viele Bakterien von einer Läuferin auf die andere übergesprungen.

Noch intensiver geschieht der zwischenmenschliche Mikrobenaustausch, wenn man miteinander lebt. Besonders die Hautfloren gleichen sich dann einander an. Vor allem Paare, die in derselben Wohnung leben, ähneln sich vergleichsweise stark in ihrem Bakterienbesatz. In abgeschwächter Form trifft das auch auf Familienmitglieder zu, die zusammen wohnen. Anhand des Mikrobioms der Haut könnte man deshalb verschiedene Sippen wohl recht gut voneinander unterscheiden.

Sogar der beste Freund des Menschen verändert unsere Hautflora. Hundebesitzer tragen besonders viele Hundekeime auf der Haut. Diese stammen eindeutig vom eigenen Vierbeiner. So entspricht sich die Mikrobenzusammensetzung verschiedener Hundebesitzer viel mehr als die anderer Personen. Die Hautflora gleicht sich außerdem immer mehr der des Hundes an. Insofern stimmt der oft geäußerte Verdacht also wirklich, dass sich Herrchen und Frauchen sowie ihr Hund im Laufe der Zeit immer ähnlicher werden.

Das Mikrobiom der Haut erfüllt viele Aufgaben. Ähnlich der Darmflora trainiert es unser Immunsystem und unterstützt uns bei der Abwehr von Krankheitserregern, vor allem durch Kolonisationsresistenz. Wie im Darm fällt es fremden Keimen allein schon deshalb schwer, auf der Haut Fuß zu fassen, weil sie bereits besiedelt ist. Wo schon ein Bakterium lebt, ist kein Platz für ein zweites.

In diesem Zusammenhang ist auch die zunehmende Verwendung von antimikrobiell wirkenden Silberpartikeln interessant. Mittlerweile werden Textilien und Deodorants mit dieser Zusatzausstattung angeboten. Die Silberpartikel sollen verhindern, dass sich Bakterien zu stark vermehren und üble Gerüche aus unserem Schweiß oder Talg produzieren. Zwar konnte eine Studie aus dem Jahr 2011 keinen dauerhaften oder gravierenden Effekt von Kleidung mit Silberpartikeln auf das Mikrobiom feststellen. Zumindest entsprechende Deodorants entfalten aber eine kurzfristige Wirkung auf die menschliche Hautflora. Ähnliches gilt auch für viele andere Kosmetika. Sie enthalten antimikrobiell wirksame Stoffe, um sie länger haltbar zu machen. Schmieren wir sie auf die Haut, können sie auch unser Mikrobiom verändern. Bedenkt man, dass uns viele Keime auf unsere Haut auch nutzen, stellt sich die Frage, ob wir sie im Alltag derart bekämpfen sollten.

Zusätzlich zur Kolonisierungsresistenz wehren manche Mikroben der Hautflora mögliche Eindringlinge aktiv ab. Sie stellen Substanzen her, die die Konkurrenz töten. Diese antimikrobiellen Peptide stammen beispielsweise von *Staphylococcus epidermidis,* einem üblichen Bewohner unsere Haut.

Neben der chemischen Kriegsführung gegen mögliche Aggressoren hilft *Staphylococcus* auch unserer körpereigenen Abwehr auf die Sprünge. So produzieren auch die Talgdrüsen des Menschen antimikrobiell wirkende Peptide. Besiedeln Bakterien die Haut, zum Beispiel *Staphylococcus epidermidis* oder sein Mitbewohner *Propionibacterium acnes,* dann erhöhen die Drüsen ihren Peptidausstoß. Zusätzlich sind im Talg Fette enthalten, die unsere Bakterien in Fettsäuren zerlegen. Diese senken wiederum den pH-Wert, was viele fremde Keime tötet oder zumindest ihr Wachstum unterdrückt.

Antimikrobiell wirkende Peptide schütten ebenfalls die sogenannten Keratinozyten aus. Auch diese Zellen kurbeln die Produktion in Gegenwart von *Staphylococcus* an. Keratinozyten stammen aus der untersten Schicht der Oberhaut. Von dort wandern sie langsam nach außen zur Oberfläche, wo sie schließlich absterben und das bilden, was wir üblicherweise als Haut sehen. Die Oberhaut besteht zu 90 Prozent aus diesen Zellen.

Keratinozyten übernehmen wichtige Aufgaben bei der Abwehr von Eindringlingen. Sie bilden nicht nur eine physische

*) Verbindungen aus Aminosäuren

Barriere, sondern alarmieren das Immunsystem, wenn es zu Verletzungen der Haut kommt. Dazu senden sie Botenstoff aus, die *Staphylococcus* gezielt unterdrückt. Dazu produziert der Keim eine Verbindung, die an die menschliche Zelle andockt und diese veranlasst, die alarmierenden Botenstoffe nicht freizusetzen. Durch seine dämpfende Wirkung verhindert das Bakterium, dass unsere Immunreaktion zu heftig ausfällt und bei jeder kleinen Verletzung sofort eine starke Entzündung aufflammt. Es wird vermutet, dass wir deshalb auch nicht so leicht Autoimmunerkrankungen entwickeln.

Die Mikrobe tut das nicht aus reiner Nächstenliebe. Vielmehr kann sie selbst besser gedeihen, wenn sie unser Immunsystem im Zaum hält. Wie so oft handelt es sich auch bei diesem Wechselspiel um eine Balance. Befindet sich das System im Gleichgewicht, profitieren alle, sowohl wir als auch unsere Mikroben. Wird dieses ausgewogene Verhältnis gestört, leidet zumindest der Mensch.

Ein Beispiel dafür ist der weitverbreitete Fußpilz. Diese Infektion, die meist in den Zehenzwischenräumen erfolgt, verursachen verschiedene Pilze. Ähnlich wie die Bakteriengemeinschaft ist die Pilzgesellschaft an den Füßen mit Abstand die variabelste auf der menschlichen Haut. Dabei unterscheidet sich der Pilzbewuchs nicht nur deutlich zwischen einzelnen Personen, sondern auch bei jedem einzelnen Menschen, wenn man an seinen Füßen Proben im Abstand von einigen Wochen nimmt. Diese hohe Fluktuation unter den Pilzen kann es dem Fußpilz ermöglichen, sich auszubreiten. Springt er, beispielsweise in einem Schwimmbad oder einem Gemeinschaftsduschraum, auf einen noch gesunden Fuß über, steht ja noch lange nicht fest, dass er dort auch gedeiht. Schließlich machen ihm die angestammten Pilze der Fußhaut den Lebensraum streitig. Nur wenn diese Gemeinschaft geschwächt ist, kann sich der unerwünschte Gast breitmachen. Wer gesunde Füße hat, sollte deshalb für gleichbleibende Bedingungen für sie sorgen. Wenn man dadurch die eigene Flora auf den Füßen stabilisiert und stärkt, dann ist das eine der besten Verhütungsmaßnahmen gegen Fußpilz.

Generell wird ein Ungleichgewicht in der Hautflora mit verschiedenen Erkrankungen in Verbindung gebracht, zum Beispiel mit Akne. Diese Störung der Haut tritt nicht nur während der Pubertät auf, obwohl diese Form der Akne wohl eine der häufigsten Hauterkrankungen weltweit sein dürfte. Der Großteil aller Jugendlichen zwischen 15 und 18 Jahren ist davon betroffen. Veränderungen im Stoffwechsel während der Pubertät und die vermehrte Ausbildung von apokrinen Schweißdrüsen gehören zu den Auslösern. Neben dieser als Acne vulgaris bezeichneten Form kann die Erkrankung bereits bei Neugeborenen als Acne neonatorum, bei Kindern als Acne infantum oder bei Erwachsenen nach dem 30. Lebensjahr als Acne tarda auftreten. Auch Umwelteinflüsse können Akne auslösen, zum Beispiel Gifte wie bei der Chlorakne, Pharmazeutika wie Anabolika, Kosmetika oder UV-Strahlung. Die Schwere der Erkrankung variiert stark, von leichten Ausprägungen bis hin zu heftigen Entzündungen mit anschließender Narbenbildung.

Die Störung tritt bevorzugt an jenen Hautpartien auf, die zahlreiche Talgdrüsen aufweisen, besonders in der sogenannten T-Zone des Gesichts. Wenn man in Gedanken ein T über ein Gesicht legt, sodass der Querbalken des Buchstabens quer über die Stirn und der senkrechte Strich die Nase herab läuft, dann zeigt das T, wo sich besonders fettige Hautareale befinden.

Bei Akne verstopft der Ausgang eines Haarfollikels und der Talg kann nicht mehr abfließen. Als Folge des Rückstaus und des dadurch verursachten Drucks entsteht eine Entzündung. Das Gewebe schwillt an und rötet sich wegen der stärkeren Durchblutung. Es bilden sich die bekannten Aknepickel.

Lange Zeit stand auch ein vor allem auf fettiger Haut lebendes Bakterium unter Verdacht, Akne auslösen zu können. *Propionibacterium acnes* kommt sowohl auf der Haut als auch in den Haarfollikeln gut zurecht. Die Population des Einzellers wächst mit zunehmender Talgproduktion der Hautdrüsen. So gedeiht der Keim zum ersten Mal besonders gut auf der Stirn von Kleinkindern ab dem vierten bis sechsten Lebensmonat. In dieser Phase setzt auch oft die Kinderakne ein.

Propionibacterium lässt sich sowohl in völlig gesunden als auch in entzündeten Follikeln nachweisen. Bei gesunden ist es nahezu das einzige Bakterium, das sich überhaupt findet. In Follikeln, die von Akne betroffen sind, tauchen dagegen noch andere Einzeller auf, vor allem *Staphylococcus epidermidis*. Zusätzlich stecken in den entzündeten Follikeln noch weitere Keime wie Corynebakterien. Die Vermutung liegt also nahe, dass *Propionibacterium* zumindest nicht allein als mikrobieller Akteur bei der Akne wirkt. Wahrscheinlicher ist, dass das Mikrobengemisch die Entzündungsreaktion des Körpers verstärkt.

Auch beim atopischen Ekzem, landläufig als Neurodermitis bezeichnet, spielen Bakterien eine Rolle. Die entzündliche Erkrankung der Haut beginnt damit, dass die Haut ihre physische Barrierefunktion nicht mehr vollständig ausüben kann. In der Folge dringen vermehrt Fremdkörper und Keime in die Haut ein. Eine Entzündung entsteht. Neue Studien haben gezeigt, dass Patienten mit Neurodermitis meist genauso viele antimikrobiell wirkende Peptide produzieren wie Gesunde. Nur an den Stellen, an der die Krankheitssymptome auftreten, zeigt sich ein erniedrigter Spiegel dieser Abwehrmoleküle. Wenn sich die Betroffenen wegen des starken Juckreizes die Haut aufkratzen, dann dämpfen sie die Herstellung dieser Peptide zusätzlich. Das macht es möglichen Krankheitserregern leichter, diese Stellen zu infizieren. Die Entzündung verschlimmert sich.

Anders verhält es sich bei Patienten, die unter Rosazea oder Psoriasis leiden. Rosazea ist eine Hautentzündung im Gesicht, die in aller Regel erst im fünften Lebensjahrzehnt auftritt. Sie kann zu dauerhaften Wucherungen der Haut der Nase und zur Schädigung der Augen führen.

Psoriasis, auch Schuppenflechte genannt, zeichnet sich dagegen durch stark schuppende Hautstellen aus. Diese findet man häufig an den Knien, Ellenbogen und der Kopfhaut. Psoriasis kann auch andere Körperbereiche betreffen, vor allem die Gelenke, die zugehörigen Bänder und angrenzende Weichteile sowie die Augen und die Blutgefäße.

Bei beiden Erkrankungen ist die Produktion von Abwehrmolekülen gegen Bakterien deutlich erhöht. Deshalb finden sich auch auf den betroffenen Hautarealen keine besonderen Häufungen von krank machenden Keimen. Allerdings lässt sich an Hautpartien, die von Psoriasis betroffen sind, eine veränderte Mikrobengemeinschaft feststellen. Propionibakterien und auch Angehörige von *Acinetobacteria* kommen dort seltener vor als üblich. Stattdessen treten dort häufiger Bakterien aus der Gruppe der Firmicutes auf.

Auch bei der Rosazea fällt eine Verschiebung im Hautmikrobiom auf. Die entzündeten Stellen werden vornehmlich von *Staphylococcus epidermidis* bevölkert, während andere Hautkeime viel seltener vorkommen. Bei beiden Krankheiten scheinen also Ungleichgewichte in der Mikrobenflora der Haut eine Rolle zu spielen.

Wäre es deshalb nicht sinnvoll, Antibiotika zur Behandlung dieser Erkrankungen einzusetzen? In den allermeisten Fällen muss die Antwort auf diese Frage leider lauten: »Nein.« Der Einsatz dieser Medikamente empfiehlt sich schon allein deshalb nicht, weil sie meist unspezifisch wirken, sie also eine mikrobiologische Wüste erzeugen. Da der Zusammenhang zwischen den aufgeführten Erkrankungen und unserer Hautflora noch nicht geklärt ist, sollte man auf diese Brachialmethode verzichten. Schließlich haben, wie am Beispiel der immundämpfenden Wirkung von *Staphylococcus epidermidis* gezeigt, viele Bakterien auch positive Wirkungen, die eine Therapie womöglich unterstützen.

Mehr Hoffnung machen Versuche, gezielt einzelne Bakterien an den erkrankten Stellen der Haut zu attackieren. Eine Idee dabei ist, Enzyme von Phagen, also Viren, die Bakterien befallen, zu isolieren und massenhaft herzustellen. Damit ließen sich dann Cremes oder Tinkturen bestücken. So könnte man beispielsweise den potenziell gefährlichen Keim *Staphylococcus aureus* von jenen Stellen vertreiben, die von Neurodermitis befallen sind.

Einen anderen schädlichen Erreger vermutet man in *Malassezia furfur,* früher *Pityrosporum ovale* genannt. Dieser Hefepilz lebt auf der Haut von mindestens 90 Prozent aller Menschen. Er soll unter anderem Pityriasis versicolor und das seborrhoische Ekzem auslösen. In beiden Fällen handelt es sich um oberflächliche Hautinfektionen durch diesen Pilz, der dann alle anderen Mikroben verdrängt. Die Hefe kann sich so weit vermehren, dass die befallene Haut nicht mehr an der Sonne bräunt, weil der Pilz die UV-Strahlung absorbiert. Die betroffenen Partien bleiben weiß.

Der Körper wehrt sich gegen diese übermäßige Besiedelung mit einer Entzündung. Es kommt zu Juckreiz, Rötungen und vermehrter Schuppenbildung. Auch hier kann es nur zu der Störung kommen, weil die Hautflora zuvor in ein Ungleichgewicht geraten ist.

Das kann auch geschehen, wenn Wunden in der Haut auftreten. Dabei ist es gleichgültig, ob sie von außen zugefügt wurden oder wegen veränderter physiologischer Bedingungen auftreten, zum Beispiel bei Diabetes. Immer gerät die Hautflora aus der Balance. Das schlägt potenziellen Krankheitserregern eine Bresche. In Wunden dominiert meist das Hautbakterium *Propionibacterium epidermidis.* In einem Experiment, bei dem die oberste Schicht der Haut an der oberen Gesäßhälfte durch Abziehen eines Klebebands irritiert wurde, gesellten sich noch andere Keime dazu. Dazu gehörten Bakterien aus dem Genitalbereich, bei Frauen vornehmlich Lactobacillen, bei Männern Corynebakterien.

Bei der Untersuchung von Hautverletzungen infolge Diabetes zeigte sich eine verminderte Artenvielfalt im Vergleich zu gesunder Haut. Manche Bakterien kamen in den lädierten Bereichen häufiger vor, zum Beispiel Arten von *Peptoniphilus, Staphylococcus* oder *Corynebacterium* – alles potenzielle Krankmacher.

Für eine Krankheit der ganz anderen Art kann unsere Hautflora ebenfalls verantwortlich sein, obwohl sie uns dabei überhaupt nicht direkt schädigt. Wie bereits erwähnt, sorgen erst die Bakterien auf uns dafür, dass wir einen bestimmten Geruch verströmen. Dieser ist sehr charakteristisch. Er macht uns anderen nicht nur sympathisch oder unsympathisch, er wirkt auch sehr anziehend auf Stechmücken. Tatsächlich bevorzugen aber auch die sirrenden Plagegeister ein spezielles Bukett. Deshalb saugen sie mit Vorliebe das Blut bestimmter Menschen. Überträgt die Mücke dabei einen Krankheitserreger, dann kann dies, wie im Fall der Malaria, schnell lebensbedrohlich werden.

Dieses Tropenfieber wird durch den Parasiten *Plasmodium falciparum* verursacht. Er gelangt in die menschliche Blutbahn, wenn beispielsweise ein Moskito der Art *Anopheles gambiae* zusticht. Die Mücke findet ihre Opfer unter anderem, indem sie ihrem Geruchssinn folgt. Unabsichtlich helfen ihr dabei einige Mikroben auf unserer Haut.

In einem Test erwiesen sich vor allem jene Menschen als verlockend für das Insekt, die folgende vier Bakterien beherbergten: *Corynebacterium minutissimum, Brevibacterium epidermidis, Bacillus subtilis* und *Staphylococcus epidermidis.* Die Reihenfolge dieser Namen markiert die absteigende Attraktivität, die die betreffenden Keime für die Stechmücke darstellten.

Die bakterielle Duftspur besteht dabei aus vielen verschiedenen Substanzen, von denen Forscher einige bereits identifiziert haben, darunter vor allem Verbindungen, die in irgendeiner Form Buttersäure enthalten. Eine andere Substanz, die sich als sehr nützlich erweisen könnte, ist Dimethylsulfid. Wir haben es bereits zweimal kennengelernt: beim Mundgeruch und bei Flatulenzen. Diesmal sticht uns das schwefelhaltige Molekül nicht in die Nase, sondern lockt Moskitos zu uns. Diese stechen uns dann allerdings auch. Dimethylsulfid zieht die Insekten auch noch in sehr geringen Konzentrationen an, weshalb es sich als Lockmittel für Mückenfallen bewähren könnte.

x) Entstehung u. Ansammlung von Darmgasen

Auf unserer Haut leben aber nicht nur Keime, die Stechmücken anziehen und uns so einer schwerwiegenden Infektion aussetzen können. Auf manchen Personen existieren auch solche Mikroben, die unsere Plagegeister abschrecken. Vor allem das Bakterium *Pseudomonas aeruginosa* vertreibt die Blutsauger. Dabei besitzt es einen schlechten Leumund, denn es ist vor allem als Entzündungen auslösendes Eiterbakterium bekannt. Im Test erwies es sich dagegen als hilfreich gegen Stechmücken. Zumindest die Malariaüberträgerin *Anopheles gambiae* schreckt das Duftgemisch ab, das von Kolonien dieses Keims aufsteigt. Ob sich dieses Bukett einmal nutzen lässt, um wirksam vor Stichen zu schützen, muss sich allerdings noch erweisen.

Auch wenn wir uns nicht im Visier eines Blutsaugers befinden, arbeiten die Bakterien auf unserer Haut ständig an unserem Geruch. Ihnen stehen dabei vier wesentliche Möglichkeiten zur Verfügung, die beinahe geruchlosen Sekrete unseres Körpers zu Nasenkitzlern zu machen.

Sie können zum einen Hormone umbauen, die sich in den Absonderungen der apokrinen Schweißdrüsen befinden. Das machen beispielsweise Corynebakterien. Sie wandeln die Hormone zu Androstenon und Androstenol um. Diese beiden Substanzen hat man bereits im Achselschweiß von Männern gefunden. Androstenol wird wegen seines moschusartigen Dufts als Grundkomponente von Parfums eingesetzt. Wie Androstenon gehört es auch zu den Pheromonen des Ebers. Androstenon ist für den strengen Geruch der männlichen Borstenviecher verantwortlich. Der Botenstoff löst beim weiblichen Tier in seiner fruchtbaren Phase die Duldungsstarre aus, die gewährleistet, dass die Paarung reibungslos abläuft und der Eber auf der Sau aufreiten kann.

Das Pheromon Androstenol soll angeblich auch bei Menschen eine erstaunliche Wirkung entfalten, was allerdings auf einer sehr dünnen Studienlage beruht. Sie werden demnach umgänglicher und nehmen andere als sensitiver, intelligenter und attraktiver wahr.

Die zweite Möglichkeit der Hautflora, unseren Duft zu bestimmen, ist die Spaltung von weiteren Substanzen aus dem Sekret apokriner Drüsen. Dabei handelt es sich um Verbindungen mit der Aminosäure Glutamin, wofür *Corynebacterium striatum* das passend Enzym besitzt. Es zerlegt die Verbindung und setzt Glutamin und sein jeweiliges Anhängsel frei. Dies ist unter anderem die flüchtige (E)-3-Methyl-2-Hexensäure, die den wesentlichen Bestandteil unseres Achselschweißgeruchs darstellt und für den scharfen, beißenden Gestank des Körpersekrets verantwortlich ist.

Die dritte Möglichkeit, wie Bakterien uns zu Stinkern machen können, hängt ebenfalls mit Aminosäuren zusammen. Auch hier spalten die Mikroben Verbindungen, und zwar solche mit den beiden Aminosäuren Glutamin und Cystein oder nur mit Cystein. Dabei entstehen die reinen Aminosäuren und ebenfalls flüchtige organische Verbindungen mit noch viel komplizierteren Namen als die bisher genannten: 3-Methyl-3-Sulfanylhexan-1-ol, 2-Methyl-Sulfanylbutan-1-ol oder 3-Sulphanylhexan-1-ol. Leider kennt die deutsche Sprache keine Trivialnamen für diese Substanzen. Vielleicht wäre es Zeit sie einzuführen. »Strenger Männergeruch« wäre sicher eine Möglichkeit, oder in einem Wort »Männerstreng«, »Strenggeruch« oder vielleicht »Altherrenduft«?

Dieser Kalauer wirkt weniger angestrengt, wenn man sich klar macht, dass unsere Sprache tatsächlich kaum eigene Ausdrücke besitzt, um Düfte exakt zu beschreiben. Für uns riecht alles nur wie etwas, das wir bereits kennen – wie Essig oder Zitrone, wie Holz oder Teer, wie Lavendel oder Thymian. Vielleicht sollten wir auch für Körperdüfte entsprechende Bezeichnungen einführen. Jedenfalls kämen sie uns leichter über die Lippen als die zwar exakten, aber den Laien verwirrenden chemischen Begriffe.

Die vierte wesentliche Möglichkeit der Mikroben, uns gut oder schlecht riechen zu lassen, beruht auf der Umwandlung von Fettsäuren. Sowohl die Talgdrüsen als auch die apokrinen Schweißdrüsen sondern täglich eine große Menge dieser Verbindungen ab. Manche Bakterien auf unserer Haut haben sich so sehr auf die Verdauung dieser Substanzen spezialisiert, dass sie das perfekt können und auch sehr große Fettsäuren vollständig abbauen. Zurück bleiben hauptsächlich Kohlendioxid und Wasser, beides bekanntlich geruchlos.

Anders verhält es sich bei einigen Corynebakterien. Sie sind noch nicht so fit im Fettsäureabbau, weshalb bei ihnen kleinere Fettsäuren als Verdauungsreste zurückbleiben. Dazu gehört Buttersäure und die riecht unangenehm.

Die Corynebakterien sind übrigens nicht die einzigen, die uns eine üble Geruchsfahne hinterherwehen lassen. *Staphylococcus epidermidis* vermag das auch. Auch dieses Bakterium kann beispielsweise schwefelhaltige, müffelnde Verbindungen aus unseren Körpersekreten freisetzen. Das entsprechende Enzym, eine sogenannte Lyase, haben deshalb auch Forscher der Kosmetikindustrie aufs Korn genommen. Mit speziellen Hemmstoffen wollen sie gezielt die Aktivität des Enzyms unterdrücken und mit entsprechenden Deodorants den Körpergeruch verbessern.

Auf besonders unangenehm riechenden Füßen entdeckten Mikrobiologen neben *Staphylococcus* auch *Bacillus subtilis.*

Beide Bakterien sind wohl für unsere Stinkefüße verantwortlich, indem sie die Aminosäure Leucin abbauen. Dabei entsteht Isovaleriansäure, die stark ranzig riecht. Die Gestanksentwicklung kann man mit Citronellal, Citral oder Geraniol unterbinden. Diese pflanzlichen Wirkstoffe verhindern offenbar die Umsetzung von Leucin zu Isovaleriansäure. Vor einem Einsatz dieser Substanzen in einem Spray oder Fußbad sollte man aber mindestens abklären, dass man nicht allergisch auf sie reagiert.

Menschen riechen sehr unterschiedlich. Das liegt nicht nur an ihrem Mikrobiom, sondern auch an den Substanzen, die sie auf ihrer Haut tragen. Deren Zusammensetzung hängt unter anderem vom Alter eines Menschen und seinem Geschlecht ab. So fanden amerikanische Forscher auf der Haut älterer Personen mehr Diemthylsulfon und Nonanal. Insbesondere Letzteres besitzt einen blumig-zitrusartigen Duft. Österreichische Forscher analysierten dagegen Duftstoffe, die der Haut von Männern und Frauen entströmten. Dabei stellten sie fest, dass jedes Geschlecht ein charakteristisches Duftprofil besitzt, das sich aus mehreren Komponenten zusammensetzt. Es existiert also nicht ein einzelner frauen- oder männertypischer Duftstoff. Der Duft der Frauen, den der amerikanische Schauspieler Al Pacino im gleichnamigen Film als erblindeter Offizier erschnüffelt, setzt sich demnach ähnlich wie unser Gesicht aus vielen verschiedenen Komponenten zusammen. Erst wenn wir genügend dieser Bestandteile wahrnehmen, können wir ein Gesicht wiedererkennen.

Den Wissenschaftlern gelang es trotzdem, zwölf Substanzen zu identifizieren, mit denen sie exakt bestimmen konnten, ob sie den Duft einer Frau oder eines Manns vorgesetzt bekamen. Auch hierbei handelt es sich um Verbindungen, deren chemische korrekte Bezeichnung nicht leicht über die Lippen geht. Für Männer ist beispielsweise Hexadecansäure typisch, auch als Palmitinsäure bezeichnet. Ebenfalls männlich ist Heptadecansäure, auch Magarinsäure genannt. Frauen duften dagegen eher nach Nonadecan oder Isopropyl-Hexadecansäure, auch als Isopropylester der Palmitinsäure bezeichnet. Die Unterscheidung wurde bei der Untersuchung mithilfe von Analysegeräten getroffen. Ob Menschen ebenso treffsicher wären, lediglich anhand des Geruchs zwischen Mann und Frau zu unterscheiden, ist mindestens ebenso fraglich wie die anfangs erwähnte Anekdote im Zusammenhang mit Napoleon und seiner Frau. Wahrscheinlich hat sie sich eben doch gewaschen.

Die menschliche Haut beherbergt die **artenreichste Bakteriengemeinschaft** im gesamten Mikrobiom des Menschen.

Die Mikroben der Haut schützen durch Kolonisationsresistenz und Training des Immunsystems vor fremden Keimen. Entscheidend für eine gesunde Haut ist das **Gleichgewicht zwischen Mikroben und Mensch**.

Der Säureschutzmantel der Haut sollte einen **pH-Wert von etwa 5,5** aufweisen. Deshalb sollte man keine Wasch- oder Pflegemittel verwenden, die diesen pH-Wert nachhaltig verändern. Auch der Einsatz von beispielsweise **silberhaltigen Präparaten oder Textilien** sollte zumindest überdacht werden.

Bei **zahlreichen Krankheiten**, zum Beispiel atopische Dermatitis, Rosazea, Psoriasis oder Akne, ist die übliche Zusammensetzung der **Hautflora gestört**. Inwieweit das mit der Entstehung der Erkrankungen zusammenhängt, ist noch nicht geklärt.

Die Hautflora bestimmt entscheidend unseren **Körpergeruch**. Vor allem die Sekrete aus Talgdrüsen und apokrinen Schweißdrüsen wandeln Mikroorganismen zu mehr oder weniger streng riechenden, flüchtigen Verbindungen um. Die Kosmetikindustrie forscht nach **geeigneten Hemmstoffen.** Sie sollen die Enzyme, die die Umwandlung bewerkstelligen, lahmlegen.

Weshalb Sex tödlich enden kann

Am Abend des 10. Dezembers 1945 feierte das Nobelpreiskomitee in Stockholm die damaligen Laureaten. Unter anderem sagte Axel Hugo Theodor Theorell, Direktor der Abteilung für Biochemie am Nobel-Institut für Medizin: »Mit Ihnen verbinde ich eines von Grimms Märchen, das ich als Kind gehört habe. Ein armer Schüler hörte einmal eine jammernde Stimme unter einer Eiche. Sie bat darum, endlich in die Freiheit entlassen zu werden. Der Junge begann an der Wurzel des Baums zu graben und fand schließlich eine verkorkte Flasche mit einem kleinen Frosch darin. Es war dieser Frosch, der so sehr um seine Freiheit bat. Der Schüler zog den Korken und heraus kam ein mächtiger Geist, der dem Jungen schließlich als Dank für seine Befreiung ein wundervolles Pflaster gab. Mit der einen Seite konnte man alle Wunden heilen, mit der anderen konnte man Eisen in Silber verwandeln.

Der Junge wurde daraufhin der berühmteste Arzt auf der ganzen Welt – und wohl auch der wohlhabendste.

Sie haben ebenfalls ein wundervolles Pflaster ausgegraben, das unzählige Leiden geheilt hat. Dieser Erfolg erforderte Jahre der Arbeit, untrüglichen Instinkt, fundiertes und breites Wissen, Teamwork und etwas Glück. Ihr Penicillin wurde während des größten Krieges der Menschheit verfügbar gemacht, aber es kann nur zu friedlichen Zwecken verwendet werden. Es kann keine Maus töten, aber es kann einen Menschen heilen. Sie sind die berühmtesten Ärzte der Welt geworden, aber es gibt einen Unterschied zwischen Ihnen und dem Jungen – Sie haben nicht die Seite des Pflasters benutzt, die Silber machen kann. Wir folgen deshalb Alfred Nobels Absicht und geben Ihnen Gold statt Silber.«

Die drei Männer, die Theorell mit seiner kleinen Ansprache ehrte, waren Alexander Fleming, Ernst Boris Chain und Howard Walter Florey. Sie hatten gerade den Nobelpreis für Medizin erhalten.

Die Geschichte von Flemings Entdeckung des Penicillins ist legendär. In den 1920er Jahren suchte er nach Substanzen, mit denen er Bakterien abtöten könnte. 1921 isolierte er das Enzym Lysozym. Dieses Protein kommt unter anderem in Hühnereiweiß vor und erfüllt dort genau die Aufgabe, Bakterien in Schach zu halten. Darüber hinaus ist es wohl eines der am weitesten verbreiteten Enzyme überhaupt, denn es findet sich sowohl in Pflanzen und Tieren als auch in Mikroorganismen. Das Eiweiß greift die Zellmembranen von Bakterien an und zerstört sie. Auch der menschliche Körper produziert Lysozym. Dort ist es beispielsweise in der Tränenflüssigkeit enthalten und sorgt dafür, dass unser Sehapparat nicht permanent infiziert wird.

Um die Wirkung dieser und andere Substanzen auf Bakterien zu überprüfen, züchtete Fleming in seinem Labor Keime auf Nährböden. Für gewöhnlich geschieht das in flachen, runden Schälchen mit einem Durchmesser von knapp zehn Zentimetern. In diese als Petrischalen bezeichneten Gefäße füllen Mikrobiologen das unter Hitze flüssige Nährmedium ein, das beim Erkalten fest wird und in etwa die Konsistenz von fester Gelatine hat. Diese Nährböden kann man dann mit entsprechenden Bakterien animpfen und mit einem Deckel verschließen. Hat man dafür gesorgt, dass bei der Herstellung der Kultivierungsschalen alles steril geblieben ist, wachsen nur die gewünschten Mikroben. Das tat auch Fleming.

Als er aber am 28. September 1928 sein Labor nach einer zweiwöchigen Reise aufsuchte, fand er eine dieser Kulturplatten mit einem Pilz kontaminiert. Offensichtlich hatte sich der ungebetene Gast aus dem Labor ein Stockwerk unter ihm, in dem ein Kollege mit dem Pilz *Penicillium notatum* experimentierte, in Flemings Experimentierräume verirrt.

Üblicherweise bewachsen die Bakterien den Nährboden vollständig und überziehen jede Stelle mit einem dichten Zellrasen. Fleming fiel bei der verunreinigten Schale allerdings auf, dass sich um den Pilz ein deutlich sichtbarer bakterienfreier Ring zog. Wie die Corona eines Sterns umgab dieser unbesiedelte Bereich die Kolonie des Pilzes. Dieser war offensichtlich in der Lage, die Bakterien zurückzudrängen.

Fleming hatte keine Ahnung, dass er damit vor einer der wichtigsten Entwicklungen der Medizingeschichte stand. Aber er hielt dieses Phänomen immerhin für so bedeutsam, dass er es weiter untersuchte. Schließlich konnte er die entscheidende Substanz isolieren und nannte sie nach ihrem Produzenten Penicillin.

So weit, so bekannt. Aber weshalb wurden 1945 mit Fleming noch zwei weitere Forscher geehrt? Dass seine beiden Mitlaureaten weithin in Vergessenheit geraten sind, ist eine der Ungerechtigkeiten der Wissenschaftsgeschichte. Während Fleming als der Entdecker des Penicillins weltweiten Ruhm über seinen Tod hinaus genießt, kennt kaum jemand Ernst Boris Chain und Howard Walter Florey. Dabei ist ihr Verdienst um das Antibiotikum ebenso groß.

Nachdem Fleming seine Entdeckung 1929 veröffentlicht hatte, fand sie kaum Beachtung. Er war weder in der Lage, ausreichende Mengen der Arznei herzustellen noch sie lange genug haltbar zu machen, damit man sie als Therapeutikum auch wirklich hätte einsetzen können. Zudem war damals bereits bekannt, dass einige Schimmelpilze Substanzen abgeben, die Bakterien töten können. Schon Ende des 19. Jahrhunderts hatten sowohl der Italiener Bartolomeo Gosio als auch der Franzose Ernest Duchesne die antibiotischen Fähigkeiten von Pilzen untersucht und beschrieben.

Der Ausbruch des Zweiten Weltkriegs ließ das Interesse an antimikrobiellen Wirkstoffen aber wieder enorm ansteigen, denn entgegen der Meinung des Lobredners Theorell nutzt ein wirksames Antibiotikum auch den Armeen dieser Welt. Noch im Ersten Weltkrieg sorgte beispielsweise der durch Bakterien ausgelöste Wundbrand dafür, dass selbst vergleichsweise harmlose Verwundungen an Armen oder Beinen zum Tod von Soldaten führen konnten. Eine Armee, die diesen unsichtbaren Feind bekämpfen kann, ist schlagkräftiger als eine, die den Infektionskrankheiten nichts entgegenzusetzen hat.

Deshalb unternahmen ab 1939 auch die beiden Forscher Chain und Florey den Versuch, das von Fleming entdeckte Penicillin zu isolieren und vor allem massenhaft zu produzieren und haltbar zu machen. Wie wichtig nicht nur das Aufspüren einer medizinisch wirksamen Substanz, sondern auch deren Nutzbarmachung ist, zeigte sich bald. Am 12. Februar 1941 verabreichten sie dem Polizisten Albert Alexander als erstem Menschen eine Penicillininfusion. Der Beamte hatte sich mit Staphylokokken infiziert und war in einem so schlechten Zustand, dass es für ihn keine Rettung mehr gab.

Umso mehr wirkte es wie ein Wunder, dass er sich 24 Stunden nach der Infusion wesentlich besser fühlte. Chain und Florey setzten die Behandlung fort. Allerdings waren ihre Vorräte an dem Antibiotikum so spärlich, dass sie am fünften Therapietag kein Penicillin mehr zur Verfügung hatten, obwohl sie das Mittel sogar aus dem Urin des Polizisten zurückgewannen. Alexanders Zustand verschlechterte sich daraufhin wieder rapide und am 15. März starb er schließlich.

Mit Hochdruck arbeiteten die Wissenschaftler deshalb daran, eine ausreichende Produktion des Wirkstoffs zu erreichen. 1942 stand dann genügend Penicillin zur Verfügung, um Menschen mit gefährlichen Infektionen zu heilen.

Mit der Geschichte des wohl berühmtesten Antibiotikums ist allerdings noch eine letzte Ungerechtigkeit verbunden. Wenn bereits Chain und Florey weitgehend unbekannt sind, so fiel eine weitere Person, ohne die es das Pharmazeutikum wahrscheinlich überhaupt nicht gäbe, beinahe vollständig in der Vergessenheit: Norman George Heatley. Er hatte entscheidenden Anteil daran, dass die zahlreichen Probleme, die eine massenhafte und zuverlässige Produktion von Penicillin verhinderten, gelöst werden konnten. Der australische Mediziner Henry Harris fasste es 1998 anlässlich der sieben Jahrzehnte, die nach der Entdeckung des Penicillins vergangen waren, zusammen: »Ohne Fleming kein Chain oder Florey; ohne Florey kein Heatley; ohne Heatley kein Penicillin.«

Seit den Vierzigerjahren des vergangenen Jahrhunderts suchen nun Forscher weltweit nach immer neuen Verbindungen, die sie – ähnlich wie Penicillin – für die Medizin nutzbar machen können. Heute sind etwa 8000 Antibiotika bekannt, von denen etwa 100 medizinisch nutzbar sind. Streng genommen zählen zu den Antibiotika nur die Substanzen, die von Mikroorganismen produziert werden und andere Mikroben bekämpfen. Mittlerweile zählt man aber auch vollständig synthetisch hergestellte Wirkstoffe dazu. Im allgemeinen Sprachgebrauch sind Antibiotika oft einfach Arzneimittel, die gegen eine Infektion eingesetzt werden.

Im Unterschied dazu definiert beispielsweise das Bundesgesundheitsministerium Antibiotika immer noch als Medikamente, die Bakterien abtöten oder deren Wachstum hemmen und so bakterielle Infektionen bei Menschen und Tieren heilen können. Allgemeiner fasst das Ministerium alle gegen Mikroben gerichtete Medikamente als Antiinfektiva zusammen. Das sind demnach Arzneimittel, die gegen Infektionskrankheiten wirken. Je nach Art des verursachenden Erregers unterscheidet man Antibiotika (gegen Bakterien), Virostatika (gegen Viren), Antimykotika (gegen Pilze) und Anthelminthika (gegen Würmer).

Nach dieser engen Definition von Antibiotika gilt die weitverbreitete Meinung, dass Antibiotika nicht gegen eine Virusgrippe wirken. Manche Biologen und Humanmediziner ziehen die Grenzen der Definition allerdings nicht so eng. Aber selbst bei einer weiteren Definition von Antibiotika stimmt es immer noch, dass der Großteil tatsächlich nur gegen Bakterien hilft. Mittlerweile gibt es verschiedene Klassen von Antibiotika. Sie wirken – zumindest bei einer weiteren Definition – auf ganz unterschiedliche Weise auf Bakterien, Pilze oder Viren. Letztendlich führen sie aber immer dazu, dass die Vermehrung beziehungsweise das Wachstum der Mikroben gehemmt wird oder sie sogar abgetötet werden. Das erreichen sie, indem sie beispielsweise den geordneten Aufbau der Zellmembranen oder die Synthese der Eiweiße in der Zelle stören. Manche Antibiotika verhindern die Fortpflanzung der

Mikroben dadurch, dass sie die Vervielfältigung des Erbguts hemmen.

Antibiotika können spezifisch gegen bestimmte Keime wirken. Ein Beispiel für ein derartiges Schmalbandantibiotikum ist Rifabutin, das vor allem gegen Tuberkulose verwendet wird. Breitbandantibiotika wie Chloramphenicol hemmen oder töten dagegen sehr viele unterschiedliche Mikroorganismen.

Beide Arzneien gehören zu den von der Weltgesundheitsorganisation WHO als unentbehrlich eingestuften Medikamenten. Dazu zählen insgesamt 50 antibakteriell und 22 antiviral wirkende Substanzen oder Wirkstoffkombinationen sowie sechs Mittel gegen Pilze. Antibiotika gehören zu den am häufigsten verschriebenen Medikamenten. Und das wird zu einem rasant wachsenden Problem.

Antibiotika sind quasi das Opfer ihres eigenen Erfolgs. Zählten Infektionskrankheiten noch bis weit ins 20. Jahrhundert hinein zu den häufigsten Todesursachen, hatten die Mediziner mit den Antibiotika endlich eine scharfe Waffe gegen die winzigen Krankheitserreger. So verdanken Millionen Menschen ihnen ihr Leben und die enorm gestiegene Lebenserwartung in den Industrieländern ist nicht zuletzt auf ihre heilsamen Effekte zurückzuführen. Doch die durchschlagende Wirkung der Antibiotika macht ihren Einsatz auch verführerisch. Zu oft werden sie verschrieben, obwohl es nicht zwingend erforderlich wäre. Und zu oft werden auch die falschen Medikamente gewählt. Für das Jahr 2010 veröffentlichte das Zentralinstitut für die kassenärztliche Versorgung alarmierende Zahlen. Demnach erhielt fast ein Drittel aller gesetzlich Versicherten mindestens einmal im Jahr ein Antibiotikum verabreicht. Dabei schwanken die Zahlen stark je nach Region.

Region	Anteil Patienten mit Antibiotikatherapie in Prozent
Saarland	36,6
Westfalen-Lippe	34,5
Rheinland-Pfalz	34,5
Nordrhein	33,5
Hessen	32,6
Niedersachsen	32,4
Hamburg	31,3
Thüringen	31,3
Mecklenburg-Vorpommern	31
Bremen	31
Bayern	30,9
Baden-Württemberg	30,6
Sachsen-Anhalt	30,5
Berlin	28,5
Schleswig-Holstein	28,5
Sachsen	27,9
Brandenburg	25
Deutschland gesamt	31,2

Tabelle 7: Antibiotikaverschreibungen in Deutschland im Jahr 2010

Manche Experten schätzen die Zahl der nicht sachgemäßen Verschreibungen auf rund 50 Prozent. Entweder verordnen Ärzte die Arzneien wegen Erkrankungen wie Erkältungen, die durch Viren verursacht werden, wogegen antibakterielle Antibiotika unwirksam sind, oder Mediziner wählen zur Sicherheit ein Breitbandantibiotikum, das gegen möglichst viele Keime gleichzeitig wirkt. Je mehr verschiedene Mikroben man aber mit einem Arzneimittel beeinflusst, desto größer ist die Wahrscheinlichkeit, dass es unter den Abermillionen Einzellern mindestens einige wenige gibt, die diese Behandlung unbeschadet überstehen.

Der Schwerpunkt bei den Antibiotikaverordnungen liegt bei den Arztpraxen vor Ort und hier vor allem bei den Allgemeinmedizinern. Insgesamt werden bei dieser ambulanten Versorgung bis zu 85 Prozent aller Antibiotika in Deutschland verschrieben. Krankenhäuser tragen mit geschätzten 15 Prozent am Gesamtverbrauch dagegen vergleichsweise wenig zum ausufernden Einsatz dieser Medikamente bei. Dass in der Öffentlichkeit ein gegenteiliger Eindruck entsteht, hängt sicher mit der Berichterstattung über spektakuläre Fälle im Zusammenhang mit resistenten Bakterien zusammen. Wenn diese in Hospitälern gleich mehrere Patienten töten, muss man auf entsprechende Schlagzeilen nicht lange warten. Der Ort, an dem diese Bakterien auftreten, weist aber nicht zwingend darauf hin, wo sie entstanden sind.

Eine weitere Schwierigkeit bei der Anwendung von Antibiotika besteht in der sogenannten Compliance der Patienten. Damit ist die Therapietreue des zu Behandelnden gemeint, also beispielsweise ob er sich strikt an die Anweisungen des Arztes hält oder es eher nicht so genau nimmt. Bei Antibiotika bezieht sich das vor allem auf die korrekte Einnahme der Präparate sowohl im zeitlichen Abstand, beispielsweise alle zwölf Stunden, als auch die Dauer der Einnahme. Letztendlich entscheiden die Art einer Infektion und der Zustand des

Patienten über die notwendige Dosis und Dauer der Anwendung eines Präparats. Halten sich die Betroffenen nicht daran, dann besteht ein erhöhtes Risiko, dass sich resistente Keime entwickeln. Deshalb kommt den Patienten bei Antibiotika eine besondere Sorgfaltspflicht zu. Damit schützen sie nicht nur sich selbst, sondern auch andere und verhindern, dass resistente Keime für sie selbst zum Problem werden und andere infizieren.

Resistenzen sind ein stetig wachsendes Problem – mit tödlichen Folgen. Das Phänomen selbst ist bereits Millionen Jahre alt. So fanden Forscher in einer Höhle im US-Bundesstaat New Mexico Mikroben, die gegen 14 aktuelle Antibiotika resistent sind. Das wäre nichts Besonderes, wenn die Biologen ihre Proben nicht in bis zu 400 Meter Tiefe genommen hätten. Dorthin dringt kein Wasser von der Oberfläche oder vom Grundwasser und seit mindestens 20 Jahren ist dort kein Mensch mehr gewesen. Die Forscher schätzen, dass die Mikroorganismen, die sie gefunden haben, bis zu vier Millionen Jahre isoliert gelebt haben.

Die uralte Resistenz gegen Antibiotika erstaunt allerdings nur, wenn man außer Acht lässt, dass die allermeisten Wirkstoffe ebenfalls von Mikroorganismen stammen. Sie dienen ja eigentlich der Auseinandersetzung zwischen verschiedenen Mikroben, die um Ressourcen ringen. Da ein Antibiotikum eine ziemlich wirksame Waffe ist, verwundert es nicht, dass im Laufe der Evolution bereits früh die Fähigkeit entstanden ist, solche Substanzen zu produzieren. Organismen, die diese Fähigkeit besaßen, konnten sich viel besser gegen Konkurrenz durchsetzen. Dennoch endet damit nicht der ewige Wettstreit des Lebens, denn bekanntlich entwickelten andere Mikroben die Gegenstrategie der Resistenz.

Auf dieses Phänomen trifft nun auch der Mensch. Der flächendeckende Einsatz von Antibiotika hat die Resistenzen zwar nicht erschaffen, er potenziert aber die Probleme, die dadurch entstehen. Dafür sind zwei grundsätzliche Eigenschaften der Bakterien die Ursache.

Wie am Anfang des Buches erwähnt, schlummert in den Bakterien ein gewaltiges Potenzial an Vermehrungsmöglichkeiten. So kann sich eine einzelne Bakterienzelle unter Idealbedingungen innerhalb von 24 Stunden zu mehr als viereinhalb Trilliarden Zellen vermehren. Das entspricht in etwa der Masse von 60 Elefantenbullen. Nach weiteren 24 Stunden hätte sich das Gewicht der Bakterien auf drei Erdmassen erhöht. Theoretisch genügt also eine einzelne resistente Zelle, um die Welt mit Keimen zu überfluten, gegen die unsere Medikamente nutzlos sind.

Die zweite Fähigkeit der Einzeller verschärft das Problem der Resistenz zusätzlich. Letztlich spielen sich alle biologischen Phänomene auf einer genetischen Grundlage ab. Genauso verhält es sich auch mit der Resistenz. Sie besteht beispielsweise darin, dass ein Bakterium ein Enzym bildet, das ein Antibiotikum in eine für den Einzeller harmlose Form umwandelt. Wenn nun lediglich ein einzelnes Bakterium die Erbinformation für dieses Enzym besitzen würde, dann hinge das Fortbestehen der Resistenz einzig und allein vom Fortpflanzungserfolg dieser Zelle ab. Zwar macht es das Vermehrungspotenzial der Bakterien sehr wahrscheinlich, dass diese Resistenz nicht verloren geht. Im Laufe ihrer Evolution haben die Einzeller allerdings noch eine weitere Eigenschaft erworben, die ihnen bei der Aufrechterhaltung ihrer Abwehrkräfte hilft: Sie haben Sex.

Dazu nähern sich zwei Bakterienzellen einander an und verbinden sich miteinander über eine Art dünnen Schlauch.

Über diese Plasmabrücke tauschen sie dann genetisches Material aus. Bevorzugt wandert ein kleiner ringförmiger Teil des Erbguts, ein sogenanntes Plasmid, von einer Zelle in die andere. Und in diesem Plasmid kann dann beispielsweise die Information für das Enzym gespeichert sein, das ein Antibiotikum unschädlich macht.

In Japan haben Forscher im Darm von Einheimischen ein Bakterium gefunden, das bestimmte Polysaccharide aus Algen abbauen kann. Diese Kohlenhydrate kommen in anderen Lebensmitteln nicht vor und so können Menschen sie eigentlich nicht verdauen. Die Mikrobe hat die Fähigkeit dazu aber nicht selbst entwickelt, fand man bei einer Studie heraus, sondern bekam sie von Meeresbakterien durch Sex übertragen. Da Algen ein fester Bestandteil traditioneller japanischer Ernährung sind, hat der Keim nun einen Vorteil gegenüber Konkurrenten. Seinem Träger erschließt er darüber hinaus zusätzliche Energie aus der Nahrung. In diesem Fall nützt der Bakteriensex also beiden – er kann aber auch tödlich enden, vor allem wenn damit Resistenzgene übertragen werden. Allein für Europa wird die Zahl der Menschen, die jährlich von resistenten Keimen getötet werden, auf 25 000 geschätzt.

Biologen sprechen bei dieser Form der Genübertragung übrigens von Parasexualität (von griechisch »para-« = neben, vorbei, gegen), weil daran keine gesonderten Geschlechtszellen beteiligt sind und nicht das gesamte Erbgut neu kombiniert wird wie beispielsweise bei den Säugetieren. Um zu verdeutlichen, dass es sich dabei auch nicht um die Weitergabe von Erbgut an die nachfolgende Generation handelt, sondern der Genaustausch innerhalb derselben Generationsebene stattfindet, spricht man auch vom horizontalen Genaustausch. Damit können Bakterien nicht nur Erbmaterial unter gleichartigen, eng mit einander verwandten Zellen austauschen, sie schaffen das auch mit solchen Einzellern, die nur wenig mit ihnen verwandt sind.

Das ungeheure Vermehrungspotenzial und der horizontale Gentransfer machen es möglich, dass Resistenzen erhalten bleiben und sie sich rasch unter verschiedensten Bakterien ausbreiten können.

Eine der bekanntesten Formen der Resistenz, über die immer wieder berichtet wird, ist MRSA. Die Abkürzung steht für Methicillin-resistenter *Staphylococcus aureus*. Bakterien mit dieser Resistenz reagieren nicht mehr empfindlich auf das Antibiotikum Methicillin. Dieser Wirkstoff wurde Ende der 1950er Jahre entwickelt, da immer mehr Keime gegen Penicillin resistent wurden.

Die Mikroben widerstanden Penicillin, weil sie ein Enzym besitzen, das diesen Wirkstoff zerlegt. Methicillin hingegen übersteht den Angriff durch diese Penicillinase. Doch bereits Anfang der 1960er Jahre traten wiederum Keime auf, denen auch das neue Antibiotikum nichts anhaben konnte. Diese Resistenz beruht allerdings auf einem anderen Mechanismus als die Widerstandsfähigkeit gegen Penicillin.

Sowohl Penicillin als auch Methicillin wirken, indem sie den Aufbau der Bakterienhülle stören. Einzeller besitzen eine äußere Membran, die aus vielen verschiedenen Verbindungen besteht, bei manchen Bakterien aus einer Art Stützgerüst, dem Murein, dem wir schon im Kapitel »Mauern, Mikroben und Kochrezepte« begegnet sind. Dieses setzt ein Enzym aus dem immer gleichen Baustein zusammen. Die beiden Antibiotika ähneln diesem Baustein. Das bakterielle Enzym verwechselt die Wirkstoffe mit dem eigentlichen Baumaterial und bindet sie. Die Arzneien haben allerdings die für den

Einzeller unangenehme Eigenschaft, dass sie sich nicht mehr von dem Enzym lösen. Es bleibt dauerhaft blockiert – wie ein Maurer, an dessen Händen jeweils ein Ziegelstein festklebt. So wie dieser Handwerker kann auch das Enzym seine vorgesehene Aufgabe nicht mehr erfüllen, die Zellmembran wird nach und nach löchrig, bis das Bakterium schließlich platzt.

Bei einer Methicillin-Resistenz besitzt das Bakterium nicht wie bei der Penicillin-Resistenz ein weiteres Enzym, das den Wirkstoff unschädlich macht. In diesem Fall haben die Einzeller einfach die Struktur des Zielenzyms so verändert, das es zwar noch seine eigentliche Aufgabe erfüllen kann, aber das Medikament nicht mehr bindet. Um bei dem Bild des Maurers zu bleiben: Der Handwerker hat jetzt spezielle Handschuhe an, die verhindern, dass er klebrige Ziegel überhaupt anfasst.

Eine derartige Resistenz kann sich spontan durch eine Veränderung im Erbgut des Bakteriums entwickeln. Das geschieht entweder, weil bei der Vervielfältigung des Genoms Fehler auftreten oder weil Umwelteinflüsse auf die Zelle einwirken und so eine Veränderung bewirken. Letzteres kann beispielsweise durch die UV-Strahlung der Sonne oder durch bestimmte Chemikalien geschehen.

Solche Mutationen treten gar nicht so selten auf. Das Bakterium *Escherichia coli* weist je nach Stamm eine Mutationsrate von 10^{-3} bis 10^{-6} auf. Das heißt, dass in seinem Erbgut alle 1000 bis 1 000 000 Generationen irgendwo im Genom eine Veränderung eintritt. Auf Menschen bezogen wäre das eine extrem lange Zeit. Das Bakterium teilt sich unter Idealbedingungen aber alle 20 Minuten, bringt also pro Stunde drei neue Generationen hervor. Am Tag macht das 72, in der Woche 504, im Monat 2016. Verglichen mit den Mutationsraten erscheint auch das nicht besonders viel. Dabei muss man allerdings bedenken, dass jede einzelne Zelle diese gut 2000 Generationen hervorbringt. Ginge man nur von 50 Zellen aus, würden diese bei einer Mutationsrate von 10^{-6} einen Monat benötigen, um eine Mutation hervorzubringen. Um bei dieser Rate eine Mutation pro Stunde zu erreichen, genügen knapp 14 000 Zellen. Eine Bakterienpopulation besteht aber meist aus Millionen oder Milliarden von Zellen. Deshalb kann man davon ausgehen, dass darin nahezu ständig Mutationen auftreten.

In einem interessanten Experiment entwickelte das Bakterium *Escherichia coli* bereits nach 2000 Generationen eine Resistenz gegen das Antibiotikum Rifampicin. Das Besondere: Der Auslöser für die entscheidende Mutation war eine Temperaturerhöhung. In dem Versuch ließ man die Zellen nicht, wie sie es gewohnt waren, bei 37 Grad Celsius wachsen, sondern bei 42 Grad Celsius. Diese Veränderung brachte schließlich die resistenten Keime hervor.

In den meisten Fällen bleiben Veränderungen im Erbgut ohne Folgen. Sie können aber auch die Lebenstüchtigkeit der Zelle beeinträchtigen. Diese Mutationen verschwinden meist schnell wieder, denn ihre Träger können sich nicht gegen die genetisch besser ausgestattete Konkurrenz durchsetzen. Manchmal bedeutet eine Mutation einen Vorteil und ihre Träger vermehren sich besser als andere Einzeller. Auf diese Art verbreitet sich die Mutation innerhalb der Population, sprich, es gibt zunehmend mehr Träger als Nichtträger.

Eine Resistenz bedeutet einen solchen Vorteil allerdings nur, wenn auch Antibiotika in der Mikrobenumwelt vorkommen. Ansonsten kann sie einen Nachteil darstellen, beispielsweise wenn sie darin besteht, dass ein bestimmtes Enzym produziert wird, das ein Antibiotikum unschädlich macht, das ansonsten aber nutzlos ist. Dann bedeutet die Enzymherstellung eine unnötige Belastung für das Bakterium, es gerät im Wettstreit mit anderen Einzellern, die diese Verschwendung nicht betreiben, ins Hintertreffen. Leben die Mikroben aber unter Antibiotikaeinfluss, wendet sich das Blatt. Jetzt sterben die meisten Einzeller und die Bahn ist frei für die resistenten. Schließlich besteht die Population dann nur noch aus widerstandskräftigen Bakterien. Theoretisch kann eine derartige Population auf eine einzelne Zelle zurückzuführen sein. Zusätzlich können die Einzeller die Resistenz über Bakteriensex teilen.

Wie häufig man mittlerweile auf diese resistenten Keime trifft, hängt von mehreren Faktoren ab. Je nach Bakterienart und Antibiotikum fallen die Raten sehr unterschiedlich aus. So ist *Enterococcus faecium*, der zu schweren Infektionen führen kann, beinahe vollständig resistent gegen die Antibiotika Amoxicillin und Ampicillin. Dagegen wirkt der Wirkstoff Teicoplanin noch bei mehr als 90 Prozent der Keime.

Allerdings mehren sich in jüngster Zeit alarmierende Meldungen über multiresistente Bakterien. Das sind solche, die nicht nur gegen ein Antibiotikum resistent sind, sondern gleichzeitig gegen mehrere, schlimmstenfalls gegen alle. Gerade die Medikamente, die bisher als letzte Verteidigungslinie im Kampf gegen Infektionserreger galten, verlieren mittlerweile an Durchschlagskraft. So treten immer öfter Keime auf, die sich sogar gegen die sogenannten Carbapeneme durchsetzen. Diese Substanzen haben eine ähnliche Struktur wie Penicillin, wurden in den 1970er Jahren entwickelt und Mitte der 1980er Jahre in die Medizin eingeführt. Da sie bislang als Reserveantibiotika galten, wurden sie sehr restriktiv eingesetzt.

Trotzdem treten nun immer häufiger Bakterien auf, die auch gegen sie resistent sind. Dies ist eine besorgniserregende Entwicklung, zumal die Forschung mit der Geschwindigkeit der Keime nicht mithalten kann. Wurden zwischen 1991 und 2000 noch 21 neue Antibiotika in Deutschland eingeführt, waren es von 2001 bis 2010 nur noch neun. Für den Zeitraum zwischen 2011 und 2020 rechnet der Verband der forschenden Pharmaunternehmen mit bestenfalls elf neuen Wirkstoffen. Im evolutionären Rennen zwischen Mensch und Mikrobe fallen wir zurück. Umso wichtiger sind Regeln im Umgang mit den Keimen und Patienten, die von ihnen infiziert sind, wie sie Mikrobiologen und Hygieneexperten geben (siehe Seite 281).

Verschärft wird die Situation der Resistenzen noch durch den Einsatz von Antibiotika in der Landwirtschaft. Dass diese sogar bei Pflanzen angewendet werden, dürfte die meisten überraschen. So ist der Einsatz von *Streptomycin* gegen die Krankheit Feuerbrand an Obstbäumen in der EU zwar verboten. Er darf aber per Sondergenehmigung bei Gefahr im Verzug zugelassen werden. Die bakterielle Erkrankung kann ganze Plantagen vernichten, weshalb nach Alternativen bei der Bekämpfung geforscht wird. Bislang gilt ein Pflanzenschutzmittel auf Hefebasis als aussichtsreichster Kandidat für einen *Streptomycin*-Ersatz.

Der Schwerpunkt des Antibiotikaeinsatzes in der Landwirtschaft liegt jedoch im veterinärmedizinischen Bereich. Allein für das Jahr 2011 registrierte das Bundesamt für Verbraucherschutz und Lebensmittelsicherheit, dass insgesamt 1706 Tonnen Antibiotika an Tierärzte abgegeben wurden. Der Großteil davon war für die Landwirtschaft bestimmt.

In der EU ist der Einsatz dieser Wirkstoffe zur Leistungssteigerung in der Tiermast zwar verboten. Dennoch müssen die Arzneien häufig zur Behandlung und Eindämmung von Krankheiten verwendet werden. Besonders wenn Tiere auf engem Raum massenhaft gehalten werden, haben Keime gute Chancen, sich zu vermehren und von Tier zu Tier zu springen. Das macht den Einsatz von Antibiotika in manchen Tierhaltungen zur Regel. So ergab eine Studie des Landesamts für Natur, Umwelt und Verbraucherschutz in Nordrhein-Westfalen, dass mehr als 90 Prozent aller Masthähnchen während ihres in konventionellen Betrieben 35 Tage dauernden Lebens mindestens einmal mit Antibiotika in Berührung kamen. Da wundert es kaum noch, dass eine Untersuchung von Schlachthähnchen durch die Tierärztliche Hochschule Hannover in 50 bis 60 Prozent der Tiere resistente Keime aufspüren konnte.

Eine gemeinsame Studie des Bundesinstituts für Risikobewertung, der Stiftung Tierärztliche Hochschule Hannover und der Universität Leipzig ergab 2013, dass bei Schweinen Antibiotika an vier von 115 Tagen Mastdauer verabreicht werden. Bei Kälbern bekommt jedes dritte Tier pro Jahr eine Behandlung von drei Tagen. Es besteht also dringender Handlungsbedarf, um diese Werte zu verringern und Resistenzen einzudämmen, zumal mittlerweile bekannt ist, dass auch Arbeiter, die für Betriebe tätig sind, in denen Antibiotika eingesetzt werden, vermehrt resistente Keime in sich tragen. Da sich diese auch von Mensch zu Mensch verbreiten können, sollte diese Gefahr so gering wie möglich gehalten werden.

Antibiotika haben unbestritten einen enorm hohen Stellenwert als lebensrettende Medikamente. Allein bereits deshalb sollte ihr Einsatz mit Bedacht und zurückhaltend erfolgen. Ein zweiter wichtiger Grund hierfür ist der allgemeingültige medizinische Lehrsatz, dass keine Wirkung ohne Nebenwirkung ist. Dieser Satz leitet sich von einem Zitat des deutschen Pharmakologen Gustav Kuschinsky ab, der von 1904 bis 1992 lebte. Er sagte: »Wenn behauptet wird, dass eine Substanz keine Nebenwirkung zeigt, so besteht der dringende Verdacht, dass sie auch keine Hauptwirkung hat.« Damit ist gemeint, dass man, wenn man auf ein so komplexes System wie den menschlichen Organismus einwirkt, nie nur eine Wirkung erzielt, sondern mehrere.

Ungleich komplexer wird die Angelegenheit dann, wenn man auch noch das menschliche Mikrobiom in diese Überlegung miteinbezieht. So finden die allermeisten Antibiotika nicht ganz treffgenau ihr Ziel, sprich, sie wirken nicht nur gegen eine einzelne krank machende Mikrobe, sondern sie töten oder hemmen gleich mehrere. Darunter befinden sich naturgemäß auch solche, die uns eigentlich nützen. Wie sehr sich die Einnahme eines Antibiotikums vor allem auf das Mikrobiom im Verdauungstrakt auswirkt, haben einige jüngere Studien gezeigt. Dabei ist es keineswegs so, dass alle Bakterienarten gleich stark zurückgehen. Manche gedeihen unter Antibiotikagabe prächtig. Entweder sind sie resistent gegen das Mittel oder sie profitieren davon, dass andere Keime abgetötet werden und so Lebensraum für sie frei wird.

Besonders die wiederholte Einnahme eines Antibiotikums über mehrere Phasen hinweg verändert die Darmflora nachhaltig. So nahmen in einer Untersuchung kalifornischer Forscher drei Probanden zweimal je fünf Tage lang das Antibiotikum Ciprofloxacin, und zwar im Abstand von sechs Monaten. Bei den Testpersonen verringerte sich sowohl die absolute Zahl der Bakterien im Dickdarm als auch die Vielfalt der Mikrobengemeinschaft drastisch. Bei einem Probanden blieb die Veränderung bereits nach der ersten Einnahmephase deutlich sichtbar. Bei den beiden anderen verfestigte sie sich erst nach der zweiten Phase. Die Darmflora entwickelte sich innerhalb von zwei Monaten nach der Antibiotikagabe zwar wieder in Richtung der ursprünglichen Zusammensetzung. Am Ende der Tests war sie aber immer noch deutlich verändert. Welche gesundheitlichen Auswirkungen das hat, muss noch erforscht werden. Allerdings werden einige Erkrankungen bereits mit Antibiotika in Verbindung gebracht. Die Hinweise sind dabei mehr oder weniger eindeutig.

Klar ist, dass das Schlucken von Antibiotika die Besiedelung des Darms mit *Clostridium difficile* begünstigt. Unter den Patienten, die sich im Krankenhaus mit diesem Keim infizieren, ist dies zu fast drei Vierteln unmittelbar mit einer vorherigen Antibiotikaeinnahme verbunden. Allgemein wird angenommen, dass die Medikamente die gesunde Darmflora so beeinträchtigen, dass sie die Aufgabe der Kolonisationsresistenz nicht mehr erfüllen kann. Gleichzeitig schwächt dies auch die körpereigene Abwehr, denn unter Antibiotikaeinfluss verringert sich meist auch die Konzentration der antimikrobiellen Proteine in der Darmschleimhaut. Das erleichtert Erregern das Wachstum zusätzlich. Andererseits erzielt die bereits erwähnte Stuhltransplantation in diesen Fällen gute Erfolgsraten, was ein weiterer Beleg für die Bedeutung einer gesunden Darmflora ist.

Vergleicht man den Darm mit einem Garten, dann entspräche eine Antibiotikagabe dem Einsatz eines Unkrautvernichtungsmittels. Da dieses Mittel aber wie ein Antibiotikum recht unspezifisch wirkt, tötet es die allermeisten Pflanzen im Garten. Jeder Gärtner würde danach versuchen, die Pflanzen anzubauen, die er auf seinem Grundstück wachsen sehen will. Manche Mediziner fordern eine ähnliche Vorgehensweise beim Darm. Eine Antibiotikagabe, so die Behauptung, ohne nachträgliche Sanierung der Darmflora wäre dann in etwa so, wie bei einem Garten einfach darauf zu warten, dass die richtigen Pflanzen wieder Fuß fassen. Eine Stuhltransplantation oder die Einnahme von Prä- und Probiotika sei deshalb erforderlich.

Neben dem weitgehend als belegt angesehenen Zusammenhang zwischen einer Antibiotikaeinnahme und einer *Clostridium-difficile*-Infektion werden weitere Erkrankungen mit der Einnahme dieser Arzneien in Verbindung gebracht. Diabetes Typ 1 und 2 gehören dazu, Atemwegsdefekte bis hin zum Asthma, Infektionen mit dem Choleraerreger oder Neurodermitis. Auch die experimentelle autoimmune Enzephalomyelitis zählt dazu, eine der multiplen Sklerose des Menschen ähnliche Erkrankung des zentralen Nervensystems von Labortieren. Auch hier besteht allerdings noch großer Forschungsbedarf.

Ebenso verhält es sich mit Studien, die ein erhöhtes Risiko für Asthma bei Kindern fanden, deren Mütter in der Schwangerschaft ein Antibiotikum einnahmen. Erstens ist dieses Risiko lediglich um 18 Prozent erhöht. Zweitens handelt es sich auch hierbei zunächst nur um eine Korrelation. Eine Kausalität und die tatsächlichen physiologischen Zusammenhänge müssen erst noch geklärt werden – wenn sie überhaupt vorhanden sind. Trotzdem liefern all diese Hinweise gute Gründe, sparsam mit Antibiotika umzugehen, um unserem Mikrobiom nicht allzu sehr zu schaden und nach Möglichkeit im Gleichgewicht mit ihm zu leben.

Unsere Mikroben leiden allerdings nicht nur, wenn wir Antibiotika schlucken, sie stellen gleichzeitig eine Gefahr dar. Denn unter ihnen befinden sich einige Keime, die bereits gegen die Medikamente resistent sind. Dabei handelt es sich nicht um Resistenzen, die unsere Mikroben eventuell durch Bakteriensex von anderen Keimen aus der Umwelt übernommen haben. Die Erbgutinformation, die unseren Einzellern diese Fähigkeit verleiht, unterscheidet sich oft stark von derjenigen, die beispielsweise krank machende Keime in sich tragen.

Das lässt vermuten, dass sich diese Resistenzen eigenständig in unserem Mikrobiom entwickelt haben. Wenn wir einen entsprechenden Wirkstoff einnehmen, fördern wir ungewollt genau diese resistenten Keime. Diese können auch noch lange, nachdem wir das Medikament bereits abgesetzt haben, in und auf uns existieren. Unter diesen Bakterien befinden sich auch potenzielle Krankheitserreger. Außerdem könnten diese Einzeller ihre Erbinformation auch per Sex an andere, noch gefährlichere Mikroorganismen weitergeben. Auch diese können lange in uns überdauern. So ermittelte eine Studie, dass es durchschnittlich 387 Tage dauert, bis fremde resistente Keime aus unserem Verdauungstrakt verschwunden sind.

Neben dem Bakteriensex macht eine weitere Eigenschaft die Mikroben zu potenziell gefährlichen Killern. Sie sind extrem klein und damit auch extrem mobil. Zumindest die Keime, die eine gewisse Zeit lang außerhalb ihres Wirts überdauern, können mit Luftströmungen schier unglaubliche Distanzen überwinden. So haben britische Wissenschaftler in einem Modell errechnet, dass Bakterien oder Pilze mithilfe der Winde, die um die Welt wehen, Tausende Kilometer weit reisen können und sogar von Kontinent zu Kontinent gelangen. In Bezug auf Infektionserkrankungen spielt dieses Weltbürgertum der Einzeller aber eine eher untergeordnete Rolle.

Viel gefährlicher wirkt sich ihre Mobilität über kurze Distanzen aus, beispielsweise in Krankenhäusern. Hier besitzt die Verbreitung resistenter Keime über die Luft eine große Bedeutung. Dabei besteht hier sowohl das Risiko, dass sich Patienten mit einem resistenten Keim infizieren, der über die Außenluft kommt, als auch im Krankenhaus von Raum zu Raum wandert. Mittlerweile existieren entsprechende moderne Systeme, die sowohl die angesaugte Außenluft filtern als auch innerhalb des Gebäudes für eine entsprechende Belüftung sorgen. In ungelüfteten Räumen erhöht sich jedenfalls in der Regel die Zahl der potenziell krank machenden Mikroben. In Abhängigkeit von der Schwere einer Erkrankung und des Immunstatus eines Patienten kann dann sogar das bloße Öffnen eines Fensters günstiger sein, als sich in stickiger Luft aufzuhalten. Nicht zuletzt deshalb plädierte bereits Florence Nightingale, eine der Begründerinnen des modernen Pflegewesens, im 19. Jahrhundert für eine ausreichende Lüftung von Krankenzimmern.

Seither haben sich die Erkenntnisse in Medizin und Pflegewesen potenziert. Nicht zuletzt die Entdeckung und Weiterentwicklung der Antibiotika stellt eine der bedeutendsten Fortschritte in diesen Bereichen dar. Wenn es gelänge, zu einem vernünftigen Umgang mit diesen Substanzen zu kommen, würden sie uns länger als Waffe gegen gefährliche Infektionskrankheiten erhalten bleiben. So würde auch die Forschung Zeit gewinnen, um neue Wirkstoffe zu entwickeln, damit die Ära der Antibiotika von jenem legendären Septembertag im Jahr 1928 noch weit in die Zukunft reicht.

Antibiotika sind eine der wichtigsten Entdeckungen in der Medizingeschichte. Sie können sich gegen **Bakterien, Pilze und Viren** richten.

Als Nebenwirkung können Antibiotika das angestammte Mikrobiom des Menschen stören. Das kann die **Kolonisationsresistenz und die Immunabwehr schwächen**.

Unbedachter Einsatz von Antibiotika in der Humanmedizin und in der Veterinärmedizin beziehungsweise Landwirtschaft erhöht das Risiko von Resistenzen.

Resistenzen entstehen auch in der Natur. Sogar das menschliche Mikrobiom beherbergt Keime, die Resistenzen ausgebildet haben.

Patienten sollten sich unbedingt an die vorgeschriebene **Dosis und Dauer** bei der Anwendung eines Antibiotikums halten.

Empfehlungen zu Antibiotika und Fleisch
Ist das Fleisch behandelter Tiere mit Antibiotika belastet?
Nein. Die Vermutung, dass auch in Fleisch von mit Antibiotika behandelten Tieren vermehrt Rückstände der Mittel gefunden werden, bestätigte sich nicht. Das niedersächsische Landesamt für Verbraucherschutz und Lebensmittelsicherheit macht in seinem Tätigkeitsbericht hierzu folgende Angaben für das Jahr 2010: Nur bei 0,54 Prozent der Mastkälber, 0,25 Prozent der Mastrinder und 0,29 Prozent der Mastschweine wurden Rückstände von Antibiotika gefunden. Bei Hähnchen waren es 0,23 Prozent.

Wurden antibiotikaresistente Keime im Fleisch von behandelten Tieren gefunden?
Ja. In Proben, die im Rahmen einer Studie der Tierärztlichen Hochschule Hannover untersucht wurden, fanden Experten in verschiedenen Teilen von Hähnchen bei knapp 89 Prozent beziehungsweise 73 Prozent antibiotikaresistente Keime. Andere Stichproben zeigen, dass diese Mikroben mittlerweile sogar im Supermarkt beziehungsweise im Fleischerfachgeschäft angekommen sind. Im Januar 2013 waren acht von 20 Mettwurstproben positiv auf resistente

Bakterien getestet worden. Im Januar 2012 ergab ein Test, dass die Hälfte von untersuchten Hähnchenproben antibiotikaresistente Keime enthielten. Mittlerweile werden antibiotikaresistente Keime auf allen Produktionsstufen gefunden – vom lebenden Tier über den Schlachtkörper bis zu den Produkten, die die Verbraucher verpackt im Supermarkt vorfinden.

Können antibiotikaresistente Keime vom Fleisch auf den Menschen übertragen werden?
Experten haben festgestellt, dass resistente Keime bei Tieren und Menschen große Ähnlichkeiten aufweisen. Es wird daher davon ausgegangen, dass eine Übertragung über die Nahrungskette stattfindet. Menschen, die in der Landwirtschaft, Mast, in Zerlegebetrieben oder in Fleischereien arbeiten, sind häufig belastet. Über die Verarbeitung von frischem beziehungsweise den Verzehr von rohem Fleisch können auch Sie sich mit diesen Mikroben infizieren. Ebenfalls haben Wissenschaftler resistente Keime auf Gemüse gefunden. Vermutet wird, dass diese durch die Abluft der Ställe oder durch das Aufbringen belasteter Gülle auf die Felder auf das Gemüse gekommen sind.

Werden Sie sofort krank, wenn Sie belastete Lebensmittel gegessen haben?
Resistente Bakterien können sich lange im menschlichen Körper ansiedeln, ohne dass eine Krankheit ausgelöst wird. Wenn jedoch eine Krankheit durch antibiotikaresistente Bakterien entsteht, wirkt das eingesetzte Antibiotikum nicht mehr. Für Deutschland gehen Experten davon aus, dass 30 000 Menschen pro Jahr sterben, weil Antibiotika nicht mehr helfen.

Ist Biofleisch besser als konventionelles?
In der ökologischen Tierhaltung ist die Gabe von Antibiotika per Gesetz begrenzt. Den Tieren dürfen nach EU-Verordnung maximal zweimal pro Jahr Antibiotika gegeben werden. Durch die geringere Tieranzahl pro Stall finden Keime keine günstigen Bedingungen, um sich auszubreiten. Es kommen wenige Tiere aus anderen Ställen dazu, daher ist die Gefahr der Einschleppung von außen geringer.

Wie können Sie sich schützen?
Waschen Sie rohes Fleisch vor der Zubereitung ab und trocknen Sie es mit Küchenpapier. Trennen Sie bei der Zubereitung strikt rohe tierische von pflanzlichen Lebensmitteln (zum Beispiel Salat), insbesondere wenn diese nicht mehr erhitzt werden.
Reinigen Sie benutzte Arbeitsgeräte gründlich, möglichst mit heißem Wasser und Spülmittel (anschließend unter fließendem Wasser abspülen).
Erhitzen Sie Fleisch bis in den Kern durch. Die meisten gefährlichen Keime werden nach zehn Minuten bei 70 Grad Celsius abgetötet.
Lagern Sie rohes Geflügelfleisch getrennt von anderen Lebensmitteln. Lassen Sie tiefgefrorenes Geflügel abgedeckt in einem Sieb im Kühlschrank auftauen. Gießen Sie das aufgefangene Abtauwasser auf jeden Fall weg.

Empfehlungen für den Umgang mit Patienten
Standardhygiene
Zu den Maßnahmen der Standardhygiene gehören die Händedesinfektion, das Tragen von Einmalhandschuhen sowie das Tragen von Schürzen oder Schutzkitteln und Mund-Nasen-Schutz bei Kontakt mit potenziell infektiösem Material.

Händedesinfektion
Die Händehygiene ist die wichtigste Basismaßnahme auch zur Kontrolle von resistenten Enterobakterien. (Anmerkung des Autors: Unter den Enterobakterien finden sich viel typische Bewohner des Darms.) Eine hygienische Händedesinfektion ist notwendig:

- vor infektionsgefährdenden Tätigkeiten,
- nach möglicher Kontamination (nach direktem Patientenkontakt und Kontakt mit infektiösem Material),
- nach jeder Manipulation an der/den kolonisierten beziehungsweise infizierten Körperstelle(n) vor weiteren Tätigkeiten am Patienten, um nach Möglichkeit eine Ausdehnung der Besiedeelung auf andere Körperstellen zu verhindern,
- nach Ausziehen von Einmalhandschuhen (Mikroperforationen möglich),

- immer auch vor Verlassen des Patientenzimmers, unabhängig davon, ob Patientenkontakt stattgefunden hat oder nicht (eventuell Kontamination der Hände durch Kontakt mit kontaminierten Flächen).

Einmalhandschuhe

Einmalhandschuhe müssen getragen werden bei Kontakt mit kolonisierten beziehungsweise infizierten Körperstellen und deren Sekreten, zum Beispiel beim Verbandswechsel, beim endotrachealen Absaugen (Anmerkung des Autors: also beim Absaugen in der Luftröhre), bei der Mundpflege und bei Manipulationen am Blasenkatheter. Die Einmalhandschuhe werden abgelegt, wenn eine Tätigkeit beendet ist. Eventuell müssen neue Handschuhe angelegt werden, wenn weitere Tätigkeiten an einer anderen Körperstelle nötig sind. Um eine Ausbreitung des Erregers soweit wie möglich zu verhindern, niemals mit kontaminierten Handschuhen an den Händen andere Tätigkeiten im Patientenzimmer (zum Beispiel Eintragungen in die Kurve, Aufräumarbeiten) durchführen. Nach Ausziehen der Handschuhe erfolgt immer eine Händedesinfektion.

Schutzkittel/Einmalschürze

Eine Einmalschürze soll bei Kontakt mit kolonisierten beziehungsweise infizierten Körperstellen und deren Sekreten, zum Beispiel beim Verbandswechsel oder beim endotrachealen Absaugen getragen werden.

Mund-Nasen-Schutz

Ein Mund-Nasen-Schutz ist beim endotrachealen Absaugen oder bei aerosolbildenden Maßnahmen zu tragen. (Anmerkung des Autors: Aerosole sind Gemische aus festen oder flüssigen sowie gasförmigen Stoffen.) Der Umgang mit Instrumenten, Abfällen, Textilien, Geschirr oder Steckbecken und Urinflaschen erfolgt nach den gültigen Vorgaben des Hygieneplans. Bei jeder akzidentiellen Kontamination muss eine gezielte Desinfektion erfolgen. Ansonsten laufende Desinfektion und Reinigung (mindestens einmal täglich) der patientennahen Flächen (inklusive Waschschüsseln) mit den klinikublichen Flächendesinfektionsmitteln. Bei Entlassung oder Verlegung erfolgt die routinemäßige Schlussdesinfektion.

Räumliche Isolierung
Bei der Zimmerisolierung erfolgt die Unterbringung in einem Einzelzimmer beziehungsweise in der Kohorte mit Patienten, die mit derselben Spezies mit dem gleichen Resistenzmuster besiedelt oder infiziert sind. Im Übrigen gelten die Maßnahmen der Standardhygiene zusammen mit den Barrieremaßnahmen. Die Unterbringung in einem Einzelzimmer bringt keinen Vorteil, wenn Standardhygienemaßnahmen nicht eingehalten werden und der Personalschlüssel für den zusätzlichen Pflegeaufwand unzureichend ist.

Ambulante Versorgung
In Ambulanzen sind in der Regel die Maßnahmen der Standardhygiene ausreichend. Nach jedem Patienten erfolgt eine Wischdesinfektion der Kontaktflächen. Bei Patienten, die mit Carb-CRE (Anmerkung des Autors: gegen Carbapenem-Antibiotika resistente Enterobakterien) besiedelt oder infiziert sind, soll der Kontakt zu Mitpatienten vermieden werden. Es kann hilfreich sein, Ambulanztermine wenn möglich für das Ende des Ambulanzprogramms zu vereinbaren; dies darf aber nicht mit Nachteilen für den Patienten verbunden sein. Wartezeiten sollten reduziert werden. Das Personal trägt bei pflegerischen, diagnostischen oder therapeutischen Maßnahmen einen Schutzkittel und Handschuhe. Pflege-, Behandlungs- und Untersuchungsmaterialien sind patientenbezogen zu verwenden und unmittelbar nach dem Gebrauch zu desinfizieren.

Transport
Die Zieleinrichtung muss vorab über die Kolonisation des Patienten unterrichtet werden, um gegebenenfalls die notwendigen Maßnahmen durchführen zu können.

Besucher
Die Patienten können jederzeit Besucher empfangen. Die Besucher sollen in die Händedesinfektion eingewiesen werden (Einweisung durch Stationspersonal). Der Kontakt mit Mitpatienten sollte unterlassen werden. Bei abwehrgeschwächten Besuchern im Zweifelsfall Rücksprache mit der Krankenhaushygiene.

Das Geheimnis der Hundertjährigen

Im Jahr 1907 veröffentlichte der russische Immunologe Ilja Iljitsch Metschnikow sein Buch *The Prolongation of Life (Die Verlängerung des Lebens)*. Darin vertrat er unter anderem die These, dass Alterung infolge einer innerlichen Vergiftung durch schlechte Darmbakterien auftrete. Deshalb, so der Forscher, könne man sein Leben durch entsprechende Beeinflussung der Darmflora verlängern. Er begründete seine Hypothese unter anderem mit der Beobachtung, dass in Bulgarien einige Bevölkerungsgruppen ein viel höheres Lebensalter erreichten als andere. Die betreffenden Menschen verzehrten gleichzeitig besonders viele vergorene Milchprodukte, vor allem Joghurt. Metschnikow stellte einen Zusammenhang zwischen beiden Fakten her und glaubte, ein Jugendelixier gefunden zu haben: die Lactobacillen, die die Milch vergären.

Nur ein Jahr später erhielt der Russe den Nobelpreis für Medizin, gemeinsam mit Paul Ehrlich. Die Auszeichnung honorierte allerdings seine Leistungen auf dem Gebiet der Immunologie und nicht der Altersforschung. Metschnikows Überlegung inspirierte immerhin zahlreiche Wissenschaftler zu weiterer Forschung, unter anderem den japanischen Mikrobiologen Minoru Shirota. Er entwickelte aufgrund von Metschnikows Annahme ein Getränk aus vergorener Milch, das er 1935 auf den japanischen Markt brachte. Bis heute kann man es unter dem Markennamen Yakult in Supermärkten kaufen. Doch sowohl Metschnikow als auch Shirota waren damit nicht hinter das Geheimnis der Hundertjährigen gekommen. Trotzdem hält sich die Hoffnung, dass der regelmäßige Verzehr mancher Produkte wie Joghurt oder Kefir das Leben verlängert.

Zusätzliche Nahrung erhält diese Hoffnung durch ein Ereignis aus dem Ersten Weltkrieg. Im Jahr 1917 konnte der deutsche Arzt Alfred Nißle aus dem Darm eines Unteroffiziers einen Keim isolieren, der vielen anderen Patienten Heilung versprach. Dem Mediziner war aufgefallen, dass der Soldat nie an Durchfall litt, obwohl Erkrankungen dieser Art auf dem Balkan, wo der Offizier diente, grassierten. Da sich Nißle bereits vorher mit heilenden Mikroben beschäftigt hatte, vermutete er hinter der stabilen Gesundheit des Soldaten ebenfalls einen der heimlichen Helfer. Tatsächlich konnte er einen Stamm von *Escherichia coli* isolieren, mit dem er zahlreiche Menschen von ihrem Durchfall erlösen konnte. Ihm zu Ehren wurde der Stamm *Escherichia coli* Nissle 1917 getauft. Er wird bis heute unter dem Namen Mutaflor als sogenanntes probiotisches Arzneimittel verkauft.

Der Vollständigkeit halber sei hier noch auf einen wesentlich unrühmlicheren Teil von Nißles Biografie verwiesen: Bereit 1920 bot er an der Universität Freiburg eine Vorlesung zur Rassenhygiene an und weitete seine Aktivitäten auf diesem Gebiet bis in die 1930er Jahre aus. Welche Grausamkeiten dieser biologische Unsinn allein im vergangenen Jahrhundert angerichtet hat, muss hier nicht ausgeführt werden. Auch wenn sich mit diesem Wissen ein Lebenslauf nicht unbefangen betrachten lässt, sind die Leistungen Nißles auf dem Gebiet der Erforschung von nützlichen Bakterien unbestritten.

Trotz dieser Erkenntnis vom Anfang des 20. Jahrhunderts, dass man Bakterien und andere Mikroorganismen zur Heilung oder Vorbeugung von Krankheiten einsetzen kann, dauerte es noch Jahrzehnte, bis ihre Erforschung vorangetrieben wurde. 1953 führte der deutsche Ernährungswissenschaftler Werner Kollath den Begriff Probiotika für Nahrungs- oder Arzneimittel ein, die diese Organismen enthalten, und zwar lebende.

Insbesondere im vergangenen Jahrzehnt haben sich die Anstrengungen, wirksame Mikroben zu finden, zu isolieren und für die menschliche Gesundheit nutzbar zu machen enorm verstärkt. Neben der Hoffnung auf Heilung und Prävention befeuert diese Anstrengungen sicher auch die Aussicht auf materiellen Gewinn. Denn der Glaube an die heilende Wirkung von Probiotika ist nach wie vor groß. Das drückt sich unter anderem in Geschäftszahlen der Lebensmittelkonzerne aus. So machte allein das Unternehmen Danone mit seinem Milchdrink Actimel mehr als 1,4 Milliarden Euro Umsatz im Jahr 2006. Doch nach einer neuen EU-Regelung zu sogenannten Gesundheitsbehauptungen im Zusammenhang mit Lebensmitteln und Vorwürfen von Verbraucherschützern stellte das Unternehmen seine Werbung für Actimel und andere probiotische Produkte mit diesen Behauptungen zur Immunstärkung beziehungsweise Verdauungsförderung ein. Der Umsatz dürfte seither wesentlich geringer ausfallen.

Die EU-Regelung zu diesen »Health Claims« bei probiotischen Lebensmitteln dürfte eine der umstrittensten überhaupt sein. Sie besagt, dass Behauptungen zu positiven gesundheitlichen Wirkungen von Lebensmitteln nur gemacht werden dürfen, wenn sie nach dem Stand der Wissenschaft valide belegt sind. Mit anderen Worten: Probiotische Lebensmittel, von denen ein Unternehmen behaupten darf, dass sie beispielsweise vor Erkältungen oder Krebs schützen, müssten dies in langen Versuchsreihen nachvollziehbar unter Beweis stellen. Sie würden getestet wie ein herkömmliches Medikament.

Wenn man allerdings den Angaben der forschenden Pharmafirmen nur annähernd Glauben schenkt, dass die Entwicklung eines neuen Medikaments mit einem neuen Wirkstoff mindestens eine Milliarde Euro kostet, wird schnell klar, weshalb Lebensmittelkonzerne diese gewaltige Investition scheuen. Zumal der Ausgang dieses Entwicklungsprozesses offen ist, also nicht gesichert ist, dass an seinem Ende auch tatsächlich ein vermarktbares und vor allem werbeträchtiges Produkt steht. Bislang hat die zuständige Europäische Behörde für Lebensmittelsicherheit (EFSA) noch nicht ein einziges probiotisches Lebensmittel zugelassen, für das ein entsprechender Health Claim zulässig wäre.

Sind Probiotika also grundsätzlich Schwindel? Oder machen sie uns tatsächlich gesünder? Wie die meisten Fragen, die das Mikrobiom betreffen, lassen sich auch diese Fragen leider nicht eindeutig mit Ja oder Nein beantworten.

Einerseits ist mit unhaltbaren Behauptungen bezüglich der Gesundheitswirkungen von Probiotika Schindluder getrieben worden. Das hat ihrem Ruf sicher geschadet. Andererseits existieren zumindest deutliche Hinweise, dass sie uns helfen können, gesünder zu leben. Allerdings besitzen die wenigsten Probiotika den Status eines Medikaments. Das erklärt, weshalb nur sehr wenige Leitlinien für deutsche Ärzte die Anwendung entsprechender Keime in der Therapie stark empfehlen. Eine Liste klarer Empfehlungen findet sich am Ende dieses Kapitels.

Die intensive Recherche zur Studienlage bezüglich Probiotika führt zu teilweise widersprüchlichen Ergebnissen. Valide Resultate, die mit einer genügend großen Zahl an Probanden und in einer sogenannten Doppelblindstudie erzielt wurden, sind rar. Die generelle Problematik eines Studiendesigns zu erörtern, würde den Rahmen dieses Buchs sprengen. Es sei hier – neben dem bereits erwähnten Unterschied zwischen Korrelation und Kausalität – nur auf zwei grundsätzliche Schwierigkeiten hingewiesen. Häufig werden Studien an sehr kleinen Probandengruppen durchgeführt. Das allein weist zwar nicht auf die Glaub- beziehungsweise Fragwürdigkeit eines Ergebnisses hin. Bei Resultaten, die nur mit sehr wenigen, eventuell sogar nur einzelnen Studienteilnehmern gewonnen wurden, sollte man sich dennoch vor Verallgemeinerungen hüten. Die Wirkung von Therapeutika oder Mitteln zur Prävention ist in den allermeisten Fällen sehr komplex. Ob sich aus einem Effekt bei wenigen ein Nutzen für alle ableiten lässt, ist nicht vorhersagbar. Vor allem dann nicht, wenn eine Kausalität noch nicht belegt ist. Außerdem sollte man beachten, ob zu einer Studie bereits erkrankte Menschen herangezogen wurden oder ob ein Test an Gesunden durchgeführt wurde. Auch das beeinflusst die Aussagekraft für die Allgemeinheit.

Ein zweites zentrales Kriterium für eine wissenschaftlich akzeptable medizinische Studie ist die Doppelverblindung. Das bedeutet, dass sowohl die Probanden als auch die Studienleiter, die ein Probiotikum oder ein Placebo verabreichen, nicht wissen, welches Präparat sie einnehmen beziehungsweise verabreichen.

Auch wenn die Medizin keine Naturwissenschaft ist, sondern ihr Wissen und ihre Anwendungen zum Teil auch aus

Einzelfällen gewinnen kann, sollte man zumindest zurückhaltend auf Sensationsmeldungen reagieren, wenn die zugrunde liegende Studie eines dieser Kriterien nicht erfüllt.

Zwei Tatsachen lassen dennoch hoffen, dass die zahlreichen Hinweise auf eine positive Wirkung von Probiotika wissenschaftlich bestätigt und ihre Anwendung Einzug in die medizinische Praxis finden werden. So ist es durchaus nicht ungewöhnlich, Erkrankungen oder Fehlfunktionen des menschlichen Organismus durch Bestandteile der Nahrung zu beheben. So verhindert oder heilt Vitamin C zum Beispiel Skorbut, während Folsäure einer bestimmten Form der Blutarmut vorbeugt und sie beheben kann.

Die vielfältigen Veränderungen im Mikrobiom, die mit bestimmten Erkrankungen einhergehen, lassen ebenfalls vermuten, dass mit einer gezielten Beeinflussung des Mikrobioms auch eine Besserung von Symptomen erreicht oder das Auftreten dieser Krankheiten sogar unterdrückt werden kann. Probiotika wären eine Möglichkeit dazu.

Probiotische Mikroben können als Lebensmittelzusatz oder als Arzneimittel verabreicht werden. Am bekanntesten dürften Milchprodukte mit solchen Kulturen sein. Entsprechende Bakterien können aber auch anderen Lebensmitteln wie Müsli oder Gesundheitsdrinks zugesetzt sein. Außerdem gibt es Probiotika in Kapseln, die getrocknete, aber lebensfähige Keime enthalten. Die gängigen Mikroorganismen, die probiotisch wirken können, gehören zu *Lactobacillus, Bifidobacterium* oder *Escherichia coli.* Weniger bekannt, aber dennoch zu den Probiotika zählend sind *Pediococcus, Leuconostoc* und *Enterococcus*. Hinzu kommt noch die probiotische Hefe *Saccharomyces boulardii,* die eigentlich nur ein spezieller Stamm der Bierhefe *Saccharomyces cerevisiae* ist.

Bislang ist die Wirkung dieser Probiotika nur unzureichend untersucht. Noch weniger weiß man über die genauen Mechanismen, die hinter möglichen Wirkungen stehen. Probiotika führen meist nicht dazu, dass sich die Darmflora grundlegend ändert. Das zeigt jedenfalls eine Studie aus dem Jahr 2011. Dabei nahmen sieben Paare eineiiger Zwillinge über sieben Wochen hinweg zweimal am Tag ein probiotisches Getränk zu sich. Die Kulturen bestanden aus *Bifidobacterium animalis* ssp. *lactis,* zwei Stämmen *Lactobacillus delbrueckii* ssp. *bulgaricus, Lactococcus lactis* ssp. *cremoris* und *Streptococcus thermophilus.*

Die Forscher beobachteten die Darmflora der 14 Probanden vier Wochen vor Beginn, die sieben Wochen während und vier Wochen nach Abschluss des Versuchs. Letztendlich kamen sie zu dem Ergebnis, dass das Probiotikum die Zusammensetzung der Darmflora nicht entscheidend änderte. Allerdings beeinflussten die probiotischen Keime offensichtlich den Stoffwechsel ihrer Bakterienkollegen. Vor allem verbesserte sich ihre Fähigkeit, pflanzliche Inhaltsstoffe wie Polysaccharide abzubauen. Viele Forscher gehen deshalb mittlerweile davon aus, dass die wesentliche Wirkung von Probiotika nicht darin besteht, die Zusammensetzung der Darmflora entscheidend zu verändern. Vielmehr vermuten sie andere Mechanismen als Grundlage.

So verstärken die helfenden Keime das Abwehrbollwerk des Körpers im Darm. Die Zellen der Darmwand festigen ihre Verbindungen untereinander und produzieren mehr schützenden Schleim. Andere Zellen schütten mehr Antikörper aus, die sich gegen fremde Keime im Darm wenden. Andererseits können sie Immunreaktionen dämpfen und so Entzündungen mildern.

Manche probiotischen Bakterien produzieren sogar ihren eigenen Antibiotikumcocktail. Zu diesen Pharmabazillen gehört beispielsweise *Lactobacillus reuteri.* Diese Mikrobe stellt unter anderem Reuterin aus Glycerin her. Diese Substanz unterdrückt das Wachstum anderer Keime und richtet sich bevorzugt gegen Krankheitserreger wie bestimmte Stämme von *Escherichia coli, Salmonella enterica, Shigella sonnei* oder *Vibrio cholerae.*

Wer sich nun wundert, dass etwas weiter vorn in diesem Kapitel *Escherichia coli* als probiotisch wirksam aufgeführt ist und hier nun als Krankheitserreger auftaucht, tut dies vollkommen zu recht. Die Auflösung des Rätsels erfolgt etwas später bei den Risiken des Einsatzes von Probiotika.

Die antibiotische Wirkung von *Lactobacillus reuteri* wird nicht allein auf das Reuterin zurückgeführt. Forscher vermuten dahinter vielmehr ein Gemisch aus verschiedenen Substanzen. Dieses hemmt die Vermehrungsfähigkeit der gesunden Darmflora weniger als die von Krankheitskeimen. Zusätzlich moderieren Stämme dieses Bakteriums Immunreaktionen, sodass sie Entzündungen dämpfen oder gar verhindern können.

Ähnlich wirkte auch die Mikrobe *Bifidobacterium animalis* ssp. *lactis* LKM512 im Tierversuch. Dabei erhielten Mäuse dieses Bakterium ab dem zehnten Lebensmonat als Nahrungszusatz, eine Vergleichsgruppe wurde ohne die Nahrungsergänzung aufgezogen. Anfänglich zeigten sich keine wesentlichen Unterschiede zwischen den Nagern. Nach etwa 20 Wochen entwickelten die unbehandelten Tiere jedoch wesentlich mehr und schwerwiegendere Alterungserscheinungen. Mäuse aus dieser Gruppe starben auch deutlich früher. Elf Monate nach Versuchsbeginn waren dreimal mehr Nager mit Probiotikum am Leben als Artgenossen ohne den Nahrungszusatz. Ein wesentlicher Unterschied zwischen beiden Gruppen fand sich im Darm. Die Konzentration sogenannter Polyamine im Darm, die Immunreaktionen dämpfen, schwindet im Laufe des Alterns, was sich bei den unbehandelten Mäusen feststellen ließ. Bei den Tieren, die das Probiotikum bekamen, lag die Konzentration der Polyamine im Darm hingegen wesentlich höher als bei den Vergleichstieren. Gene, die mit dem Altern oder Entzündungen zusammenhängen, waren dagegen weniger aktiv. Ihr Aktivitätsmuster entsprach bei den probiotisch versorgten Mäusen in einem Lebensalter von 21 Monaten demjenigen von zehn Monate alten Vergleichsmäusen. Setzte man diese Effekte mit einer entsprechenden Verjüngung beim Menschen gleich, könnte man tatsächlich jubilieren, das Geheimnis der Hundertjährigen sei damit gelüftet.

Ihre Funktion als Jungbrunnen ist nur eine mögliche Wirkung dieser speziellen Probiotikakeime. Besonders für einige Darmerkrankungen existieren mittlerweile gute Belege oder zumindest deutliche Hinweise auf den positiven Effekt von Probiotika. Bei den weitreichenden Einflüssen, die unser Mikrobiom auf diesen Teil unseres Köpers nimmt, überrascht das kaum.

Zahlreiche andere Beobachtungen im Zusammenhang mit Probiotika sind mittlerweile dokumentiert. So dichtet *Escherichia coli* Nissle 1917 die Darmwand ab. Eine zusammenfassende Studie, die insgesamt 4213 Probanden erfasste, zeigte, dass Probiotika die Folgen einer Antibiotikatherapie abfedern können. So verringerte sich der Anteil der Personen, die mit einem Antibiotikum behandelt wurden und deswegen unter Durchfall infolge von *Clostridium-difficile*-Befall litten, von sechs auf zwei Prozent. Zwar wehrten die »guten« Mikroben Clostridien nicht generell ab, irgendwie verhinderten sie aber, dass Infizierte unter Durchfall litten.

Allerdings ergab eine andere Studie mit fast 3000 Patienten, dass Probiotika aus *Lactobacillus* und *Bifidobacterium* die antibiotikabegleitenden Durchfälle durch *Clostridium difficile* nicht vermindern konnten. Der wahrscheinliche Grund für dieses negative Ergebnis: Alle Probanden waren älter als 65. Wie wir bereits erfahren haben, ändert sich die Darmflora im Laufe eines Lebens. Vermutlich hängt die gefundene Wirkungslosigkeit der Probiotika damit zusammen.

In Tabelle 8 sind einige Erkrankungen und deren probiotische Behandlungsmöglichkeiten zusammengefasst. Man muss dabei allerdings berücksichtigen, dass für die allermeisten noch kein Wirkmechanismus bekannt ist. Außerdem sollten man die Risiken einer Probiotikaanwendung immer mit berücksichtigen.

Erkrankung	Stämme
akute infektiöse Diarrhö bei Kindern (Behandlung)	*Lactobacillus rhamnosus* GG, *Lactobacillus reuteri* ATCC 55730, *Saccharomyces boulardii*
akute infektiöse Diarrhö bei Erwachsenen (Behandlung)	*Enterococcus faecium* LAB SF68 *Saccharomyces boulardii*, *Lactobacillus rhamnosus* GG,
mit Antibiotika assoziierte Diarrhö (Prävention)	*Bifidobacterium lactis* Bb12 + *Streptococcus thermophilus*, *Enterococcus faecium* LAB SF68, *Saccharomyces boulardii*, *Lactobacillus rhamnosus* GG,

	ELactobacillus casei DN-114 001 in fermentierter Milch mit *Lactobacillus bulgaricus* + *Streptococcus thermophilus*, *Bifidobacterium clausii*, *Lactobacillus acidophilus* CL1285 + *Lactobacillus casei*
Krankenhausinfektion von Kindern mit Rotaviren (Prävention)	*Lactobacillus rhamnosus* GG, *Bifidobacterium lactis* Bb12 + *Streptococcus thermophilus*, *Bifidobacterium lactis* Bb12, *Lactobacillus reuteri* ATCC 55730
*Clostridium-difficile-*Infektion von Erwachsenen (Prävention)	*Lactobacillus casei* DN-114 001 in fermentierter Milch mit *Lactobacillus bulgaricus* + *Streptococcus thermophilus*, *Saccharomyces boulardii*
begleitender Einsatz bei Therapie gegen *Helicobacter pylori*	*Lactobacillus rhamnosus* GG, *Bifidobacterium clausii*, *Saccharomyces boulardii*, *Lactobacillus casei* DN-114 001 in fermentierter Milch mit *Lactobacillus bulgaricus* + *Streptococcus thermophilus*
Linderung bei Colitis ulcerosa	*Escherichia coli* Nissle 1917
Linderung bei Pouchitis (Form der Darmentzündung)	*Bifidobacterium longum*, *Bifidobacterium infantis*, *Bifidobacterium breve*, *Lactobacillus acidophilus*, *Lactobacillus casei*, *Lactobacillus delbrueckii* ssp. *bulgaricus*, *Lactobacillus plantarum*, *Streptococcus salivarius* ssp. *thermophilus*

nekrotisierende Enterokolitis (entzündliche Darmerkrankung) (Prävention)	*Bifidobacterium infantis, Streptococcus salivarius* ssp. *thermophilus, Bifidobacterium bifidum, Lactobacillus acidophilus + Bifidobacterium infantis*

Tabelle 8: Ausgewählte Erkrankungen und helfende Probiotika

Andere Studien deuten darauf hin, dass Probiotika den Blutdruck senken könnten. Im Tierversuch haben sie diese Fähigkeit bereits bewiesen. Auch bei Diabetes Typ 2 könnten sie sich positiv auswirken. Jedenfalls senkten sie bei entsprechenden Patienten die Cholesterinwerte im Blut.

Probiotisch wirkende Bakterien könnten sogar unsere Zähne und unser Zahnfleisch schützen. Jedenfalls ist dies das Ergebnis einiger Untersuchungen vor allem mit Lactobacillen und Bifidobakterien. Der wissenschaftliche Beweis, dass diese Vermutung stimmt, ist allerdings noch nicht erbracht.

Dafür könnten Probiotika die allerjüngsten Menschen vor einem übermäßigen Befall mit *Candida*-Hefen schützen. Bei Frühchen, die vor der 37. Schwangerschaftswoche geboren wurden und weniger als 2500 Gramm wogen, konnte sowohl *Lactobacillus reuteri* als auch *Lactobacillus rhamnosus* die Besiedelung des Darms mit *Candida* deutlich senken. Entsprechend behandelte Säuglinge entwickelten sich besser, hatten beispielsweise weniger Probleme im Verdauungstrakt und zeigten sogar noch nach einem Jahr bessere Werte bei neurologischen Tests.

Uneinheitlich sind dagegen die Ergebnisse hinsichtlich einer vulvovaginalen Candidiasis oder genitalen Pilzinfektion. Einen durchschlagenden Therapieerfolg oder auch nur eine unterstützende Wirkung bei einer schulmedizinischen Behandlung dieser Erkrankung konnte bislang niemand eindeutig belegen.

Besser fallen die Ergebnisse bei der bakteriellen Vaginose aus. Hier können Probiotika, beispielsweise eine Mischung aus *Lactobacillus rhamnosus, Lactobacillus acidophilus* sowie *Streptococcus thermophilus,* die Therapie mit einem entsprechenden Antibiotikum unterstützen. Sie helfen, die Wiederherstellung der üblichen Vaginabesiedelung zu beschleunigen. Außerdem werden Rückfälle, sprich ein erneuter Befall mit dem Keim *Gardnella vaginalis,* besser abgewehrt.

Weniger gut sind die Aussichten, bei einer Harnwegsinfektion etwas mit Probiotika zu erreichen. Besonders Frauen sind davon betroffen, etwa ein Drittel bis die Hälfte aller Frauen leidet mindestens einmal im Leben darunter. Nicht zuletzt tritt insbesondere bei sexuell sehr aktiven Frauen die sogenannte Honeymoon-Harnwegs- beziehungsweise -Blaseninfektion auf. Mediziner sprechen dabei auch von der Honeymoon-Zystitis. Die Bezeichnung bezieht sich auf häufigen Geschlechtsverkehr, der die Wahrscheinlichkeit der Übertragung von Keimen – zum Beispiel aus dem Verdauungstrakt – auf die Harnwege erhöht.

Zwar gibt es deutliche Hinweise daraus, dass man seine Harnwege vor einem ungünstigen Bakterienbefall schützen kann, indem man den Saft von Großfrüchtigen Moosbeeren (Cranberry) trinkt, bei der Therapie einer akuten Infektion hilft das aber wenig. Auch Probiotika haben ihre heilende Wirkung bei dieser Erkrankung noch nicht unter Beweis gestellt. Zwar können sie die Folgen einer Antibiotikabehandlung mildern und präventiv für eine bessere Darmflora mit weniger potenziellen Krankmachern sorgen. *Lactobacillus*-Arten haben außerdem im Labor gezeigt, dass sie das Wachstum von *Escherichia coli*, einem Keim, der für viele Harnwegsinfekte verantwortlich ist, wirksam unterdrücken können. Allerdings ist das noch kein Beleg für einen möglichen Therapieerfolg. Ist eine Infektion einmal ausgebrochen, hilft letztendlich nur die Schulmedizin.

Mehr Anlass zur Hoffnung auf einen effektiven Einsatz von Probiotika gibt da schon eine Pilotstudie mit 39 Patienten, die unter dem chronischen Müdigkeitssyndrom litten. Einem Teil dieser Probanden verabreichte man täglich eine Dosis von *Lactobacillus casei* Shirota. Dadurch vermehrten sich die Lactobacillen und Bifidobakterien im Darm der Betroffenen besser als bei der Kontrollgruppe. Diejenigen, die das Probiotikum erhielten, zeigten auch eine Verringerung von Angstsymptomen.

Im Tierversuch hat *Lactobacillus rhamnosus* JB-1 bereits seine Wirkung auf das Nervensystem unter Beweis gestellt. Mäuse, die den Keim als Futterzusatz bekamen, veränderten die Verteilung der Rezeptoren für Gamma-Amino-Buttersäure, einem beruhigend wirkenden Neurotransmitter. Gleichzeitig verringerte sich der Spiegel an durch Stress ausgeschüttetem Cortisol. Nager, die das Probiotikum verputzten, zeigten außerdem weniger Angst- und Depressionssymptome.

Ob sich genügend Freiwillige für einen Versuch der folgenden Art finden, bleibt trotz dieser ersten vielversprechenden Ansätze fraglich: Im Jahr 2006 unterzogen sich zehn Patienten mit Morbus Crohn weltweit zum ersten Mal einer besonderen Behandlung. Sie schluckten über sieben Tage lang Kapseln mit einem genetisch veränderten Bakterium. *Lactobacillus lactis* war molekulargenetisch so modifiziert, dass die Bazille

Interleukin-10 produzierte. Dieser Botenstoff des Immunsystems hemmt Entzündungsprozesse. Die Behandlung verlief gefahrlos und erfolgreich. Acht der zehn Probanden zeigten auch 28 Tage nach dem Versuch eine Verbesserung der Krankheitssymptome. Um aber wissenschaftlich genau sagen zu können, wie groß der Erfolg der Behandlung gewesen ist, hätte man eine Vergleichsgruppe an dem Versuch teilnehmen lassen müssen, die ein Placebo erhalten hätte. So aber sind die Ergebnisse nur bedingt aussagekräftig.

Für derartige Experimente werden sich vermutlich aber auch in Zukunft nur wenige Freiwillige finden. Dabei ist ein genetisch verändertes Bakterium nicht das einzige und vielleicht nicht einmal das größte Risiko beim Einsatz von Probiotika. Immerhin schluckt man dabei lebende Organismen. Allein durch deren enormes Vermehrungspotenzial stellen die Mikroben eine mögliche Gefahr dar. Die allermeisten Keime können nämlich nicht nur nützlich für den Menschen sein, sie können ihn auch krank machen oder sogar töten.

Ein gutes Beispiel hierfür ist *Escherichia coli,* dessen Stamm Nissle 1917 wir bereits kennengelernt haben. Diese Form des Bakteriums kann heilende Wirkung entfalten. Andere befallen dagegen die Harnwege und verursachen schmerzhafte Entzündungen. Wiederum andere lösen eine Hirnhautentzündung aus, rufen Durchfall hervor oder zerstören Organe. Der bekannteste unter diesen fiesen Gesellen ist EHEC. Diese Abkürzung steht für enterohämorrhagische *Escherichia coli,* ein gefährlicher Erreger, der immer wieder für Epidemien mit vielen Toten sorgt.

Die Janusköpfigkeit von *Escherichia coli* steht stellvertretend für das schützende und gleichzeitig zerstörerische Potenzial probiotischer Bakterien. Auch manche Stämme von

Enterokokken und sogar Lactobacillen können dem Menschen schaden.

So erhöhte eine probiotische Mixtur aus sechs verschiedenen Mikroben von Lactobacillen und Bifidobakterien das Sterberisiko für Patienten mit einer akuten Bauchspeicheldrüsen-Entzündung. In vorangegangenen Tierversuchen hatten die Bakterien dagegen die Krankheitskeime weitgehend verdrängt. Dies ist ein in der Forschung bekanntes Phänomen, denn Tierversuche lassen nur bedingt Rückschlüsse auf die Mechanismen im menschlichen Organismus zu.

Die letzte und vielleicht größte Gefahr bergen probiotische Keime hinsichtlich der Resistenz gegen Antibiotika. Wenn die Bakterien lediglich gegen einen dieser Wirkstoffe unempfindlich sind, wäre das für sich genommen noch kein sehr großes Problem. Schließlich existieren zahlreiche unterschiedliche Medikamente, von denen eines sicher wirken dürfte, sollte der Einzeller unerwünschte Reaktionen verursachen. Was derartige Mikroben erst zur tickenden Zeitbombe macht, ist ihre Fähigkeit, Sex mit anderen Winzlingen zu haben. Der Einsatz eines antibiotikaresistenten probiotischen Bakteriums könnte andere Keime also mit weiteren Abwehrmöglichkeiten gegen die menschlichen Waffen ausrüsten.

In diesem Zusammenhang erscheint die Tatsache, dass einige Probiotika auch in der Tiermast Anwendung finden, eher bedenklich. Dort werden sie dem Futter zugesetzt, um die Leistung der Tiere und ihre Gesundheit zu steigern. Da, wie im Kapitel »Weshalb Sex tödlich enden kann« erläutert, auch Unmengen von Antibiotika in der Landwirtschaft verbraucht werden, erhöht sich das Risiko, dass sich neue Resistenzen auch bei den probiotischen Keimen ausbilden oder sich bereits bestehende weiter im Reich der Mikroben ausbreiten. Wie schon so oft zeigt sich, dass im Umgang mit biologischen Systemen eine behutsame und ausgewogene Vorgehensweise ratsam ist.

Trotz dieser Risiken genießen Probiotika einen immer noch beinahe sagenhaften Ruf. Das mag damit zusammenhängen, dass die Berichterstattung über sie eher positiv ausfällt und mögliche Risiken nicht oder nur unausgewogen geschildert werden. Das ist jedenfalls das Fazit einer Analyse von 71 Internetangeboten aus den USA, darunter kommerzielle Angebote und Medienseiten. Bei den meisten fanden sich vor allem Berichte über positive Gesundheitswirkungen. So klären 70 Prozent der Seiten über allgemeine positive Wirkungen auf, während 96 Prozent explizit auf die gesundheitliche Förderung des Verdauungstraktes durch Probiotika hinweisen. Nur 40 Prozent beschrieben dagegen kleinere Risiken wie möglichen Durchfall oder Blähungen. Nur etwa zehn Prozent gingen auf die Gefahr möglicher Infektionen durch Probiotika ein. Knapp die Hälfte der Seiten erwähnte Risiken, die mit der Einnahme von Probiotika einhergehen können, überhaupt nicht. Diese Studie bezieht sich auf amerikanische Internetseiten und man mag hoffen, dass die Öffentlichkeit in Europa, speziell in Deutschland, kritischer ist. Zumindest sollten alle Leser dieses Buchs skeptisch gegenüber großen Heilsversprechungen durch Probiotika sein.

Ähnlich verhält es sich auch bei den Präbiotika. Das sind keine lebenden Organismen, die Lebensmitteln zugesetzt oder als Arznei verwendet werden, sondern lediglich organische Verbindungen. Diese Kohlenhydrate können weder unser Dünndarm noch seine Mikroben abbauen. Die Substanzen passieren daher unbeschadet den oberen Teil unseres

Verdauungstraktes und kommen unverändert im Dickdarm an. Erst dort entfalten sie ihre Wirkung.

Präbiotika werden entweder allein oder in Kombination mit Probiotika eingesetzt. In letzterem Fall spricht man dann von Synbiotika. Mit diesen verknüpft sich unter anderem die Hoffnung, dass die darin enthaltenen Präbiotika den probiotischen Mikroben zu gutem Wachstum verhelfen.

Präbiotika sind ein besonders gutes Futter für bestimmte Bakterienarten, vor allem *Bifidobacterium* und *Lactobacillus*, die als gesundheitsfördernd gelten. Dabei handelt es sich allerdings zunächst nur um eine allgemeine Beobachtung. So besitzt die Darmflora von gesunden Säuglingen ja auch einen besonders hohen Anteil an *Bifidobacterium*. Denn Muttermilch enthält viele Galacto-Oligosaccharide, also bestimmte Zucker, die das Wachstum der Bifidobakterien im Säuglingsdarm fördern und so vor Infektionen schützen.

Studien zu diesen Präbiotika, die einen positiven Effekt der Substanzen bei Erwachsenen wissenschaftlich valide nachweisen, sind nicht sehr zahlreich. Das wird unter anderem daran deutlich, dass die EU mit ihrer Positivliste zu werblichen Gesundheitsbehauptungen von Nahrungszusätzen nur wenige Aussagen zulässt (siehe Seite 286 f.).

Bei weniger strenger Betrachtung stellt man allerdings fest, dass es viele Hinweise auf eine förderliche Wirkung von Präbiotika gibt. Die bekanntesten, die zahlreichen Lebensmitteln wie Milchprodukten oder Backwaren zugesetzt werden, sind Inulin und Oligofructose. Sie bestehen aus mehr oder weniger langen Ketten, die sich aus einzelnen Fructosemolekülen zusammensetzen. Diese Schnüre aus Fruchtzucker passieren Magen und Dünndarm unbeschadet, da der Mensch kein Enzym besitzt, das sie abbauen kann. Erst die Mikroben im

Dickdarm stürzen sich darauf. Nach regelmäßigem Verzehr dieser Präbiotika steigt die Zahl der Bifidobakterien und auch *Faecalibacterium prausnitzii* gedeiht mit dieser Spezialnahrung besser. Dem letztgenannten Bakterium sind wir ebenfalls bereits begegnet. Er tritt bei Patienten mit Darmtumoren wesentlich seltener auf als bei Gesunden. Aber auch hier sei noch einmal auf den Unterschied zwischen Korrelation und Kausalität verwiesen. Es handelt sich dabei zunächst um die Beobachtung eines statistischen Zusammenhangs. Ob *Faecalibacterium prausnitzii* tatsächlich die Krebsrate verringern kann, ist damit längst nicht bewiesen. Gleiches gilt für die Veränderungen in der Darmflora durch Inulin und Oligofructose allgemein.

Unbewusst haben Menschen diese Präbiotika aber wohl bereits seit Tausenden von Jahren genutzt und von ihrer heute angenommenen gesundheitsfördernden Wirkung profitiert. Das legen zumindest archäologische Funde aus der texanischen Chihuahua-Wüste nahe. Dort entdeckten Forscher in Höhlen Koprolithen, also versteinerte Exkremente der Ureinwohner der Region. Sie waren bis zu 10 000 Jahre alt. Die Analyse dieser Hinterlassenschaften zeigte, dass die Indianer zwischen 50 und 60 Prozent ihres Nahrungsbedarfs durch Pflanzen deckten. Ein Großteil dieser vegetarischen Kost bestand aus Agaven, Spargel- und Zwiebelgewächsen, wie sie noch heute in dem trockenen Gebiet wachsen. Diese Pflanzen enthalten einen hohen Anteil an Inulin und ähnlichen Kohlenhydraten, sodass die Wüstenbewohner auf einen geschätzten Tageskonsum von etwa 135 Gramm kamen. Zum Vergleich: In Westeuropa verzehren Menschen davon täglich im Schnitt zwischen drei bis elf Gramm, in den USA sogar nur ein bis vier Gramm pro Tag.

Inulin = Polysaccharid

Auch dies ist zunächst nur eine Beobachtung und wir wissen nicht, ob die Jäger und Sammler im heutigen Texas wegen dieses hohen Ballaststoffgehalts der Nahrung tatsächlich gesünder waren als wir. Setzte man die Lebenserwartung als Maß für die Gesundheit einer Population, dann ließe sich das nicht behaupten. Für die Neusteinzeit wird diese auf 20 bis 30 Jahre geschätzt. Allerdings beziffern diese Angaben lediglich die durchschnittliche Lebenserwartung zu Beginn der Geburt, beziehen also die sehr hohe Kindersterblichkeit in dieser Zeit mit ein. Betrachtet man dagegen, in welchem Alter besonders viele Menschen sterben, dann fällt bei Jäger-Sammler-Gesellschaften auf, dass sie zwar unter einer hohen Kindersterblichkeit leiden. Sind die Kleinen aber erst einmal aus dem Gröbsten heraus, sprich, haben sie die ersten Lebensjahre überstanden, fällt die Sterblichkeit rapide ab. Sie steigt erst wieder ab einem Alter von etwa 40 Jahren. Untersuchungen unter noch existierenden Jäger-Sammler-Kulturen ergaben denn auch, dass es nicht ungewöhnlich ist, wenn ihre Angehörigen ein Alter zwischen 68 und 78 Jahren erreichen.

Umgekehrt ist auch die Beobachtung des russischen Immunologen Metschnikow trügerisch, dass im Kaukasus besonders viele Hundertjährige leben. Dafür haben neuere Untersuchungen keinen Beleg gefunden. Außerdem würde die Zahl der Hundertjährigen nichts über die dortige durchschnittliche Lebenserwartung verraten. Die liegt selbst heute noch weit unter der in Deutschland – je nach Region etwa zehn Jahre. Die Gruppe der Methusalems gibt auch keinen Aufschluss darüber, in welchem Alter die meisten Menschen in einem Landstrich sterben. Hundertjährige fallen uns nur besonders auf, allein schon deshalb, weil wir uns so auf diese Zahl fixieren. Weil die meisten Menschen hoffen, auch einmal dieses

Alter zu erreichen, und das auch noch bei guter Gesundheit, sind wir bereit, vieles gutmütig zu akzeptieren, das uns den Weg dazu eröffnet. Zumindest das ist kein Geheimnis.

Probiotika sind lebende Mikroorganismen, die dem Wirt einen gesundheitlichen Vorteil bringen, wenn sie in ausreichender Menge aufgenommen werden.

Präbiotika sind in der Regel Kohlenhydrate, die als Arznei oder Lebensmittelzusatz eine gesunde Darmflora fördern sollen.

Synbiotika bestehen aus einer Kombination von Pro- und Präbiotika.

Es existieren zahlreiche Hinweise darauf, dass Pro- oder Präbiotika die Gesundheit fördern. Der **wissenschaftliche Beweis** einer positiven gesundheitlichen Wirkung fehlt bei den meisten (siehe auch nachfolgende Leitlinien der Fachgesellschaften und Health Claims).

Effekte von Probiotika können sein: Immunmodulation, Stärkung der Barrierefunktion der Darmschleimhaut, Zurückdrängung von Krankheitskeimen, Stabilisierung der Verdauung, Schutz vor Infektionen und neurologischen Veränderungen, Verbesserung herkömmlicher Therapien.

Probiotische Keime bergen auch Risiken. Sie können **Resistenzen gegen Antibiotika** übertragen oder zu Krankheitserregern werden.

Die Werbemöglichkeiten mit **Gesundheitsversprechen** bei Lebensmitteln sind stark eingeschränkt. Nur bei validem Nachweis der behaupteten Wirkung ist sie erlaubt.

Leitlinienempfehlungen verschiedener ärztlicher Verbände
Gemeinsame Leitlinie der Deutschen Gesellschaft für Neurogastroenterologie und Motilität (DGNM) und der Deutschen Gesellschaft

für Verdauungs- und Stoffwechselkrankheiten (DGVS) zur **Obstipation** – also Verstopfung: Der Einsatz von Probiotika – zum Beispiel *Bifidobacterium animalis* ssp. *lactis* DN-173010, *Lactobacillus casei* Shirota und *Escherichia coli* Stamm Nissle 1917 bei funktioneller chronischer Obstipation ist durch Studien belegt und wirksam. Bei Slow-Transit-Obstipation (STO) (Anmerkung des Autors: eine Form der chronischen Verstopfung) weisen Studien nur einen geringen Effekt für Probiotika nach, sodass in der klinischen Praxis der Einsatz eine untergeordnete Rolle spielt. Durch die gute Verträglichkeit und Sicherheit kommt den Probiotika bei funktioneller chronischer Obstipation auch eine Bedeutung bei Kindern und der Schwangerschaftsobstipation zu.

Leitlinie der Deutschen Gesellschaft für Verdauungs- und Stoffwechselkrankheiten (DGVS) und der Deutschen Gesellschaft für Neurogastroenterologie und Motilität (DGNM) zu Definition, Pathophysiologie, Diagnostik und Therapie **intestinaler Motilitätsstörungen** (Anmerkung des Autors: also von Störungen in der Beweglichkeit des Darms):
Patienten mit Slow-Transit-Obstipation sollen über das Krankheitsbild aufgeklärt werden, eine ballaststoffreiche Ernährung erhalten (sofern verträglich) und bei Bedarf medikamentös therapiert werden. Hierzu können die folgenden Medikamente verwendet werden: osmotische Laxanzien, also Abführmittel (PEG-3350, Sorbit, Lactulose, Magnesiumhydroxid), wasserlösliche Ballaststoffe (Wasserbindung in Gelen und viskösen Lösungen aus Pektin, Mucilaginosa, Hemicellulose, Psyllium/*Plantago afra* beziehungsweise *P. ovata* und Ispaghula, also Flohsamen), strukturierte (cellulosehaltige) Ballaststoffe (vorwiegend in Kleie, Mais, Weizen, Hafer, Leinsamen) oder hydragoge Laxanzien (Anthrachinone (Senna, Aloe), Diphenole (Bisacodyl), Ricinolsäure, Natriumpicosulfat) sowie Probiotika.

Leitlinie der Deutschen Gesellschaft für Verdauungs- und Stoffwechselkrankheiten (DGVS) zur **chronischen Pankreatitis (Bauchspeicheldrüsenentzündung)** Definition, Ätiologie (Ursache und Entstehung der Krankheit), Diagnostik und konservative, interventionell (Anmerkung des Autors: gewebeverändernde) endoskopische und operative Therapie:

ssp. = Subspecies

Probiotika sollen nicht gegeben werden. Sie haben einen eher ungünstigen Effekt auf den Verlauf der Pankreatitis.
In einer doppelt verblindeten placebokontrollierten Studie an 298 Patienten mit schwerer akuter Pankreatitis beobachteten die Autoren, dass die Gabe des Probiotikums Ecologic 641, das *Lactobacillus acidophilus, Lactobacillus casei, Lactobacillus salivarius, Lactococccus lactis, Bifidobacterium bifidum* und *Bifidobacterium lactis* enthält, nicht zu einer signifikanten Abnahme der infektiösen Komplikationen, sondern zu einer signifikanten Zunahme der Mortalität, überwiegend verursacht durch Darmnekrosen in der Verum-Gruppe, also jener Gruppe, die die eigentliche Therapie erhielt, führte. Die Gabe von Probiotika zur Therapie der akuten Pankreatitis sollte somit unterbleiben, bis weitere Studien die Hintergründe dieses Befunds klären konnten.

Leitlinie zur Diagnostik und Therapie der **Colitis ulcerosa**, Ergebnisse einer evidenzbasierten Konsensuskonferenz 2011:
Bei Unverträglichkeit von Aminosalicylaten kann der apathogene *Escherichia-coli*-Stamm Nissle 1917 oder bei Kindern das probiotische Präparat VSL#3 eingesetzt werden. Zum Remissionserhalt, also der Aufrechterhaltung des Behandlungserfolgs, kann eine probiotische Therapie eingesetzt werden.

Leitlinie **Reizdarmsyndrom (RDS)** Definition, Pathophysiologie, Diagnostik und Therapie. Gemeinsame Leitlinie der Deutschen Gesellschaft für Verdauungs- und Stoffwechselkrankheiten (DGVS) und der Deutschen Gesellschaft für Neurogastroenterologie und Motilität (DGNM):
Ausgewählte Probiotika können in der Behandlung des RDS eingesetzt werden. Bei Erwachsenen mit Reizdarmsyndrom und überwiegend obstipativen Beschwerden können Ballaststoffe zur Behandlung eingesetzt werden. Dabei sollten lösliche Ballaststoffe wie Psyllium/*Plantago* und Ispaghula (Flohsamen) bevorzugt verwendet werden.
Probiotika können bei Kindern versucht werden, insbesondere bei postenteritischer Genese (Anmerkung des Autors: nach einem Magen-Darm-Infekt entstehend) des Reizdarmsyndroms oder prädo-

 Nekrose = Absterben

minanter Diarrhö, also vornehmlich von Durchfall geprägtem Syndrom. Eine Behandlung von Schmerzen mit Probiotika kann durchgeführt werden.

Eine Behandlung der Diarrhö mit Probiotika kann durchgeführt werden.
Probiotika können bei Patienten mit Reizdarmsyndrom mit Obstipation (Verstopfung) versucht werden.
Eine Therapie mit Probiotika kann zur Besserung von Blähungen/abdomineller Distension (Anmerkung des Autors: Blähgefühl)/Meteorismus (Anmerkung des Autors: Blähbauch)/Flatulenz führen.

Probiotika-stamm	**RDS Schmerz-/Blähtyp**	**RDS Schmerztyp**	**RDS Obstipa-tionstyp**
Bifidobacterium infantis 35624	B		
Bifidobacterium animalis ssp. lactis DN-173010	B		
Lactobacillus casei Shirota	B		C
Lactobacillus plantarum	C		B
Lactobacillus rhamnosus GG		B	
Escherichia coli Nissle 1917			C
Kombinations-präparate		C	

Tabelle 9: Evidenzgrade unterschiedlicher Probiotikastämme in Abhängigkeit des jeweiligen Reizdarm-Syndrom-Typs (RDS)

Evidenzgrade (Maß für die wissenschaftlich belegte Wirkung):
Grad A: »Soll«-Empfehlung: zumindest eine randomisierte kontrollierte Studie von insgesamt guter Qualität und Konsistenz, die sich direkt auf die jeweilige Empfehlung bezieht und nicht extrapoliert wurde.
Grad B: »Sollte«-Empfehlung: gut durchgeführte klinische Studien, aber keine randomisierten klinischen Studien, mit direktem Bezug zur Empfehlung.
Grad C: »Kann«-Empfehlung: Berichte von Expertenkreisen oder Expertenmeinung und/oder klinische Erfahrung anerkannter Autoritäten. Diese Einstufung zeigt an, dass direkt anwendbare klinische Studien von guter Qualität nicht vorhanden oder nicht verfügbar waren.

Erlaubte Gesundheitsbehauptungen (Health Claims) zu präbiotisch wirksamen Lebensmittelzusätzen (EU-Positivliste)

Arabinoxylan, hergestellt aus Weizenendosperm
Die Aufnahme von Arabinoxylan als Bestandteil einer Mahlzeit trägt dazu bei, dass der Blutzuckerspiegel nach der Mahlzeit weniger stark ansteigt. Die Angabe darf nur für Lebensmittel verwendet werden, die mindestens acht Gramm arabinoxylanreiche Fasern aus Weizenendosperm (mit einem Gewichtsanteil von mindestens 60 Prozent Arabinoxylan) je 100 Gramm verfügbare Kohlenhydrate in einer angegebenen Portion als Bestandteil der Mahlzeit enthalten. Damit die Angabe zulässig ist, sind die Verbraucher darüber zu unterrichten, dass sich die positive Wirkung einstellt, wenn arabinoxylanreiche Fasern aus Weizenendosperm als Bestandteil der Mahlzeit aufgenommen werden.

Beta-Glucane
Beta-Glucane tragen zur Aufrechterhaltung eines normalen Cholesterinspiegels im Blut bei.
Die Angabe darf nur für Lebensmittel verwendet werden, die mindestens ein Gramm Beta-Glucane aus Hafer, Haferkleie, Gerste oder Gerstenkleie beziehungsweise aus Gemischen dieser Getreide je angegebener Portion enthalten. Damit die Angabe zulässig ist, sind die

Verbraucher darüber zu unterrichten, dass sich die positive Wirkung bei einer täglichen Aufnahme von drei Gramm Beta-Glucanen aus Hafer, Haferkleie, Gerste oder Gerstenkleie beziehungsweise aus Gemischen dieser Getreide einstellt.

Beta-Glucane aus Hafer und Gerste

Die Aufnahme von Beta-Glucanen aus Hafer oder Gerste als Bestandteil einer Mahlzeit trägt dazu bei, dass der Blutzuckerspiegel nach der Mahlzeit weniger stark ansteigt.

Die Angabe darf nur für Lebensmittel verwendet werden, die mindestens vier Gramm Beta-Glucane aus Hafer oder Gerste je 30 Gramm verfügbare Kohlenhydrate in einer angegebenen Portion als Bestandteil der Mahlzeit enthalten. Damit die Angabe zulässig ist, sind die Verbraucher darüber zu unterrichten, dass sich die positive Wirkung einstellt, wenn Beta-Glucane aus Hafer oder Gerste als Bestandteil der Mahlzeit aufgenommen werden.

Gerstenkornballaststoffe

Gerstenkornballaststoffe tragen zur Erhöhung des Stuhlvolumens bei.

Die Angabe darf nur für Lebensmittel verwendet werden, wenn das Produkt im Fall von festen Lebensmitteln mindestens sechs Gramm Ballaststoffe pro 100 Gramm oder im Fall von flüssigen Lebensmitteln mindestens drei Gramm Ballaststoffe pro 100 Kilokalorien enthält.

Glucomannan (Konjak-Mannan)

Glucomannan trägt zur Aufrechterhaltung eines normalen Cholesterinspiegels im Blut bei.

Die Angabe darf nur für Lebensmittel verwendet werden, deren Verzehr eine tägliche Aufnahme von vier Gramm Glucomannan gewährleistet. Damit die Angabe zulässig ist, sind die Verbraucher darüber zu unterrichten, dass sich die positive Wirkung bei einer täglichen Aufnahme von vier Gramm Glucomannan einstellt.

Warnung*

Glucomannan (Konjak-Mannan)
Glucomannan trägt im Rahmen einer kalorienarmen Ernährung zu Gewichtsverlust bei.
Die Angabe darf nur für Lebensmittel verwendet werden, die ein Gramm Glucomannan je angegebener Portion enthalten. Damit die Angabe zulässig ist, sind die Verbraucher darüber zu unterrichten, dass sich die positive Wirkung bei einer täglichen Aufnahme von drei Gramm Glucomannan in drei Portionen à einem Gramm in Verbindung mit ein bis zwei Gläsern Wasser vor den Mahlzeiten und im Rahmen einer kalorienarmen Ernährung einstellt.
Warnung*

Guarkernmehl
Guarkernmehl trägt zur Aufrechterhaltung eines normalen Cholesterinspiegels im Blut bei.
Die Angabe darf nur für Lebensmittel verwendet werden, deren Verzehr eine tägliche Aufnahme von zehn Gramm Guarkernmehl gewährleistet. Damit die Angabe zulässig ist, sind die Verbraucher darüber zu unterrichten, dass sich die positive Wirkung bei einer täglichen Aufnahme von zehn Gramm Guarkernmehl einstellt.
Warnung*

Haferkornballaststoffe
Haferkornballaststoffe tragen zur Erhöhung des Stuhlvolumens bei.
Die Angabe darf nur für Lebensmittel verwendet werden, wenn das Produkt im Fall von festen Lebensmitteln mindestens sechs Gramm Ballaststoffe pro 100 Gramm oder im Fall von flüssigen Lebensmitteln mindestens drei Gramm Ballaststoffe pro 100 Kilokalorien enthält.

Hydroxypropylmethylcellulose (HPMC)
Die Aufnahme von Hydroxypropylmethylcellulose im Rahmen einer Mahlzeit trägt dazu bei, dass der Blutzuckerspiegel nach der Mahlzeit weniger stark ansteigt.
Die Angabe darf nur für Lebensmittel verwendet werden, die vier Gramm HPMC je angegebener Portion im Rahmen einer Mahlzeit enthalten. Damit die Angabe zulässig ist, sind die Verbraucher dar-

über zu unterrichten, dass sich die positive Wirkung einstellt, wenn vier Gramm HPMC im Rahmen der Mahlzeit aufgenommen werden.
Warnung*

Hydroxypropylmethylcellulose (HPMC)
Hydroxypropylmethylcellulose trägt zur Aufrechterhaltung eines normalen Cholesterinspiegels im Blut bei.
Die Angabe darf nur für Lebensmittel verwendet werden, deren Verzehr eine tägliche Aufnahme von fünf Gramm HPMC gewährleistet. Damit die Angabe zulässig ist, sind die Verbraucher darüber zu unterrichten, dass sich die positive Wirkung bei einer täglichen Aufnahme von fünf Gramm HPMC einstellt.
Warnung*

Pektine
Pektine tragen zur Aufrechterhaltung eines normalen Cholesterinspiegels im Blut bei.
Die Angabe darf nur für Lebensmittel verwendet werden, deren Verzehr eine tägliche Aufnahme von sechs Gramm Pektinen gewährleistet. Damit die Angabe zulässig ist, sind die Verbraucher darüber zu unterrichten, dass sich die positive Wirkung bei einer täglichen Aufnahme von sechs Gramm Pektinen einstellt.
Warnung*

Pektine
Die Aufnahme von Pektinen im Rahmen einer Mahlzeit trägt dazu bei, dass der Blutzuckerspiegel nach der Mahlzeit weniger stark ansteigt.
Die Angabe darf nur für Lebensmittel verwendet werden, die zehn Gramm Pektine je angegebener Portion enthalten. Damit die Angabe zulässig ist, sind die Verbraucher darüber zu unterrichten, dass sich die positive Wirkung einstellt, wenn zehn Gramm Pektine als Bestandteil der Mahlzeit aufgenommen werden.
Warnung*

Resistente Stärke
Der Ersatz von verdaulicher Stärke durch resistente Stärke in einer Mahlzeit trägt dazu bei, dass der Blutzuckerspiegel nach der Mahlzeit weniger stark ansteigt.
Die Angabe darf nur für Lebensmittel verwendet werden, in denen die verdauliche Stärke durch resistente Stärke ersetzt wurde, wobei der Anteil der resistenten Stärke am Stärkegehalt insgesamt mindestens 14 Prozent beträgt.

Roggenballaststoffe
Roggenballaststoffe tragen zu einer normalen Darmfunktion bei.
Die Angabe darf nur für Lebensmittel verwendet werden, wenn das Produkt im Fall von festen Lebensmitteln mindestens sechs Gramm Ballaststoffe pro 100 Gramm oder im Fall von flüssigen Lebensmitteln mindestens drei Gramm Ballaststoffe pro 100 Kilokalorien enthält.

Weizenkleie
Weizenkleie trägt zur Beschleunigung der Darmpassage bei.
Die Angabe darf nur für Lebensmittel verwendet werden, wenn das Produkt im Fall von festen Lebensmitteln mindestens sechs Gramm Ballaststoffe pro 100 Gramm oder im Fall von flüssigen Lebensmitteln mindestens drei Gramm Ballaststoffe pro 100 Kilokalorien enthält. Damit die Angabe zulässig ist, sind die Verbraucher darüber zu unterrichten, dass sich die positive Wirkung bei einer täglichen Aufnahme von mindestens zehn Gramm Weizenkleie einstellt.

Weizenkleie
Weizenkleie trägt zur Erhöhung des Stuhlvolumens bei.
Die Angabe darf nur für Lebensmittel verwendet werden, wenn das Produkt im Fall von festen Lebensmitteln mindestens sechs Gramm Ballaststoffe pro 100 Gramm oder im Fall von flüssigen Lebensmitteln mindestens drei Gramm Ballaststoffe pro 100 Kilokalorien enthält.

---

* Warnung, dass bei Verbrauchern mit Schluckbeschwerden oder bei unzureichender Flüssigkeitszufuhr Erstickungsgefahr besteht – Empfehlung der Einnahme mit reichlich Wasser, damit die entsprechenden Substanzen beziehungsweise Zusätze in den Magen gelangen.

Literaturverzeichnis

Die hier angegebene Literatur ist jahreweise aufgelistet, wobei die neusten Veröffentlichungen am Anfang stehen und die ältesten am Ende. Innerhalb eines Jahrs erfolgt die Nennung alphabetisch nach dem Namen der Erstautoren.

Christina J. Adler et al.; Sequencing ancient calcified dental plaque shows changes in oral microbiota with dietary shifts of the Neolithic and Industrial revolutions; Nature Genetics (2013)

Stephen J. Allen et al.; Lactobacilli and bifidobacteria in the prevention of antibiotic-associated diarrhoea and Clostridium difficile diarrhoea in older inpatients (PLACIDE): a randomised, double-blind, placebo-controlled, multicentre trial; The Lancet (2013)

Meghan B. Azad et al.; Gut microbiota of healthy Canadian infants: profiles by mode of delivery and infant diet at 4 months; Canadian Medical Association Journal (2013)

Jeremy J. Barr et al.; Bacteriophage adhering to mucus provide a non-host-derived immunity; Proceedings of the National Academy of Sciences (2013)

G. Bian et al.; Wolbachia Invades Anopheles stephensi Populations and Induces Refractoriness to Plasmodium Infection; Science (2013)

Sam Boase et al.; The microbiome of chronic rhinosinusitis: culture, molecular diagnostics and biofilm detection; BMC Infectious Diseases (2013)

Margaret A. Brinich et al.; An analysis of online messages about probiotics; BMC Gastroenterology (2013)

Jörg Eberhard et al.; Experimental Gingivitis Induces Systemic Inflammatory Markers in Young Healthy Individuals: A Single-Subject Interventional Study; PLoS ONE (2013)

Na Fei/Liping Zhao; An opportunistic pathogen isolated from the gut of an obese human causes obesity in germfree mice; The ISME Journal (2013)

Keisha Findley et al.; Topographic diversity of fungal and bacterial communities in human skin; Nature (2013)

Jaroslav Flegr; How and why Toxoplasma makes us crazy; Cell (2013)

Jaroslav Flegr; Influence of latent Toxoplasma infection on human personality, physiology and morphology: pros and cons of the Toxoplasma-human model in studying the manipulation hypothesis; The Journal of Experimental Biology (2013)

J. Z. Goldenberg et al.; Probiotics for the prevention of Clostridium difficile-associated diarrhea in adults and children; Cochrane Database of Systematic Reviews (2013)

Elizabeth A. Grice et al.; A diversity profile of the human skin microbiota; Genome Research (2013)

Peera Hemarajata/James Versalovic; Effects of probiotics on gut microbiota: mechanisms of intestinal immunomodulation and neuromodulation; Therapeutic Advances in Gastroenterology (2013)

Bill Hesselmar et al.; Pacifier Cleaning Practices and Risk of Allergy Development; Pediatrics (2013)

Christian Hoffmann et al.; Archaea and Fungi of the Human Gut Microbiome: Correlations with Diet and Bacterial Residents; PLoS ONE (2013)

Fredrik H. Karlsson et al.; Gut metagenome in European women with normal, impaired and diabetic glucose control; Nature (2013)

Alexander Kleger et al.; Stuhltransplantation bei therapierefraktärer Clostridium-difficile-assoziierter Kolitis; Deutsches Ärzteblatt (2013)

Andrew B. Kouse; RNA-Mediated Thermoregulation of Iron-Acquisition Genes in Shigella dysenteriae and Pathogenic Escherichia coli; PLoS ONE (2013)

C. Lalitha/P. V. V. Prasada Rao; Impact of superficial blends in skin microbiota; International Journal of Current Pharmaceutical Research (2013)

Vanessa Leone et al.; Diet, microbes, and host genetics: the perfect storm in inflammatory bowel diseases; The Journal of Gastroenterology (2013)

Alice P. Liou et al.; Conserved Shifts in the Gut Microbiota Due to Gastric Bypass Reduce Host Weight and Adiposity; Science Translational Medicine (2013)

Peter Loskill et al.; Reduced adhesion of oral bacteria on hydroxyapatite by fluoride Treatment; Journal Langmuir (2013)

Glenn A. McConkey et al.; Toxoplasma gondii infection and behaviour - location, location, location?; The Journal of Experimental Biology (2013)

James F. Meadow et al.; Significant changes in the skin microbiome mediated by the sport of roller derby; PeerJ (2013)

Damian R. Murray et al.; Pathogens and Politics: Further Evidence That Parasite Prevalence Predicts Authoritarianism; PLoS ONE (2013)

Nabeetha A. Nagalingam et al.; Probiotic strategies for treatment of respiratory diseases; Trends in Microbiology (2013)

D. A. Osborn/J. K. H. Sinn; Prebiotics in infants for prevention of allergy; Cochrane Database of Systematic Reviews (2013)

Rafael Pena-Miller et al.; When the Most Potent Combination of Antibiotics Selects for the Greatest Bacterial Load: The Smile-Frown Transition; PLoS Biology (2013)

Alexander J. Probst et al.; Archaea on Human Skin; PLoS ONE (2013)

Vanessa K. Ridaura et al.; Gut Microbiota from Twins Discordant for Obesity Modulate Metabolism in Mice; Science (2013)

Joanne Slavin; Fiber and Prebiotics: Mechanisms and Health Benefits; Nutrients (2013)

Michelle I. Smith et al.; Gut Microbiomes of Malawian Twin Pairs Discordant for Kwashiorkor; Science (2013)

Se Jin Song et al.; Cohabiting family members share microbiota with one another and with their dogs; eLife (2013)

Girish Srinivas et al.; Genome-wide mapping of gene-microbiota interactions in susceptibility to autoimmune skin blistering; Nature Communications (2013)

Kirsten Tillisch et al.; Consumption of Fermented Milk Product With Probiotic Modulates Brain Activity; Gastroenterology (2013)

Ajai Vyas; Parasite-augmented mate choice and reduction in innate fear in rats infected by Toxoplasma gondii; The Journal of Experimental Biology (2013)

Ed Young; Viruses in the gut protect from infection; Nature News (2013)

K. Aagaard et al.; A Metagenomic Approach to Characterization of the Vaginal Microbiome Signature in Pregnancy; PLoS ONE (2012)

Nicole A. Abreu et al., Sinus Microbiome Diversity Depletion and Corynebacterium tuberculostearicum Enrichment Mediates Rhinosinusitis; Science Translational Medicine (2012)

S. Abubucker et al.; Metabolic reconstruction for metagenomic data and its application to the human microbiome; PLoS ONE (2012)

Cosme Alvarado-Esquivel et al.; High seroprevalence of Toxoplasma gondii infection in a subset of Mexican patients with work accidents and low socioeconomic status; Parasites & Vectors (2012)

Janelle C. Arthur et al.; Intestinal Inflammation Targets Cancer-Inducing Activity of the Microbiota; Science (2012)

H. Barzantny et al.; Molecular basis of human body odour formation: insights deduced from corynebacterial genome sequences; International Journal of Cosmetic Science (2012)

Premysl Bercik et al.; Microbes and the gut-brain axis; Neurogastroenterology and Motility (2012)

Kirandeep Bhullar et al.; Antibiotic Resistance Is Prevalent in an Isolated Cave Microbiome; PLoS ONE (2012)

Marije K. Bomers et al.; Using a dog's superior olfactory sensitivity to identify Clostridium difficile in stools and patients: proof of principle study; British Medical Journal (2012)

Brandi L. Cantarel et al.; Complex Carbohydrate Utilization by the Healthy Human Microbiome; PLoS ONE (2012)

Franck Carbonero et al.; Microbial pathways in colonic sulfur metabolism and links with health and disease; Frontiers in Physiology (2012)

Ilseung Cho/Martin J. Blaser; The Human Microbiome: at the interface of health and disease; Nature Reviews Genetics (2012)

Ilseung Cho et al.; Antibiotics in early life alter the murine colonic microbiome and adiposity; Nature (2012)

Hachung Chung et al.; Gut Immune Maturation Depends on Colonization with a Host-Specific Microbiota; Cell (2012)

Marcus J. Claesson et al.; Gut microbiota composition correlates with diet and health in the elderly; Nature (2012)

G. Clarke et al.; The microbiome-gut-brain axis during early life regulates the hippocampal serotonergic system in a sex-dependent manner; Molecular Psychiatry (2012)

Jose C. Clemente et al.;The Impact of the Gut Microbiota on Human Health: An Integrative View; Cell (2012)

Elizabeth K. Costello et al.; The Application of Ecological Theory Toward an Understanding of the Human Microbiome; Science (2012)

John F. Cryan/Timothy G. Dinan; Mind-altering microorganisms: the impact of the gut microbiota on brain and behaviour; Nature Reviews Neuroscience (2012)

Ajai A. Dandekar et al.; Bacterial Quorum Sensing and Metabolic Incentives to Cooperate; Science (2012)

Suzanne Devkota et al.; Dietary fat-induced taurocholic acid production promotes pathobiont and colitis in IL-10-/- mice; Nature (2012

B. A. Duerkop et al.; A composite bacteriophage alters colonization by an intestinal commensal bacterium; Proceedings of the National Academy of Sciences (2012)

Vanessa O. Ezenwa et al.; Animal Behavior and the Microbiome; Science (2012)

Harry J. Flint; The impact of nutrition on the human microbiome; Nutrition Reviews (2012)

Jonas M. Fuks et al.; GABAergic Signaling Is Linked to a Hypermigratory Phenotype in Dendritic Cells Infected by Toxoplasma gondii; PLoS Pathogens (2012)

J. Goll et al.; A case study for large-scale human microbiome analysis using JCVI's Metagenomics Reports; PLoS ONE (2012)

Jeffrey I. Gordon; Honor Thy Gut Symbionts Redux; Science (2012)

B. Guo et al.; Systematic review: faecal transplantation for the treatment of Clostridium difficile-associated disease; Alimentary Pharmacology and Therapeutics (2012)

J. Haiser/Peter J. Turnbaugh; Is It Time for a Metagenomic Basis of Therapeutics?; Science (2012)

Timothy W. Hand et al.; Acute Gastrointestinal Infection Induces Long-Lived Microbiota-Specific T Cell Responses; Science (2012)

Jorge Henao-Mejia et al.; Inflammasome-mediated dysbiosis regulates progression of NAFLD and obesity; Nature (2012)

Lora V. Hooper et al.; Interactions Between the Microbiota and the Immune System; Science (2012)

Jiri Hulcr et al.; A Jungle in There: Bacteria in Belly Buttons are Highly Diverse, but Predictable; PLoS ONE (2012)

S. M. Huse et al.; A Core Human Microbiome as Viewed Through 16S rRNA Sequences Clusters; PLoS ONE (2012)

Iliyan D. Iliev et al.; Interactions Between Commensal Fungi and the C-Type Lectin Receptor Dectin-1 Influence Colitis; Science (2012)

Luke Jostins et al.; Host-microbe interactions have shaped the genetic architecture of inflammatory bowel disease; Nature (2012)

Jumpstart Consortium Human Microbiome Project Data Generation Working Group; Evaluation of 16S rDNA-based community profiling for human microbiome research; PLoS ONE (2012)

Burcu Kaplan-Turkoz; Structural insights into Helicobacter pylori oncoprotein CagA interaction with β1 integrin; Proceedings of the National Academy of Sciences (2012)

Fredrik H. Karlsson et al.; Symptomatic atherosclerosis is associated with an altered gut metagenome; Nature Communications (2012)

M. B. Katan; Why the European Food Safety Authority was right to reject health claims for probiotics; Beneficial Microbes (2012)

Shimpei Kawamoto et al.;The Inhibitory Receptor PD-1 Regulates IgA Selection and Bacterial Composition in the Gut; Science (2012)

Heidi H. Kong/Julia A. Segre; Skin Microbiome: Looking Back to Move Forward; The Journal of Investigative Dermatology (2012)

Heidi H. Kong et al.; Temporal shifts in the skin microbiome associated with disease flares and treatment in children with atopic dermatitis; Genome Research (2012)

Omry Koren et al.; Host Remodeling of the Gut Microbiome and Metabolic Changes during Pregnancy; Cell (2012)

Trevor D. Lawley et al.; Targeted Restoration of the Intestinal Microbiota with a Simple, Defined Bacteriotherapy Resolves Relapsing Clostridium difficile Disease in Mice; PLoS Pathogens (2012)

Heewook Lee et al.; Rate and molecular spectrum of spontaneous mutations in the bacterium Escherichia coli as determined by whole-genome sequencing; Proceedings of the National Academy of Sciences (2012)

E. Li et al.; Inflammatory bowel diseases phenotype, C. difficile and NOD2 genotype are associated with shifts in human ileum associated microbial composition; PLoS ONE (2012)

K. Li et al.; Analyses of the Microbial Diversity across the Human Microbiome; PLoS ONE (2012)

J. Martin et al.; Optimizing Read Mapping to Reference Genomes to Determine Composition and Species Prevalence in Microbial Communities; PLoS ONE (2012)

Kieran McGourty et al.; Salmonella Inhibits Retrograde Trafficking of Mannose-6-Phosphate Receptors and Lysosome Function; Science (2012)

Ruslan Medzhitov et al.; Disease Tolerance as a Defense Strategy; Science (2012)

Shruti Naik et al.; Compartmentalized Control of Skin Immunity by Resident Commensals; Science (2012)

Manuela G. Neuman/Radu M. Nanau; Inflammatory bowel disease: role of diet, microbiota, life style; Translational Research (2012)

C. Neumann; Fingerprints at the crime-scene: Statistically certain, or probable?; Significance (2012)

Jeremy K. Nicholson et al.; Host-Gut Microbiota Metabolic Interactions; Science (2012)

Torsten Olszak et al.; Microbial Exposure During Early Life Has Persistent Effects on Natural Killer T Cell Function; Science (2012)

O. Pabst/A. M. Mowat; Oral tolerance to food protein; Mucosal Immunology (2012)

Alline R. Pacheco et al.; Fucose sensing regulates bacterial intestinal colonization; Nature (2012)

Ram Pande et al.; Prospectus of probiotics in modern age diseases; Asian Pacific Journal of Tropical Biomedicine (2012)

Deepak P. Patil et al.; Molecular analysis of gut microbiota in obesity among Indian individuals; Journal of Biosciences (2012)

Junjie Qin et al.; A metagenome-wide association study of gut microbiota in type 2 diabetes; Nature (2012)

Christoph Reinhardt et al.; Tissue factor and PAR1 promote microbiota-induced intestinal vascular remodeling; Nature (2012)

Harald Renz et al.; The impact of perinatal immune development on mucosal homeostasis and chronic inflammation; Nature Reviews Immunology (2012)

M. Rho et al.; Diverse CRISPRs evolving in human microbiomes; PLoS ONE (2012)

Jessica H. Savage et al.; Urinary levels of triclosan and parabens are associated with aeroallergen and food sensitization; Journal of Allergy and Clinical Immunology (2012)

Siegfried Schloissnig et al.; Genomic variation landscape of the human gut microbiome; Nature (2012)

P. D. Schloss et al.; Reducing the effects of PCR amplification and sequencing artefacts on 16S rRNA-based studies; PLoS ONE (2012)

Scott Schwartz et al.; A metagenomic study of diet-dependent interaction between gut microbiota and host in infants reveals differences in immune response; Genome Biology (2012)

Nicola Segata et al.; Composition of the Adult Digestive Tract Bacterial Microbiome Based on Seven Mouth Surfaces, Tonsils, Throat and Stool Samples; Nature (2012)

Nicola Segata et al.; Metagenomic microbial community profiling using unique clade-specific marker genes; Nature (2012)

Vishal S. Somvanshi et al.; Photorhabdus Between Pathogenic and Mutualistic States; Science (2012)

Gregory F. Sonnenberg et al.; Innate Lymphoid Cells Promote Anatomical Containment of Lymphoid-Resident Commensal Bacteria; Science (2012)

Adi Stern et al.; CRISPR targeting reveals a reservoir of common phages associated with the human gut microbiome; Genome Research (2012)

The Human Microbiome Consortium; Structure, Function and Diversity of Human Microbiome in an Adult Reference Population; Nature (2012)

The Human Microbiome Project Consortium; A framework for human microbiome research; Nature (2012)

Kevin R. Theis et al.; Evidence for a bacterial mechanism for group-specific social odors among hyenas; Scientific Reports (2012)

Raul Y. Tito et al.; Insights from Characterizing Extinct Human Gut Microbiomes; PLoS ONE (2012)

Ruth E. Toward et al.; Effect of prebiotics on the human gut microbiota of elderly persons; Gut Microbes (2012)

Valentina Tremaroli/Fredrik Bäckhed; Functional interactions between the gut microbiota and host metabolism; Nature (2012)

Luke K Ursell et al.; The interpersonal and intrapersonal diversity of human associated microbiota in key body sites; Journal of Allergy and Clinical Immunology (2012)

K. M. Wylie et al.; Novel Bacterial Taxa in the Human Microbiome; PLoS ONE (2012)

K. M. Wylie et al.; Sequence Analysis of the Human Virome in Febrile and Afebrile Children; PLoS ONE (2012)

Peiru Xu et al.; Correlation of intestinal microbiota with overweight and obesity in Kazakh school children; BMC Microbiology (2012)

Tanya Yatsunenko et al.; Human gut microbiome viewed across age and geography; Nature (2012)

Patrick L. J. M. Zeeuwen et al.; Microbiome dynamics of human epidermis following skin barrier disruption; Genome Biology (2012)

T. Zhang et al.; Host genes related to Paneth cells and xenobiotic metabolism are associated with shifts in human ileum-associated microbial composition; PLoS ONE (2012)

Yuanfen Zhang et al.; Toxoplasma gondii Immunoglobulin G Antibodies and Nonfatal Suicidal Self-Directed Violence; The Journal of Clinical Psychiatry (2012)

Manimozhiyan Arumugam et al.; Enterotypes of the human gut microbiome; Nature (2011)

Paolo Aureli et al.; Probiotics and health: An evidence-based review; Pharmacological Research (2011)

M. T. Bailey et al.; Exposure to a social stressor alters the structure of the intestinal microbiota: implications for stressor-induced immunomodulation; Brain, Behavior, and Immunity (2011)

Kerstin Berer et al.; Commensal microbiota and myelin autoantigen cooperate to trigger autoimmune demyelination; Nature (2011)

Premysl Bercik et al.; The Intestinal Microbiota Affect Central Levels of Brain-Derived Neurotropic Factor and Behavior in Mice; Gastroenterology (2011)

Martin Blaser; Antibiotic overuse: Stop the killing of beneficial bacteria; Nature (2011)

Javier A. Bravo et al.; Ingestion of Lactobacillus strain regulates emotional behavior and central GABA receptor expression in a mouse via the vagus nerve; Proceedings of the National Academy of Sciences (2011)

Sebastien Breurec et al.; Evolutionary History of Helicobacter pylori Sequences Reflect Past Human Migrations in Southeast Asia; PLoS ONE (2011)

Kimberly A. Capone et al.; Diversity of the Human Skin Microbiome Early in Life; The Journal of Investigative Dermatology (2011)

J. Gregory Caporaso et al.; Moving pictures of the human microbiome; Genome Biology (2011)

Kimberly D. Cephas et al.; Comparative Analysis of Salivary Bacterial Microbiome Diversity in Edentulous Infants and Their Mothers or Primary Care Givers Using Pyrosequencing; PLoS ONE (2011)

Emily S. Charlson et al.; Topographical Continuity of Bacterial Populations in the Healthy Human Respiratory Tract; American Journal of Respiratory and Critical Care Medicine (2011)

Marcus J. Claesson et al.; Composition, variability, and temporal stability of the intestinal microbiota of the elderly; Proceedings of the National Academy of Sciences (2011)

Sandrine P. Claus et al.; Colonization-Induced Host-Gut Microbial Metabolic Interaction; mBio (2011)

J. F. Cryan/S. M. Mahony; The microbiome-gut-brain axis: from bowel to behavior; Neurogastroenterology & Motility (2011)

Nathalie M. Delzenne et al; Targeting gut microbiota in obesity: effects of prebiotics and probiotics; Nature Reviews Endocrinology (2011)

Rochellys Diaz Heijtz et al.; Normal gut microbiota modulates brain development and behavior; Proceedings of the National Academy of Sciences (2011)

T. G. Dinan/E. M. M. Quigley; Probiotics in the treatment of depression: science or science fiction?; Australian and New Zealand Journal of Psychiatry (2011)

Markus J. Ege et al.; Exposure to Environmental Microorganisms and Childhood Asthma; New England Journal of Medicine (2011)

H. S. Ejtahed et al.; Effect of probiotic yogurt containing Lactobacillus acidophilus and Bifidobacterium lactis on lipid profile in individuals with type 2 diabetes mellitus; Journal of Dairy Science (2011)

T. Feng/C. O. Elson; Adaptive immunity in the host – microbiota dialog; Mucosal Immunology (2011)

Monika Fleshner; The gut microbiota: A new player in the innate immune stress response?; Brain, Behavior, and Immunity (2011)

Richard L. Gallo/Teruaki Nakatsuji; Microbial Symbiosis with the Innate Immune Defense System of the Skin; The Journal of Investigative Dermatology (2011)

Antonio Gonzalez et al.; The mind-body-microbial continuum; Dialogues in Clinical Neuroscience (2011)

Sue Grenham et al.; Brain-gut-microbe communication in health and disease; Frontiers in Physiology (2011)

Elizabeth A. Grice/Julia A. Segre; The skin microbiome; Nature Reviews Microbiology (2011)

Andreas H. Groll et al.; Diagnose und Therapie von Candida-Infektionen; Chemotherapie Journal (2011)

Dirk Hoefer/Timo R. Hammer; Antimicrobial Active Clothes Display No Adverse Effects on the Ecological Balance of the Healthy Human Skin Microflora; ISRN Dermatology (2011)

Katherine M. Hunt et al.; Characterization of the Diversity and Temporal Stability of Bacterial Communities in Human Milk; PLoS ONE (2011)

Takeshi Ichinohe et al.; Microbiota regulates immune defense against respiratory tract influenza A virus infection; Proceedings of the National Academy of Sciences (2011)

Marie Joossens et al.; Dysbiosis of the faecal microbiota in patients with Crohn's disease and their unaffected relatives; Gut (2011)

Anirban Jyoti et al.; Arsenic Poisoning Alters the Composition of Skin Microbial Flora of Human; Research Journal of Microbilogy (2011)

Andrew L. Kau et al.; Human nutrition, the gut microbiome and the immune system; Nature (2011)

Heidi H. Kong; Skin microbiome: genomics-based insights into the diversity and role of skin microbes; Trends in Molecular Medicine (2011)

Stephanie K. Lathrop et al.; Peripheral education of the immune system by colonic commensal microbiota; Nature (2011)

Joseph Loscalzo; Lipid Metabolism by Gut Microbes and Atherosclerosis; Circulation Research (2011)

Laura Maintz/Natalija Novak; Modifications of the Innate Immune System in Atopic Dermatitis; Journal of Innate Immunity (2011)

Paolo Maiuri et al.; The first World Cell Race; Current Biology (2011)

J. R. Marchesi et al.; Towards the Human Colorectal Cancer Microbiome; PLoS ONE (2011)

Mitsuharu Matsumoto et al.; Longevity in Mice Is Promoted by Probiotic-Induced Suppression of Colonic Senescence Dependent on Upregulation of Gut Bacterial Polyamine Production; PLoS ONE (2011)

Michael J. Morowitz et al.; Strain-resolved community genomic analysis of gut microbial colonization in a premature infant; Proceedings of the National Academy of Sciences (2011)

Brian D. Muegge et al.; Diet drives convergence in gut microbiome functions across mammalian phylogeny and within humans; Science (2011)

K. M. Neufeld et al.; Reduced anxiety-like behavior and central neurochemical change in germ-free mice; Neurogastroenterology & Motility (2011)

A. Ogawa et al.; Effect of Streptococcus salivarius K12 on the In Vitro Growth of Candida albicans and Its Protective Effect in an Oral Candidiasis Model; Applied and Enivronmental Microbiology (2011)

Kimberly Rak/Daniel J. Rader; Cardiovascular disease: The diet-microbe morbid union; Nature (2011)

M. G. Romeo et al.; Role of probiotics in the prevention of the enteric colonization by Candida in preterm newborns: incidence of late-onset sepsis and neurological outcome; Journal of Perinatology (2011)

Anne Salonen et al.; Gastrointestinal microbiota in irritable bowel syndrome: present state and perspectives; Microbiology (2010)

Anja Schirbel/Claudio Fiocchi; Inflammatory bowel disease: Established and evolving considerations on its etiopathogenesis and therapy; Journal of Digestive Diseases (2010)

H. Senpuku et al.; Inhibition of Streptococcus mutans biofilm formation by Streptococcus salivarius FruA; Applied Environmental Microbiology (2011)

Ashley Shade/Jo Handelsman; Beyond the Venn diagram: the hunt for a core; Environmental Microbiology (2011)

C. Smallegange et al.; Sweaty skin: an invitation to bite?; Cell (2011)

Chris S. Smillie et al.; Ecology drives a global network of gene exchange connecting the human microbiome; Nature (2011)

Iradj Sobhani et al.; Microbial Dysbiosis in Colorectal Cancer (CRC) Patients; PLoS ONE (2011)

Justin L. Sonnenburg/Michael A. Fischbach; Community Health Care: Therapeutic Opportunities in the Human Microbiome; Science Translational Medicine (2011)

Jaclyn Strauss et al.; Invasive Potential of Gut Mucosa-derived Fusobacterium nucleatum Positively Correlates with IBD Status of the Host; Inflammatory Bowel Diseases (2011)

A. C. R. Tanner et al.; Cultivable Anaerobic Microbiota of Severe Early Childhood Caries; Journal of Clinical Microbiology (2011)

Herbert Tilg/Arthur Kaser; Gut microbiome, obesity, and metabolic dysfunction; The Journal of Clinical Investigation (2011)

Shipra Vaishnava et al.; The antibacterial lectin RegIIIγ promotes the spatial segregation of microbiota and host in the intestine; Science (2011)

Niels O. Verhulst et al.; Composition of Human Skin Microbiota Affects Attractiveness to Malaria Mosquitoes; PLoS ONE (2011)

William Geoffrey Wade; Has the use of molecular methods for the characterization of the human oral microbiome changed our understanding of the role of bacteria in the pathogenesis of periodontal disease?; Journal of Clinical Periodontology (2011)

Jens Walter et al.; Host-microbial symbiosis in the vertebrate gastrointestinal tract and the Lactobacillus reuteri paradigm; Proceedings of the National Academy of Sciences (2011)

Zeneng Wang et al.; Gut flora metabolism of phosphatidylcholine promotes cardiovascular disease; Nature (2011)

Gary D. Wu et al.; Linking Long-Term Dietary Patterns with Gut Microbia Enterotypes; Science (2011)

Gaik Chin Yap et al.; Evaluation of stool microbiota signatures in two cohorts of Asian (Singapore and Indonesia) newborns at risk of atopy; BMC Microbiology (2011)

Stephen J. Allen et al.; Probiotics for treating acute infectious diarrhea; Cochrane Library of Systematic Reviews (2010)

Michael T. Bailey et al.; Stressor Exposure Disrupts Commensal Microbial Populations in the Intestines and Leads to Increased Colonization by Citrobacter rodentium; Infection and Immunity (2010)

Claire Barbier de La Serre et al.; Propensity to high-fat diet-induced obesity in rats is associated with changes in the gut microbiota and gut inflammation; American Journal of Physiology – Gastrointestinal and Liver Physiology; (2010)

Andrew K. Benson et al.; Individuality in gut microbiota composition is a complex polygenic trait shaped by multiple environmental and host genetic factors; Proceedings of the National Academy of Sciences (2010)

Premysl Bercik et al.; Chronic Gastrointestinal Inflammation Induces Anxiety-Like Behavior and Alters Central Nervous System Biochemistry in Mice; Gastroentorology (2010)

Carlotta De Filippo et al.; Impact of diet in shaping gut microbiota revealed by a comparative study in children from Europe and rural Africa; Proceedings of the National Academy of Sciences (2010)

Suzanne L. Delima et al.; Response of Subgingival Bacteria to Smoking Cessation; Journal of Clinical Microbiology (2010)

Floyd E. Dewhirst et al.; The Human Oral Microbiome; Journal of Bacteriology (2010)

Daniel B. DiGiulio et al.; Prevalence and Diversity of Microbes in the Amniotic Fluid, the Fetal Inflammatory Response, and Pregnancy Outcome in Women with Preterm

Prelabor Rupture of Membranes; American Journal of Reproductive Immunology (2010)

Maria G. Dominguez-Bello et al.; Delivery mode shapes the acquisition and structure of the initial microbiota across multiple body habitats in newborns; Proceedings of the National Academy of Sciences (2010)

Sophia Ehrström et al.; Lactic acid bacteria colonization and clinical outcome after probiotic supplementation in conventionally treated bacterial vaginosis and vulvovaginal candidiasis; Microbes and Infection (2010)

Kathrin Endt et al.; The Microbiota Mediates Pathogen Clearance from the Gut Lumen after Non-Typhoidal Salmonella Diarrhea; PLoS Pathogens (2010)

Noah Fierer et al.; Forensic identification using skin bacterial communities; Proceedings of the National Academy of Sciences (2010)

S. Filoche et al.; Oral Biofilms: Emerging Concepts in Microbial Ecology; Journal of Dental Research (2010)

Christine K. Fleissner et al.; Absence of intestinal microbiota does not protect mice from diet-induced obesity; British Journal of Nutrition (2010)

Harry J. Flint et al.; Special issue: The Human Intestinal Microbiota; Microbiology (2010)

Jean-Pierre Furet et al.; Differential Adaptation of Human Gut Microbiota to Bariatric Surgery-Induced Weight Loss; Diabetes (2010)

Zhan Gao et al.; Quantitation of Major Human Cutaneous Bacterial and Fungal Populations; Journal of Clinical Microbiology (2010)

Mahmoud A. Ghannoum et al.; Characterization of the Oral Fungal Microbiome (Mycobiome) in Healthy Individuals; PLoS Pathogens (2010)

Viktoria Gontcharova et al.; A Comparison of Bacterial Composition in Diabetic Ulcers and Contralateral Intact Skin; The Open Microbiology Journal (2010)

Anna Haukiojaa; Probiotics and Oral Health; European Journal of Dentistry (2010)

Jan-Hendrik Hehemann et al.; Transfer of carbohydrate-active enzymes from marine bacteria to Japanese gut microbiota; Nature (2010)

Tadayuki Iwase et al.; Staphylococcus epidermidis Esp inhibits Staphylococcus aureus biofilm formation and nasal colonization; Nature (2010)

Arthur Kaser et al.; Inflammatory Bowel Disease; Annual Review of Immunology (2010)

Omry Koren et al.; Human oral, gut, and plaque microbiota in patients with atherosclerosis; Proceedings of the National Academy of Sciences (2010)

Justin Kuczynsk et al.; Direct sequencing of the human microbiome readily reveals community differences; Genome Biology (2010)

Nadja Larsen et al.; Gut Microbiota in Human Adults with Type 2 Diabetes Differs from Non-Diabetic Adults; PLoS ONE (2010)

Jeff D. Leach/Kristin D. Sobolik; High Dietary Intake of Prebiotic Inulin-Type Fructans from Prehistoric Chihuahuan Desert; British Journal of Nutrition; (2010)

Katherine P. Lemon et al.; Comparative Analyses of the Bacterial Microbiota of the Human Nostril and Oropharynx; mBio (2010)

Ruth E. Ley; Obesity and the Human Microbiome; Current Opinion in Gastroenterology (2010)

Santhakumar Manicassamy et al.; Activation of b-Catenin in Dendritic Cells Regulates Immunity Versus Tolerance in the Intestine; Science (2010)

Chaysavanh Manichanh et al.; Reshaping the gut microbiome with bacterial transplantation and antibiotic intake; Genome Research (2010)

Ines Martinez et al.; Resistant Starches Types 2 and 4 Have Differential Effects on the Composition of the Fecal Microbiota in Human Subjects; PLoS ONE (2010)

Sarkis K. Mazmanian et al.; Pro-inflammatory T-cell responses to gut microbiota promote experimental autoimmune encephalomyelitis; Proceedings of the National Academy of Sciences (2010)

Howard Ochman; Evolutionary Relationships of Wild Hominids Recapitulated by Gut Microbial Communities; PLoS ONE (2010)

G. C. Parkes et al.; Treating irritable bowel syndrome with probiotics: the evidence; Proceedings of the Nutrition Society (2010)

D. T. Pride; Analysis of streptococcal CRISPRs from human saliva reveals substantial sequence diversity within and between subjects over time; Genome Research (2010)

Junjie Qin et al.; A human gut microbial gene catalogue established by metagenomic sequencing; Nature (2010)

D. Raoult; The globalization of intestinal microbiota; European Journal of Clinical Microbiology & Infectious Diseases (2010)

Alejandro Reyes et al.; Viruses in the faecal microbiota of monozygotic twins and their mothers; Nature (2010)

M. Roberfroid et al.; Prebiotic effects: metabolic and health benefits; British Journal of Nutrition (2010)

Fabiana Saccheri et al.; Bacteria-Induced Gap Junctions in Tumors Favor Antigen Cross-Presentation and Antitumor Immunity; Science Translational Medicine (2010)

Mary Ellen Sanders et al.; Safety assessment of probiotics for human use; Gut Microbes (2010)

Gil Sharon et al.; Commensal bacteria play a role in mating preference of Drosophila melanogaster; Proceedings of the National Academy of Sciences (2010)

Erica D. Sonnenburg et al.; Specificity of Polysaccharide Use in Intestinal Bacteroides Species Determines Diet-Induced Microbiota Alterations; Cell (2010)

Justin L. Sonnenburg; Microbiology: Genetic pot luck; Nature (2010)

Melanie D. Spencer et al.; Association Between Composition of the Human Gastrointestinal Microbiome and Development of Fatty Liver With Choline Deficiency; Gastroenterology (2010)

Niels O. Verhulst et al.; Differential Attraction of Malaria Mosquitoes to Volatile Blends Produced by Human Skin Bacteria; PLoS ONE (2010)

Wang Ya et al.; Efficacy of vaginal probiotic capsules for recurrent bacterial vaginosis: a double-blind, randomized, placebo-controlled study; American Journal of Obstetrics & Gynecology (2010)

Liping Zhao; Genomics: The tale of our other genome; Nature (2010)

Tasnime N. Akbaraly et al.; Dietary pattern and depressive symptoms in middle age; The British Journal of Psychiatry (2009)

Maria Avila et al.; The Oral Microbiota: Living with a Permanent Guest; DNA and CellBiology (2009)

Stephan C. Bischoff (Hrsg.); Probiotika, Präbiotika und Synbiotika; Thieme (2009)

P. A. Cadieux et al.; Lactobacillus by-products inhibit the growth and virulence of uropathogenic Escherichia coli; Canadian Journal of Physiology and Pharmacology (2009)

Patrice D. Cani/Nathalie M. Delzenne; The Role of the Gut Microbiota in Energy Metabolism and Metabolic Disease; Current Pharmaceutical Design (2009)

F. Carbonnel et al.; Environmental risk factors in Crohn's disease and ulcerative colitis: an update; Gastroentérologie clinique et biologique (2009)

Elizabeth K. Costello et al.; Habitats Across Space and Time; Science (2009)

Paul Forsythe et al.; Mood and gut feelings; Brain, Behavior, and Immunity (2009)

Elizabeth A. Gaskell et al.; A Unique Dual Activity Amino Acid Hydroxylase in Toxoplasma gondii; PloS ONE (2009)

S. Zahra Ghodsi et al.; Prevalence, Severity, and Severity Risk Factors of Acne in High School Pupils: A Community-Based Study; Journal of Investigative Dermatology (2009)

Elizabeth A. Grice et al.; Topographical and Temporal Diversity of the Human Skin Microbiome; Science (2009)

Marie A. Hildebrandt et al.; High Fat Diet Determines the Composition of the Murine Gut Microbiome Independently of Obesity; Gastroenterology (2009)

HMP Working Group; The NIH Human Microbiome Project; Genome Research (2009)

Greg Kelly; Inulin-Type Prebiotics – A Review: Part 2; Alternative Medicine Review (2009)

Tim Lämmermann et al.; Cdc42-dependent leading edge coordination is essential for interstitial dendritic cell migration; Blood (2009)

Yuping Lai et al.; Commensal bacteria regulate TLR3-dependent inflammation following skin injury; Nature Medicine (2009)

Thomas D. Leser/Lars Mølbak; Better living through microbial action: the benefits of the mammalian gastrointestinal microbiota on the host; Environmental Microbiology (2009)

Huey-Shi Lye et al.; The Improvement of Hypertension by Probiotics: Effects on Cholesterol, Diabetes, Renin, and Phytoestrogen; International Journal of Molecular Sciences (2009)

D. Mariat et al.; The Firmicutes/Bacteroidetes ratio of the human microbiota changes with age; BMC Microbiology (2009)

Eric C. Martens et al.; Mucosal Glycan Foraging Enhances Fitness and Transmission of a Saccharolytic Human Gut Bacterial Symbiont; Cell Host Microbe (2009)

Y. Moodley et al.; The peopling of the Pacific from a bacterial perspective; Science (2009)

I. Nasidze et al.; Global diversity in the human salivary microbiome; Genome Research (2009)

Jill A. Parnell/Raylene A. Reimer; Weight loss during oligofructose supplementation is associated with decreased ghrelin and increased peptide YY in overweight and obese Adults; The American Journal of Clinical Nutrition (2009)

Geoffrey A. Preidis/James Versalovic; Targeting the Human Microbiome With Antibiotics, Probiotics, and Prebiotics: Gastroenterology Enters the Metagenomics Era; Gastroenterology (2009)

Carlett Ramirez-Farias et al.; Effect of inulin on the human gut microbiota: stimulation of Bifidobacterium adolescentis and Faecalibacterium prausnitzii; British Journal of Nutrition (2009)

Christoph Reinhardt et al.; Intestinal Microbiota During Infancy and Its Implications for Obesity; Journal of Pediatric Gastroenterology and Nutrition (2009)

Sang H. Rhee et al.; Principles and clinical implications of the brain-gut-enteric microbiota axis; Nature Reviews Gastroenterology & Hepatology (2009)

June L. Round/Sarkis K. Mazmanian; The gut microbiota shapes intestinal immune responses during health and disease; Nature Reveiews Immunology (2009)

Jürgen Schulze/Ulrich Sonnenborn; Pilze im Darm – von kommensalen Untermietern zu Infektionserregern; Deutsches Ärzteblatt (2009)

Franklin Tsai/Walter J. Coyle; The Microbiome and Obesity: Is Obesity Linked to Our Gut Flora?; Current Gastroenterology Reports (2009)

Daniela M. Tsukumo et al.; Translational research into gut microbiota: new horizons in obesity treatment; Arquivos Brasileiros de Endocrinologia & Metabologia (2009)

Kieran M. Tuohy et al.; Studying the Human Gut Microbiota in the Trans-Omics Era; Current Pharmaceutical Design (2009)

Kieran M. Tuohy et al.; The gut microbiota in obesity and metabolic disease – a novel therapeutic target; Nutritional Therapy & Metabolism (2009)

Peter J. Turnbaugh/Jeffrey I. Gordon; The core gut microbiome, energy balance and obesity; The Journal of Physiology (2009)

Peter J. Turnbaugh et al.; A core gut microbiome in obese and lean twins; Nature (2009)

Peter J. Turnbaugh et al.; The Effect of Diet on the Human Gut Microbiome: A Metagenomic Analysis in Humanized Gnotobiotic Mice; Science Translational Medicine (2009)

A. Venket Rao et al.; A randomized, double-blind, placebo-controlled pilot study of a probiotic in emotional symptoms of chronic fatigue syndrome; Gut Pathogens (2009)

Xing Yan et al.; More than 9,000,000 Unique Genes in Human Gut Bacterial Community: Estimating Gene Numbers Inside a Human Body; PLoS ONE (2009)

Martin Ackermann et al.; Self-destructive cooperation mediated by phenotypic noise; Nature (2008)

R. Balfour Sartor; Microbial Influences in Inflammatory Bowel Diseases; Gastroenterology (2008)

M. Bek-Thomsen et al.; Acne is Not Associated with Yet-Uncultured Bacteria; Journal of Clinical Microbiology (2008)

Andre Bleich et al.; Sensitivity to Escherichia coli Nissle 1917 in mice is dependent on environment and genetic background; International Journal of Experimental Pathology (2008)

Patrice D. Cani et al.; Role of gut microflora in the development of obesity and insulin resistance following high-fat diet feeding; Pathologie Biologie (2008)

T. Andrew Clayton et al.; Pharmacometabonomic identification of a significant host-microbiome metabolic interaction affecting human drug metabolism; Proceedings of the National Academy of Sciences (2008)

John K. Dibaise et al.; Gut Microbiota and Its Possible Relationship With Obesity; Mayo Clinic Proceedings (2008)

Noah Fierer et al.; The influence of sex, handedness, and washing on the diversity of hand surface bacteria; Proceedings of the National Academy of Sciences (2008)

Constantine Iosif Fotiadis et al.; Role of probiotics, prebiotics and synbiotics in chemoprevention for colorectal cancer; World Journal of Gastroenterology (2008)

M. Gallagher et al.; Analyses of volatile organic compounds from human skin; British Journal of Dermatology (2008)

David T. Hughes/Vanessa Sperandio; Inter-kingdom signalling: communication between bacteria and their hosts; Nature Reviews Microbiology (2008)

Zaruhi A. Khachatryan et al.; Predominant Role of Host Genetics in Controlling the Composition of Gut Microbiota; PLoS ONE (2008)

Greg Kelly; Inulin-Type Prebiotics – A Review: Part 1; Alternative Medicine Review (2008)

Irina A. Kirpich et al.; Probiotics Restore Bowel Flora and Improve Liver Enzymes in Human Alcohol-Induced Liver Injury: A Pilot Study; Alcohol (2008)

J. Koplin et al.; Is caesarean delivery associated with sensitization to food allergens and IgE-mediated food allergy: a systematic review; Pediatric Allergy and Immunology (2008)

Ruth E. Ley; Worlds within worlds: evolution of the vertebrate gut microbiota; Nature Reviews Microbiology (2008)

Min-Tze Liong; Roles of Probiotics and Prebiotics in Colon Cancer Prevention: Postulated Mechanisms and In-vivo Evidence; International Journal of Molecular Sciences (2008)

P. Moayyedi et al.; The efficacy of probiotics in the treatment of irritable bowel syndrome: a systematic review; Gut (2008)

Richard W. Nesto/Ken Mackie; Endocannabinoid system and its implications for obesity and cardiometabolic risk; European Heart Journal Supplements (2008)

Stephen J. D. O'Keefe; Nutrition and colonic health: the critical role of the microbiota; Current Opinion in Gastroenterology (2008)

Joan Reibman et al.; Asthma Is Inversely Associated with Helicobacter pylori Status in an Urban Population; PLoS ONE (2008)

Harry Sokol et al.; Faecalibacterium prausnitzii is an anti-inflammatory commensal bacterium identified by gut microbiota analysis of Crohn disease patients; Proceedings of the National Academy of Sciences (2008)

Peter J. Turnbaugh et al.; Diet-Induced Obesity Is Linked to Marked but Reversible Alterations in the Mouse Distal Gut Microbiome; Cell Host & Microbe (2008)

Joris C. Vester; The Alcohol Hangover – A puzzling phenomenon; Alcohol & Alcoholism (2008)

Li Wen et al.; Innate immunity and intestinal microbiota in the development of Type 1 diabetes; Nature (2008)

Fredrik Bäckhedet al.; Mechanisms underlying the resistance to diet-induced obesity in germ-free mice; Proceedings of the National Academy of Sciences (2007)

Farah K. Bahrani-Mougeot et al.; Molecular Analysis of Oral and Respiratory Bacterial Species Associated with Ventilator-Associated Pneumonia; Journal of Clinical Microbiology (2007)

Patrice D. Cani/Nathalie M. Delzenne; Gut microflora as a target for energy and metabolic homeostasis; Clinical Nutrition and Metabolic Care (2007)

Patrice D. Cani et al.; Selective increases of bifidobacteria in gut microflora improve high-fat-diet-induced diabetes in mice through a mechanism associated with endotoxaemia; Diabetologia (2007)

Les Dethlefsen et al.; An ecological and evolutionary perspective on human-microbe mutualism and disease; Nature (2007)

Daniel N. Frank et al.; Molecular-phylogenetic characterization of microbial community imbalances in human inflammatory bowel diseases; Proceedings of the National Academy of Sciences (2007)

Glenn R. Gibson; Functional foods: probiotics and prebiotics; Culture (2007)

Michael Gurven/Hillard Kaplan; Longevity Among Hunter-Gatherers: A Cross-Cultural Examination; Population and Development Review (2007)

Francis P. Henry et al.; The human bite injury: a clinical audit and discussion regarding the management of this alcohol fuelled phenomenon; Emergency Medicine Journal (2007)

Anna Kassinen et al.; The Fecal Microbiota of Irritable Bowel Syndrome Patients Differs Significantly From That of Healthy Subjects; Gastroenterology (2007)

Sofia Kolida/Glenn R. Gibson; Prebiotic Capacity of Inulin-Type Fructans; The Journal of Nutrition (2007)

Bodo Linz et al.; An African origin for the intimate association between humans and Helicobacter pylori; Nature (2007)

Ann M. O'Hara/Fergus Shanahan; Mechanisms of Action of Probiotics in Intestinal Diseases; The Scientific World Journal (2007)

Chana Palmer et al.; Development of the Human Infant Intestinal Microbiota; PLoS ONE (2007)

John Penders et al.; Gut microbiota composition and development of atopic manifestations in infancy: the KOALA Birth Cohort Study; Gut (2007)

Dustin J. Penn et al.; Individual and gender fingerprints in human body odour; Journal of the Royal Society Interface (2007)

M. A. Pfaller/D. J. Diekema; Epidemiology of Invasive Candidiasis: a Persistent Public Health Problem; Clinical Microbiology Reviews (2007)

Krishnan Raghavendran et al.; Nursing home-associated pneumonia, hospital-acquired pneumonia and ventilator-associated pneumonia: the contribution of dental biofilms and periodontal inflammation; Periodontology 2000 (2007)

Thomas Schneider et al.; Clostridium-difficile-assoziierte Diarrhö: Ein zunehmendes klinisches Problem durch neue hochvirulente Erreger; Deutsches Ärzteblatt (2007)

G. J. Seymour et al.; Relationship between periodontal infections and systemic disease; Clinical Microbiology and Infection (2007)

Bärbel Stecher et al.; Salmonella enterica Serovar Typhimurium Exploits Inflammation to Compete with the Intestinal Microbiota; PLoS Biology (2007)

Sya N. Ukenaet al.; Probiotic Escherichia coli Nissle 1917 Inhibits Leaky Gut by Enhancing Mucosal Integrity; PLoS ONE (2007)

K. Wilke et al.; A short history of sweat gland biology; International Journal of Cosmetic Science (2007)

Jun Xu et al.; Dandruff-associated Malassezia genomes reveal convergent and divergent virulence traits shared with plant and human fungal pathogens; Proceedings of the National Academy of Sciences (2007)

Matej Bajzer/Randy J. Seeley; Obesity and gut flora; Nature (2006)

Martin J. Blaser; Who are we? Indigenous microbes and the ecology of human diseases; EMBO reports (2006)

Henri Braat et al.; A Phase I Trial With Transgenic Bacteria Expressing Interleukin-10 in Crohn's Disease; Clinical Gastroenterology and Hepatology (2006)

Patrice D. Cani; Oligofructose promotes satiety in healthy human: a pilot study; European Journal of Clinical Nutrition (2006)

Les Dethlefsen et al.; Assembly of the human intestinal Microbiota; TRENDS in Ecology and Evolution (2006)

Marina Elli et al.; Survival of Yogurt Bacteria in the Human Gut; Applied and Environmental Microbiology (2006)

Mark Eppinger et al.; Who Ate Whom? Adaptive Helicobacter Genomic Changes That Accompanied a Host Jump from Early Humans to Large Felines; PLoS Genetics (2006)

Matthew E. Falagas et al.; Probiotics for prevention of recurrent vulvovaginal candidiasis: a review; Journal of Antimicrobial Chemotherapy (2006)

Ruth E. Ley et al.; Ecological and Evolutionary Forces Shaping Microbial Diversity in the Human Intestine; Cell (2006)

Luciana C. Paulino et al.; Molecular Analysis of Fungal Microbiota in Samples from Healthy Human Skin and Psoriatic Lesions; Journal of Clinical Microbiology (2006)

D. Quinque et al.; Evaluation of saliva as a source of human DNA for population and association studies; Analytical Biochemistry (2006)

Peter J. Turnbaugh et al.; An obesity-associated gut microbiome with increased capacity for energy harvest; Nature (2006)

E.J. Woodmansey; Intestinal bacteria and ageing; Journal of Applied Microbiology (2006)

James D. Beck/Steven Offenbacher; Systemic Effects of Periodontitis: Epidemiology of Periodontal Disease and Cardiovascular Disease; Journal of Periodontology (2005)

Robert J. Genco et al.; A Proposed Model Linking Inflammation to Obesity, Diabetes, and Periodontal Infections; Journal of Periodontology (2005)

Alistair J. Lax; Bacterial toxins and cancer – a case to answer?; Nature Reviews Microbiology (2005)

M. C. Noverr/G. B. Huffnagle; The ›microflora hypothesis‹ of allergic diseases; Clinical & Experimental Allergy (2005)

Bruce L. Pihlstrom et al.; Periodontal diseases; The Lancet (2005)

Robert A. Rastall et al.; Modulation of the microbial ecology of the human colon by probiotics, prebiotics and synbiotics to enhance human health: An overview of enabling science and potential applications; FEMS Microbiology Ecology (2005)

Thomas E. Van Dyke/Sheilesh Dave; Risk Factors for Periodontitis; Journal of the International Academy of Periodontology (2005)

Fredrik Bäckhed et al.; The gut microbiota as an environmental factor that regulates fat storage; Proceedings of the National Academy of Sciences (2004)

Sabine Bartosch et al.; Characterization of Bacterial Communities in Feces from Healthy Elderly Volunteers and Hospitalized Elderly Patients by Using Real-Time PCR and Effects of Antibiotic Treatment on the Fecal Microbiota; Applied and Environmental Microbiology (2004)

Yoram Bouhnik et al.; The capacity of nondigestible carbohydrates to stimulate fecal bifidobacteria in healthy humans: a double-blind, randomized, placebo-controlled, parallel-group, dose-response relation study; The American Journal of Clinical Nutrition (2004)

Marlise Inez Klein et al.; Longitudinal Study of Transmission, Diversity, and Stability of Streptococcus mutans and Streptococcus sobrinus Genotypes in Brazilian Nursery Children; Journal of Clinical Microbiology (2004)

S. J. Langlands et al.; Prebiotic carbohydrates modify the mucosa associated microflora of the human large bowel; Gut (2004)

Nobuyuku Sudo et al.; Postnatal microbial colonization programs the hypothalamic-pituitary-adrenal system for stress response in mice; The Journal of Physiology (2004)

T. Wirth et al.; Distinguishing human ethnic groups by means of sequences from Helicobacter pylori: Lessons from Ladakh; Proceedings of the National Academy of Sciences (2004)

Francisco Guarner/Juan-R. Malagelada; Gut flora in health and disease; The Lancet (2003)

Kaumudi J. Joshipura et al.; Periodontal Disease, Tooth Loss, and Incidence of Ischemic Stroke; Stroke (2003)

M. J. Hopkins/G. T. Macfarlane; Changes in predominant bacterial populations in human faeces with age and with Clostridium difficile infection; Journal of Medical Microbiology (2002)

Joel M. Montgomery et al.; Aerobic salivary bacteria in wild and captive Komodo dragons; Journal of Wildlife Diseases (2002)

Lora V. Hooper et al.; Molecular Analysis of Commensal Host-Microbial Relationships in the Intestine; Science (2001)

M. J. Hopkins et al.; Age and disease related changes in intestinal bacterial populations assessed by cell culture, 16S rRNA abundance, and community cellular fatty acid profiles; Gut (2001)

Erwin G. Zoetendal et al; The Host Genotype Affects the Bacterial Community in the Human Gastrointestinal Tract; Microbial Ecology in Health and Disease (2001)

V. Liévin et al.; Bifidobacterium strains from resident infant human gastrointestinal microflora exert antimicrobial activity; Gut (2000)

M. David Collins/Glenn R. Gibson; Probiotics, prebiotics, and synbiotics: approaches for modulating the microbial ecology of the gut; The American Journal of Clinical Nutrition (1999)

Roderick I. Mackie et al.; Developmental microbial ecology of the neonatal gastrointestinal tract; The American Journal of Clinical Nutrition (1999)

Klaus Meyer; Geheimnisse des Antoni van Leeuwenhoek; Pabst Science Publishers (1998)

Peter Kuntz et al.; Infektionsgefährdung durch Bissverletzungen; Deutsches Ärzteblatt (1996)

Glenn R. Gibson/Marcel B. Roberfroid; Dietary Modulation of the Human Colonie Microbiota: Introducing the Concept of Prebiotics; The Journal of Nutrition (1995)

M. S. H. Smith/A. J. Wakefield; Crohn's disease: ancient and modern; Postgraduate Medical Journal (1994)

Leonard D. Heaton et al.; President Eisenhower's Operation for Regional Enteritis: A Footnote to History; Annals of Surgery (1964)